中国高校艺术专业技能与实践系列教材
国家产品艺术设计高水平专业群系列教材

服务设计思维工具手册

FUWU SHEJI SIWEI GONGJU SHOUCE

桂元龙 ◆ 总主编
何 焱　王明润 ◆ 编 著

人民美术出版社
北京

图书在版编目（CIP）数据

服务设计思维工具手册 / 桂元龙总主编；何焱，王明编著 . -- 北京：人民美术出版社，2024.7
中国高校艺术专业技能与实践系列教材　国家产品艺术设计高水平专业群系列教材
ISBN 978-7-102-09165-5

Ⅰ.①服… Ⅱ.①桂… ②何… ③王… Ⅲ.①工业设计—高等学校—教材 Ⅳ.① TB47

中国国家版本馆 CIP 数据核字 (2023) 第 087228 号

中国高校艺术专业技能与实践系列教材编辑委员会
学术顾问：应放天
主　　任：桂元龙　教富斌
委　　员：（按姓氏笔画为序）
　　　　　仓　平　孔　成　孔　伟　邓劲莲　帅　斌　叶永平
　　　　　刘　珽　刘诗锋　张　刚　张　剑　张丹丹　张永宾
　　　　　张朝生　陈汉才　金红梅　胡　姣　韩　焱　廖荣盛

中国高校艺术专业技能与实践系列教材
ZHONGGUO GAOXIAO YISHU ZHUANYE JINENG YU SHIJIAN XILIE JIAOCAI

国家产品艺术设计高水平专业群系列教材
GUOJIA CHANPIN YISHU SHEJI GAO SHUIPING ZHUANYEQUN XILIE JIAOCAI

服务设计思维工具手册
FUWU SHEJI SIWEI GONGJU SHOUCE

编辑出版　人民美术出版社
　　　　　（北京市朝阳区东三环南路甲3号　邮编：100022）
　　　　　http://www.renmei.com.cn
　　　　　发行部：（010）67517799
　　　　　网购部：（010）67517743
总 主 编　桂元龙
编　　著　何　焱　王明润
责任编辑　王青云
装帧设计　茹玉霞
责任校对　姜栋栋
责任印制　胡雨竹
制　　版　北京字间科技有限公司
印　　刷　鑫艺佳利（天津）印刷有限公司
经　　销　全国新华书店

开　本：889mm×1194mm　1/16
印　张：12.25
字　数：310千
版　次：2024年7月　第1版
印　次：2024年7月　第1次印刷
印　数：0001—2000册
ISBN 978-7-102-09165-5
定　价：80.00元

如有印装质量问题影响阅读，请与我社联系调换。（010）67517850

版权所有　翻印必究

序 言
FOREWORD

  喜闻桂元龙教授主编"国家产品艺术设计高水平专业群系列教材"即将付梓，欣喜之。

  常记得著名美学家朱光潜先生的座右铭："此身、此时、此地。"朱老先生对这句话的解读，朴素且实在：凡是此身应该做且能够做的事情，绝不推诿给别人；凡是此刻做且能做的事情，便不推延到将来；凡是此地应该做且能够做的事，不要等未来某一个更好的环境再去做。在当代高职教育人的身上，我亦深深感受到了这样的勤勉与担当。作为与中华人民共和国一同成长起来的新时代职教人，于教材创新这件事，他们觉得能做、应该做、应该现在做。于是，我们迎来了桂元龙教授主编的"国家产品艺术设计高水平专业群系列教材"。

  情怀和梦想之所以充满诗意，往往因为它们总是时代的一个个注脚，不经意就照亮了人间前程。中华人民共和国的高职教育，历经改革开放40多年的发展，在新时代的伊始，亦明晰了属于自己的诗和远方。"双高"计划的出台，其意义不仅仅是点明了现代高职教育高质量发展的道路，更是几代人"大国工匠"的梦想一点点地照进现实的写照。

  时光迈入新世纪第二个十年，《国家职业教育改革实施方案》《关于实施中国特色高水平高职学校和专业建设计划的意见》等政策文件的发布吹响了中国现代职业教育再攀高峰的号角。广东轻工职业技术学院作为粤港澳大湾区内历史最悠久、专业(群)门类最齐全、全面服务产业转型升级的国家示范性高职院校，亦在2019年成功申报为国家"双高"职校，艺术设计学院产品艺术设计专业群成功申报为国家"双高"专业群，更是可喜可贺！"国家产品艺术设计高水平专业群系列教材"诞生在这样的背景下，于我看来，这是对我们近40年中国特色高等职业教育最好的献礼。

  教材是教学之本，教育活动中，各专业领域的知识与技术成果最终都将反映在教材上，并以此作为媒介向学生传播。由此观之，作为国家"三教改革"重点领域之一的教材，其重要性不言而喻。依据什么原则筛选放入教材内容、应该把什么样的内容放入教材、在教材中如何组织内容，这是现代高等职业教育教材编制的经典三问。而"国家产品艺术设计高水平专业群系列教材"则用"项目化""模块化""立体化"三个词，完美回答了这一系列灵魂拷问。在高质量发展成为当代高等职业教育生命线的当下，"引领改革、支撑发展、中国标准、世界一流"成为广东轻工艺术设计高职教育者的新追求。以桂元龙教授为总主编的编写团队秉持这一理念和追求，率先编写和使用这样一套高水平教材，作为他们对现代高等职业教育的思考和实践，无疑是走在了中国特色高等艺术设计职业教育的最前沿。

  这种思考和实践，无论此身、此时、此地，于这个时代而言，都恰到好处！

  是为序。

中国工业设计协会秘书长

浙江大学教授、博士生导师

应放天

2022年7月20日于生态设计小镇

前 言
PREFACE

我们为什么需要服务设计？

也许您听说过服务设计，但不清楚它是什么。服务设计其实是一种设计思维方式，我们可以通过一个场景来理解学习服务设计思维。假如你现在是咖啡店的一名服务员，一位顾客走进店里，对着客满的座位区东张西望，想象一下他的需求是什么？你会不会认为，我需要给他提供"一把椅子""一张桌子"，但这些答案都是名词。如果你换一种思维方式，把桌子、椅子用动词来代替，此时他的需求可能就是"他需要坐下来""他需要找个地方休息"。通过动词挖掘顾客的需求，你就可以进一步思考帮助他"休息"的方法，不会被原本自己预设的解决方案（椅子、桌子）所局限。

服务设计思维能全链路地思考服务流程，上面的例子只是单一的一个环节，服务设计可以发现更多用户路径上的痛点，明显痛点、小痛点、潜在痛点，解决方案也不会单一且局限于细节，而用了服务设计的方法后，解决方案更具整体性，且思路更广。服务设计是一项非常实用和务实的活动，这使得它具有内在的整体性。为了创造有价值的体验，服务设计人员必须掌握能够使前台取得成功的后台活动和业务流程，并解决这些流程的实施问题。它们必须处理多个利益相关者的端到端体验，而不仅仅是单个时刻。而且，他们必须考虑到组织的业务需求和技术的适当使用。

服务设计通常从调查用户或客户的需求开始。它充满探究性，使用一系列主要为定性的研究方法来探索机会空间和原因。理解需求，而不是直接跳到解决方案，从而使真正的创新成为可能。接着，服务设计采用设计师的快速实验和原型设计的方法，以快速而低成本地测试可能的解决方案，同时产生新的见解和想法。原型演变成试点，一路上伴随有迭代，然后成为实际的新产品。通过这种对迭代研究、原型设计、最终实现的重视，使服务设计项目在现实中具有坚实的基础。它们是建立在研究和测试的基础上，而不是基于意见或权威。迭代方法使服务设计中的决策成为一项低风险的活动。我们不要在意是否能一次性将它做好，我们可以进化出一系列的选项，并依赖结构化的原型和测试过程来测试和改进我们的工作。

现在各种组织都面临着如何向跨多个渠道的顾客提供更好、更新、更全面的服务体验的挑战。服务设计借实用的迭代方法，使用研究和制定感受的工具来关注利益相关者的需求，以及在进行大规模投资之前进行原型设计，以测试和发展可能的解决方案。组织可以使用服务设计来改进他们现在提供的服务，并基于新技术或新的市场开发全新的价值主张。它为组织提供了一种方法，以一种稳健但平易近人的方式来平衡他们的体验、运营和业务需求，为项目提供了一种异常强大的通用语言和工具集。

现在许多组织都在以各种名义实施服务设计方法，而且越来越多的组织在雇用服务设计机构，包括银行、航空公司、医院、制造商、电信公司、非营利组织、教育机构、旅游运营商、能源公司、政府等，越来越多的组织每天都在使用这种方法。

住院期间病人感到满意的因素

在一项研究中，研究人员询问了成千上万的病人，问他们住院期间令他们感到满意的因素。大多数人都认为成功治愈的医疗结果是对病人最重要的事情之一。因为医疗是医院的核心价值主张，这是人们去那里的原因。但在这项研究中，排名前15的满意度因素中没有一个与病人在医院期间的健康状况是否改善有关。相反，最重要的因素通常与员工的互动有关，包括信息流、投诉处理、护理人员是否有同情心和礼貌、患者是否参与决策、舒适的医院环境以及是否被照顾得周到。当然，如果病情没有得到好的治疗结果，情况可能会有所不同。当我们生病的时候，医疗经历就变得非常重要。但在此之前，医院进行治疗的专业能力似乎被病人视为理所应当。在其他情况下不难想象：如果你是一个游客，你不会谈论你的酒店房间有门、窗或床。作为客户，我们似乎不太受核心产品的影响，而是受到围绕它的层层体验的影响。

服务设计人与人的触点

当你在星巴克吧台跟服务员要一杯拿铁咖啡，服务员在给你接咖啡的间隙，转身问你："先生贵姓？"你回答："免贵姓吴。"当服务员递给你咖啡时说："吴先生，您的咖啡好了。"一句"吴先生"给你很强的亲和力。这就是服务设计过程中人与人之间的触点，给被服务者很好的服务体验。

咖啡店横向排队

好的服务设计是无形的，咖啡店以休闲为导向，为消费者创造一个优雅舒适的环境。基于这种考虑，将等待点餐的队列设计为横向平行的形式，使顾客之间能看到彼此的表情，产生亲近感，避免焦虑感。同时，顾客站在柜台旁边等待，也能清楚地看到墙上的商品价目表，在排队时也可以挑选产品，打发时间（或者看柜台里忙碌的工作人员），有效排解等待的烦躁。

奶茶店排队控制在一到三人

一名具有服务设计意识的奶茶店服务员，会在顾客比较集中的高峰时段，用很快的速度制作奶茶，完成一次销售；反之，人少时延迟奶茶制作时间，让队伍始终保持在一到三人在排队。这样的节奏掌握使店面更有人气，也不会因为等待队伍长而流失客户。

大店面与小店面的服务设计

一家20平方米的拉面馆和一家200平方米的拉面馆，两家店面分别应该用到什么样的服务设计来提高翻盘率。想象一下，小店面积有限，常常坐满了人，没有位置的顾客就很容易流失掉。基于这一痛点，怎么才能让顾客以相对快的速度吃完面？小店可以把面都过下凉水，用户就不会因为烫而吃得慢，或者需要等待凉一凉再吃。大店面不缺位置，最需要的是人气，没有人气的店很多人不会光顾，得考虑让用户相对在店时间加长。所以，面一般以正常温度提供即可。还有一种方法是小店可以用木质的硬面板凳，大店可以用舒服松软的椅子。

酒店的服务设计

开在三亚的酒店，当顾客打开房间门的时候，我们能提供哪些好的服务设计让顾客满意呢？设想一下在酷热的天气下进入房间，顾客最希望得到什么感受？当推开房门时，提前开好的空调，扑面而来的冰爽是不是给处在炎热环境的顾客良好的体验？其次，还可以在室内增加一些淡香等，一系列附加服务就会给顾客留下良好的体验感。但在生活中我们也肯定遇到过这样的服务：当你咨询一个店员问题，他如果不知道就会直接回答"不知道"或者"你去前台问下吧，我新来的"等，然后你再咨询前台，得到的答案同样也是"不知道"。这时的你就会很茫然、失落。在调查中，我就了解到一家五星级酒店的服务文化，当顾客有问题问到你后，酒店的规定是：让顾客的问题到我为止。不要跟顾客说"不知道"，问到你就要想尽一切办法去解决。

服务设计中的价值感受

理发店的集章免费理发活动能带给你怎样的感受？一家理发店发送的卡片上面集到五个章即可免费送一次理发服务，但第一次理发不盖章。想得到一次免费理发服务，得去六次。另一家店需要盖十个章送一次免费理发，第一次去告诉顾客：您很幸运，我们近期搞活动，这次能给您盖五个章，您再集够五个就可以免费理发一次了。同样是六次送一次，第二家第一次去就给了客户50%的价值感受，轻轻松松就完了50%的任务，这样就大大促进了顾客的再次转化。两家店其实都是理发六次送一次，但首次消费就给五个章，更能够维系住客户，原因就在于给予了客户更高的价值感受。

自助取票机的设计

在火车站自助取票机取票，我们会发现放置身份证的地方是一个斜面，识别身份证时，必须用手扶着，不然身份证就很容易掉到地上。设想用户买票的场景，急急忙忙赶火车把身份证放在那里很容易就忘掉了。这样的设计，就是服务设计中的物理触点，很好地提高了用户的取票体验。

宋朝赏花

都说宋朝是中国古代文艺最发达、最有情趣的时代。宋人无论是瓷器、诗词文章都有独具一格的品味。今天我们以古喻今，从宋人赏花的方式看服务设计理念中贴合人性的一面：服务设计，并不是凭空而来，而是以人为中心，让物、场景和服务都随着人的需求链而转动，形成一份完整而有仪式感的体验。古人的赏花方式比现代更风雅，现代人去赏花是去公园看花、小区看花，而古人赏花重在体会花的神韵，从而实现全身心的审美体验。尤其是文人墨客还发明了各种赏花方式：比如曲赏，唱首小曲儿赏花；酒赏，喝杯小酒赏花；香赏，焚香赏花；琴赏，弹琴赏花；茶赏，喝杯茶赏花。通过五感创造极具仪式感的赏花方式，最终实现一种沉浸式体验。围绕着微妙的生命感受，来设计赏花的方式。

产品设计和服务设计

服务设计是跨学科的，也是未来管理者必备的思维方式。我们要从用户、维度、属性、顺序、参照物的角度，以"花瓶设计"为例，来理解产品设计和服务设计的区别。

角度	产品设计	服务设计
用户体验	产品设计师包括设计花瓶的形状、颜色。内循环包括花瓶的竞品分析、外观设计、功能细节考量、生产成本等方面	设计场赏花的方式，包括建立情感连接、好的用户体验、原型测试、深度访谈、利益相关者等方面，属于产品的外循环
维度	产品关注的维度是一个点或多个点，花瓶或者系列花瓶	服务设计会关注点线面全链路，融合各个设计领域，共同为打造这种包含生命感动的、增长知识的、沉浸式的用户旅程，为不同用户探索并打造各种个性化的赏花方式
属性	产品设计是内循环，包括花瓶的造型、容量、位置、成本等	服务设计是外循环，比如说赏花以后回收的过程、鼓励赏花的习惯等，跟生态相关的无限的可能性
顺序	产品设计的生产和销售环节是有先后顺序的	服务设计与销售同时发生
参照物	产品设计的参照物往往是它的竞品、它的竞争对手	服务设计是与用户其他的生命体验横向对比，比如说阅读一本书的体验、一次旅行的体验、一次聚会的体验

图 01　产品设计和服务设计的区别

服务设计思维游戏卡牌（54张）

	A	2	3	4	5	6	7	8	9	10	J	Q	K
♥	学习金字塔	商业模式画布	用户画像	第一性原理	5W2H分析法	HMW分析法	价值主张画布	RIA便笺阅读	HOOK上瘾模型	英雄之旅模型	情境领导力	体验设计价值度量	可持续发展目标
♦	双钻模型	PEST分析法	同理心地图	SMART原则	KANO模型	六顶思考帽	峰终定律	10-1010决策	AARRR模型	MECE分析法	GROW模型	SICAS模型	心流理论
♠	用户体验5要素	SWOT分析	用户体验地图	金字塔原理	APOEM方法	TRIZ发明原理	80/20法则	IDEO设计思维	冰山模型	STAR原则	4C战略	营销理论	可持续设计
♣	黄金圈法则	波士顿矩阵	波特五力模型	SCQA模型	PDCA管理循环	马斯洛需求层次	SCAMPER	费曼学习法	故事5要素模型	STORY模型	POA极简思维	梯子理论	设计的三层次

从体验到意义：打造转移经济时代的标杆！
从消费到共创：打造千人千面的可持续发展模式！

图 02　服务设计思维游戏卡牌 54 张（来源：作者自制，2022 年全国用户体验创新典型案例）

全书分为基础理论与概念、设计与实训、欣赏与分析三章。基础理论与概念介绍服务设计的基础理论知识——服务设计思维、可持续设计、设计心理学、商业设计思维。设计与实训聚焦服务设计探索、移情、创意、原型、测试五个步骤中的九种具体方法。围绕整合设计人才需求和职业岗位能力要求，系统地介绍了"服务设计"这一跨学科的新兴设计理念，以拓展创新思维、启迪整合设计智慧。同时，欣赏与分析介绍了服务设计在国内外的经典案例。设计与实训对企业和院校的设计案例进行剖析，帮助读者思考并建立系统的、创新的服务设计思维。每个实训任务都包括任务分析、任务实施、任务评价、学习步骤、课后作业，并有配套的教学课件、微课、服务设计思维游戏卡牌（54张）等数字教学资源，以适应线上或线上线下融合教学需求，注重实用性、职业性和持续性。

本教材的目的是引导学习者建立系统的服务设计思维，帮助设计师针对特定场景创造属于自己的、适用的个性化服务设计方案，并为此提供一般的遵循路径及知识索引。本教材在编写中根据应用型人才培养的要求，以培养能力、掌握实用技能为出发点，贯彻"学以致用"的理念，适应移动互联网时代消费升级对人才的需求。

本教材既可作为工业设计、产品设计、景观设计、研学旅游、会展策划等专业"服务设计""体验设计""商业模式创新""商业策略""品牌营销"等课程的教学用书，也可作为职业训练提升的参考用书。欢迎相关专业师生和相关行业人士选用。

本教材由高级工业设计师何焱、王明润博士共同编著，本教材在编写过程中，参考和借鉴了许多相关文献、案例。在此，向各位专家学者、企业家一并表示感谢。

在旅游产业升级、文旅融合、智慧互联的大语境下，介绍运用服务设计的方法进行文旅创新是一次勇敢的探索和尝试。基于体验经济时代的消费者行为路径（共鸣—关联—参与—行动—分享），作者原创性地提出了旅游IP服务设计方法：接触点三维创意思考法，优化消费者体验和服务流程。本教材在内容和体系结构上还有很多不足之处，恳请广大业内专家和读者不吝赐教。

图 03　接触点三维创意思考法

本书作者
2024年7月

课程计划
CURRICULAR PLAN

章 名	章节内容		课时分配	
第一章 基础理论与概念	第一节	服务设计思维	2	8
	第二节	可持续设计	2	
	第三节	设计心理学	2	
	第四节	商业设计思维	2	
第二章 设计与实训	第一节	项目实训一——探索发现与了解问题	4	18
	第二节	项目实训二——移情观察与问题定义	4	
	第三节	项目实训三——创意开发与设计构想	4	
	第四节	原型设计	2	
	第五节	项目测试	2	
	第六节	岗课赛证	2	
第三章 欣赏与分析	第一节	国际设计前沿赏析	2	4
	第二节	服务设计驱动的中国品牌案例与评析	2	

目 录
CONTENTS

第一章 基础理论与概念 ... 1

第一节 服务设计思维 ... 2
一、设计思维 ... 3
二、体验设计 ... 9
三、服务设计 ... 17

第二节 可持续设计 ... 26
一、可持续设计的理论 ... 27
二、基于创新思维的可持续设计 ... 31

第三节 设计心理学 ... 40
一、产品设计心理学 ... 40
二、交互设计心理学 ... 44
三、消费者动机分析 ... 53

第四节 商业设计思维 ... 64
一、互联网运营 ... 65
二、品牌定位设计 ... 75
三、价值观设计：黄金圈法则 ... 87
四、基于设计思维的商业模式创新 ... 94

第二章 设计与实训 ... 101

第一节 项目实训一——探索发现与了解问题 ... 102
一、实训概况 ... 102
二、设计案例（企业）——中国运动健康类移动应用Keep ... 103
三、设计案例（院校）——基于数字化保护与产业化应用的羌绣服务设计 ... 105
四、知识点 ... 109
五、实训程序 ... 111

第二节 项目实训二——移情观察与问题定义 ... 114
一、实训概况 ... 114
二、设计案例（企业）——亚朵酒店的服务设计思维应用 ... 114
三、设计案例（院校）——基于服务设计思维的辽宁非遗品牌化建设 ... 117
四、知识点 ... 122
五、实训程序 ... 124

第三节 项目实训三——创意开发与设计构想 ... 127
　一、实训概况 ... 127
　二、设计案例（企业）——HMW分析法的使用案例 ... 127
　三、设计案例（院校）——基于情感体验的灯具产品服务设计研究 ... 132
　四、知识点 ... 135
　五、实训程序 ... 136
第四节 原型设计 ... 140
　一、纸板原型设计：简易直观 ... 140
　二、故事画板原型设计：场景演示 ... 140
　三、角色扮演：表演呈现 ... 141
　四、案例：慕溪北欧定制旅游服务创新设计 ... 141
第五节 项目测试 ... 142
　一、可用性测试 ... 142
　二、价值机会分析 ... 142
　三、语义差异量表 ... 143
第六节 岗课赛证 ... 145
　一、赛事一：联合国可持续发展目标创意赛/可持续设计大赛 ... 145
　二、赛事二：中国国际"互联网+"大学生创新创业大赛 ... 145
　三、赛事三：中国服务设计优秀案例征集 ... 148
　四、获奖案例：中国服务设计十大优秀案例——华为终端开发者伙伴服务体系设计项目 ... 149
　五、中国服务设计人才资质评定体系 ... 153

第三章 欣赏与分析 ... 159

第一节 国际设计前沿赏析 ... 160
　一、国际服务设计大奖赛入围作品：揭开一所代码学校如何编程的神秘面纱 ... 160
　二、特斯拉创始人埃隆·马斯克的思维方式：第一性原理 ... 162
　三、苹果的产品设计之道：创建优秀产品、服务和用户体验的七个原则 ... 163
　四、谷歌公司用户体验的设计准则和衡量指标体系 ... 166
　五、迪士尼乐园对员工价值观的培养 ... 170
第二节 服务设计驱动的中国品牌案例与评析 ... 172
　一、服务设计与智慧零售：iF设计奖金奖微信"扫码购"服务 ... 172
　二、服务设计与创意餐饮：奈雪的茶 ... 173
　三、服务设计与文化旅游：禅意心灵度假目的地——拈花湾 ... 175
　四、服务设计与主题酒店：亚朵酒店与品牌联名款 ... 178
　五、评析：新旅游需要重构产品与用户的关系 ... 180

参考文献 ... 183

第一章　基础理论与概念

第一节　服务设计思维

第二节　可持续设计

第三节　设计心理学

第四节　商业设计思维

第一章 基础理论与概念

第一节 服务设计思维

学习目标

知识目标

1. 了解设计思维的内涵、过程、方法和工具。
2. 了解体验经济时代的特征，了解用户体验和体验设计的概念。
3. 了解服务设计的概念、要素、法则、研究和方法。

能力目标

1. 能够运用设计思维的工具进行分析。
2. 能够识别用户体验与体验设计的不同。
3. 能够运用服务设计的方法思考、分析、解决问题。

素质目标

1. 具备良好的政治素养和道德素质、健康的身心素质、过硬的职业素质和人文素质。
2. 具备信息素养和团队协作能力，小组能协调分工运用服务设计的方法和技能完成任务。
3. 具备独立思考和创新能力，能针对项目特点运用服务设计方法创新性解决问题。

思政目标

1. 具有深厚的爱国情感和民族自豪感。树立系统的服务设计思维和品牌意识，讲好中国品牌故事。
2. 具有社会责任感和社会参与意识。认识到每一项目的创新都凝聚着集体的智慧，体现着为人们服务的思想，为美好生活的整合设计贡献力量。
3. 具有质量意识和工匠精神。品牌是质量、服务与信誉的重要象征，将其融入服务设计思维，以匠心铸精品，让良好的用户体验成为中国创造的"金字招牌"。
4. 培养严谨治学的科学态度与实事求是的辩证唯物主义思想，形成具有中外比较、开放的视野。

课前自学

案例导入

设计思维助力爱彼迎（Airbnb）平台升级

在2008年成立的空中食宿预定平台爱彼迎便是设计思维的受益者。几个年轻人为了减轻在旧金山的昂贵租金负担而分租客厅给短期租客并供应早餐，因而萌生建立联系旅游人士和家有空房出租的房主的服务型网站的想法。这个想法是很好的，双方的需求都存在，然而实际与理想之间总是有差距的，他们创业的前六个月平均只有200美元收入，这让他们十分泄气。于是这几个年轻人用了"设计思维"的六步心法，他们对租户和房主在运作时实际面对什么困难、有哪些不协调的地方进行"基本认识"，然后逐一探访房主，像租户一样住在那里，早上品尝他们的早餐，体验支付流程、网上操作，作"亲身观察"。回到公司后，他们把所经历的问题写在纸上，大家作"观点陈述"，把有用的信息进行归纳，"凝聚重点"，然后开始制作"原型"。首先，改善网站设计，关注客户的使用体验，对住房的地区、标准配套、早餐规格等设定规范。

其次，不断进行"测试反馈"，改善各方的满意度。最终，经营情况大有改善。2011年，空中食宿难以置信地增长了800%，用户遍布190个国家近3.4万个城市，发布的房屋租赁信息达到5万条，重塑了酒店行业的商业模式。2015年，空中食宿估值已达到200亿美元。以上这一使用"设计思维"扭转乾坤的经历，便是由他们的创办人口述的。

明天的产业发展与消费者已知和未知的期待息息相关，未来不会再是产品归产品、服务归服务的形态，而是会转变成由消费者积极参与设计的综合体，因此我们不能再依赖传统的商业模式来运营未来的事业。如何进行系统创新？如何与消费者建立更紧密的关系？"设计思维"可以协助我们重新构建"消费者""设计者"及"生产者"三者之间的新默契。

一、设计思维

设计思维为何如此受欢迎？设计思维不是设计师的专有财产。几乎所有文学、艺术、音乐、科学、工程和商业领域的伟大创新者都在运用它。那么，为什么称它为设计思维？设计思维的特别之处在于设计师的工作流程可以帮助我们系统地提取、教授、学习和应用这些以人为本的技术，以创新的方式解决问题。

设计思维会大量使用原型设计、数据分析、创新构想、组织设计、定性和定量研究等方式，与客户共同寻找最有成效的方案。它同时适用于产品开发、服务优化，甚至商业策划。华为、阿里巴巴、苹果、谷歌、三星和通用电器等世界领先品牌很早就运用设计思维为商业赋能，并取得了一系列的创新成果。斯坦福大学、哈佛大学和麻省理工学院这些世界顶尖大学也正在教授设计思维，帮助学生更好地应对未来对创新人才的需求。

设计思维与商业思维是有区别的。（图1-1-1）商业思维强调的是逻辑的推理和分析，专注于执行和规则是基于现有的产品和解决方案，发现使用过程中出现的问题与客户的不满。商业思维围绕着客户需求，解决眼下的问题；围绕现有业务的概念设计产品和业务模式，利用最佳实践和常见的"路径"来满足客户的需求。一般情况下，商业思维经常使用的是逻辑推理、业务分析、找到瓶颈、解决问题。所以商业思维常常是利用左脑思维，是以现状和问题为导向的。

设计思维强调的是创新和未来，专注于挑战现状，从客户的期望出发，创造客户新的需求点。设计思维围绕着创新业务概念，设计未来的业务模式，利用创新实践和独特的观点超越客户的期望。一般情况下，设计思维经常使用的是创造性、出人意料的想法，研究新的可能性，创造与众不同的解决方案。设计思维一般是利用右脑思维，而且是目

商业思维 Business thinking	设计思维 Design thinking
·规避错误	·从错中学
·单项式输出	·交互式共创
·分析证明方案是最好的	·实验性迭代寻找更好方案
·关注事实与数字	·关注故事与场景
·标准化	·人本化（用户体验）

图1-1-1 设计思维与商业思维的区别

标导向，不仅仅是通过逻辑推理获得问题的解决方案。

（一）设计思维的内涵

设计思维（Design Thinking）起源于设计学、管理学，并逐渐发展成为人们思维模式的新角度、解决问题的新方法、知识发展的新路径以及创新实践的新途径。设计思维是未来创意人才必备的核心素养，适用于各行各业。设计思维提倡以人为本、创建未来的解决问题方法论，从人的需求出发，为各种议题寻求创新解决方案，并创造更多的可能性。这种以人为本，并不是简单地以用户为中心，而是考虑人和自然的和谐统一。要统筹人类目标与自然法则，就必须具备将这两个不同部分联系在一起的手段，设计思维恰好能起到这种作用。从设计到设计思维，实际上是由创造产品演化到分析人与产品之间的关系，进而演化到分析人与产品、环境三者之间的关系。

设计咨询公司IDEO将设计思维定义为"用设计者的感知和方法去满足在技术和商业策略方面都可行的、能转换为顾客价值和市场机会的人类需求的规则"。因此，设计思维可以被视作是一种实现创新的新方式和新途径。设计思维通过关注客户的需求，实现创造性创新的过程，但它并不能单独产生创新。说到底，这是一个路线图，能否到达目的地取决于设计师。它也不是一个直接的指导，而是一个持续的过程，一个需要练习、迭代和奉献的过程。设计思维既是一种哲学思想，也是一种战略方法。它是一种将设计框架化、解决特定问题的方法，也是一种确定的创新过程。同时，设计思维实际上是一种思维方式，简而言之，"设计思维"实际上意味着像客户一样思考。

真实世界面临的问题往往是涉及各类利益相关者的复杂系统，现代的设计已经从对"产品和服务"的关注转型到适用于各种社会问题的可靠"方法集"。英国皇家艺术学院副院长纳伦·贝菲尔德（Naren Barfield）认为在全球人类所面临的众多挑战中，设计教育需要培养积极的、具有探寻精神且全面发展的团队协作者。同时，设计师不能仅"服务于创新"，而是要像企业家和策划者一样"引领创新"。

设计思维不是一成不变的，它与设计的对象、内容和设计方法的演变密切相关。为了应对和解决社会中的各类"抗解问题（Wicked Problem)"，理查德·布坎南（Richard Buchanan）把设计的研究领域划分为四种，即"设计四秩序（The Four Orders of Design）"。当今设计师的关注点已经从"符号"和"物体"转变到"行动"和"想法"，正处于第三和第四次序中（图1-1-2）。设计的重心

	第一次序 沟通问题 符号	第二次序 构造问题 物体	第三次序 行动问题 行动	第四次序 整合问题 想法
符号	语言、图像			
物体		实体物件		
行动			活动、服务、过程、体验	
想法				环境、组织、系统

图1-1-2 设计领域的设计思维——设计四秩序

已经从"对象"（指产品、服务和系统）转移到"思维和行为方式"（指方法、工具、设计文化）。在设计思维的巨大转型的背景下，设计正在迎接新的范式。设计不仅仅解决"造物、物理和可触"的问题，更聚焦环绕人周围的"非造物、物理不可触"问题，如服务、战略系统等。新范式的设计是解决空间中从第一到第四秩序的系列问题：第一秩序是以图像、文字为主体的设计，第二秩序是以实体产品为主体的设计，第三秩序是以行动为主体的设计，第四秩序是以环境、系统为主体的设计。

（二）设计思维的过程

设计思维是一种思维方式，是一种创新方法论，更是一种解决问题的路径。设计思维与分析式思维（Analytical Thinking）相比较，在"理性分析"层面是有很大不同的。设计思维是一种较为感性的分析，注重了解、发现、构思、执行的过程。目前所广泛流传的设计思维过程有很多变体，但是所有变体都非常相似——它们有三到七个阶段。从最早西蒙（Simon）提出"分析—综合—评估"的设计思维线性模型（1969），到英国设计协会（British Design Council,）的"双钻模型"（2017），再到当前应用较广泛的IDEO以及斯坦福大学设计学院的设计思维过程模型（Stanford d.school, 2010），设计思维为不同领域的决策者提供了不同的过程框架和方法策略，具有广泛的创造性的特点。

从不同视角面向不同的适用对象，设计思维的过程框架虽略有不同，但都包含"启发—构思—实现"三大步骤。启发环节以共情问题，对问题进行理解为主，不同的方法模型将其细分为"共情—定义"或者"发现—解释"等；构思环节是在对问题理解之后，生成各种想法，并确定解决方案的过程；实现环节是将创新的想法与方案生成制品、变成现实的过程，一般包括"原型—测试"或者"实验—评估"。（图1-1-3）

来源	过程框架	特点	视角
Simon（1969）	分析—综合—评估	最早的问题解决过程的线性基础单元	问题解决者
British Design Council（2017）	发现—定义—开发—交付	强调设计过程中发散与收敛的思维过程	设计师
Brown（2008）	灵感—构思—实现	融合同理心、协作、整合思维等，形成以人为本、创新的循环框架	企业管理者、商业等多领域
IDEO（2010）	发现—解释—构思—实验—评估	强调实践者运用自己的感知力和设计方法，将技术和商业策略可行性与用户需求相匹配，从而实现用户价值和市场机会的过程	企业管理者、商业等多领域
IDEO（2012）	发现—解释—构思—实验—改进	为教育工作者提供设计思维方法和工具包，应对教育领域中的挑战	教育工作者
HPI Academy（2014）	理解—观察—整合观点—构思—原型—测试	强调通过理解、观察，将信息与观点整合，构思形成解决方案	学生、教育工作者、任何寻求创新的企业
Stanford d.school（2010）	共情—定义—构思—原型—测试	聚焦问题解决，强调通过共情、头脑风暴、快速原型、迭代实现创新；培养创新能力与小组协作能力	学生、教育工作者、任何寻求创新的企业

图1-1-3 几种典型的设计思维过程比较

服务设计思维工具手册

瑞士电信（Swisscom）为了快速将设计思维整合到组织内部，设计了更为简单的步骤——倾听，创造，交付。（图1-1-4）

英国设计协会提出的"双钻模型"描绘了问题解决的发散与收敛过程。发散是探索各种可能性，增加选项的过程；收敛是评估与选择，减少选项，从而选择最重要选项的过程。双钻模型，包括理解、定义、探索、创造四个步骤。（图1-1-5）

斯坦福大学设计学院的设计思维模型，是将HPI模型中的理解和观察，合并为同理心，从而形成的5阶段模型。

共情——与您的用户；

定义——用户的需求，问题和洞察力；

构思——通过挑战假设和创造创新解决方案

阶段	描述	基础工具
倾听	理解项目、理解用户痛点/收集内部及外部的信息。直接收集来自用户的经历	设计挑战、用户访谈
创造	将学到的东西转化为潜在的解决方案，生成多个解决方案与可能性定义解决方案包含的功能	核心理念目标、顾客体验链
交付	将点子具象化建立原型并进行测试验证、加速或放弃点子从中学习并获得洞察	需求、提案、收益、竞争（NABC法则）、原型计划自我验证

图1-1-4 瑞士电信的设计思维过程

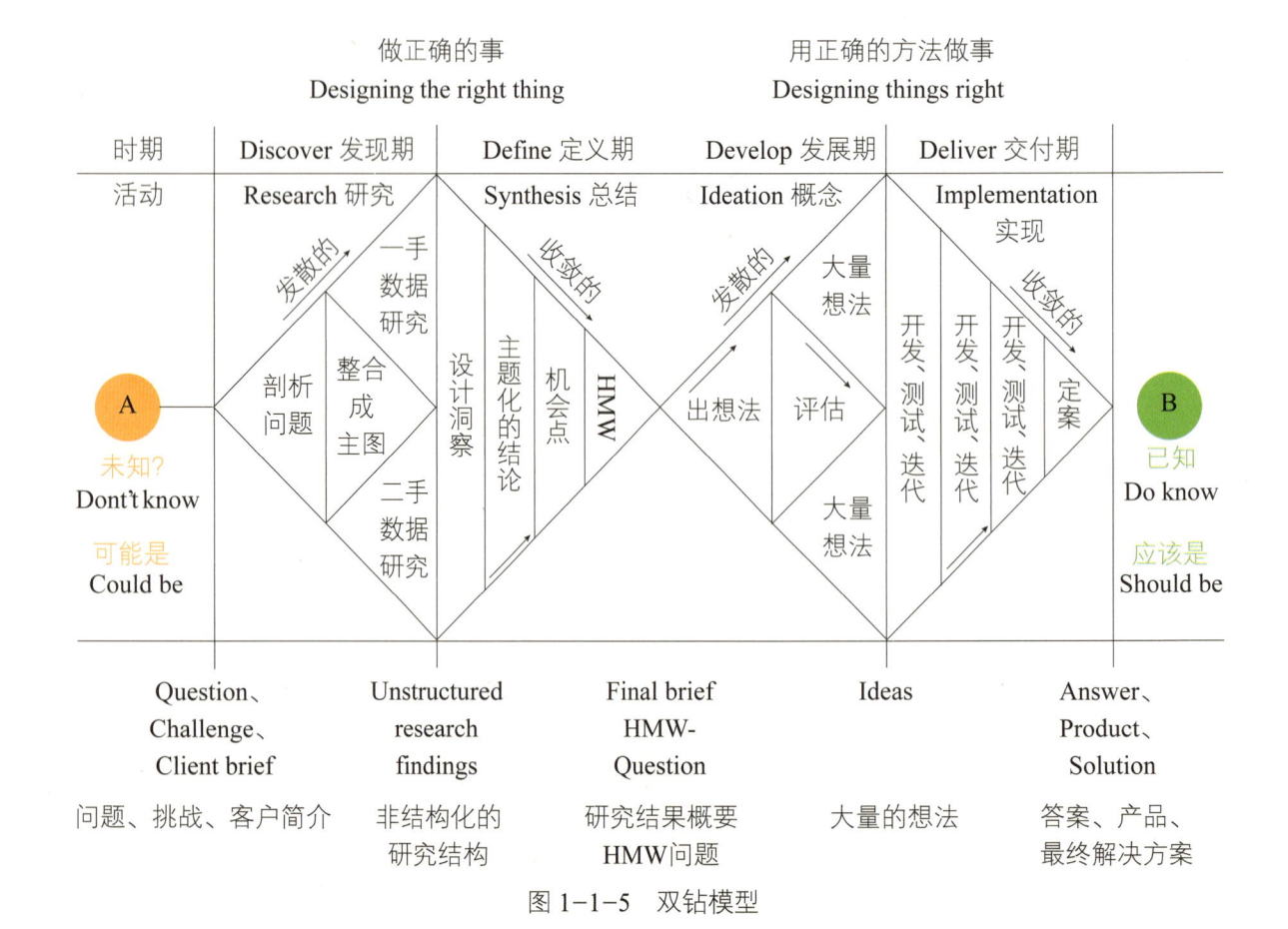

图1-1-5 双钻模型

的想法；

原型——开始创建解决方案；

测试——解决方案。

值得注意的是，这五阶段模型并未遵循任何特定的顺序，通常并行发生并反复重复。因此，不应将这五阶段模型理解为分层或逐步的过程。

相反，应将其视为有助于创新项目的模式或阶段的概述，而不是步骤顺序。（图1-1-6、图1-1-7）

设计咨询公司IDEO的设计思维实施流程各阶段（发现、解释、构思、实验、进化）描述如图1-1-8。

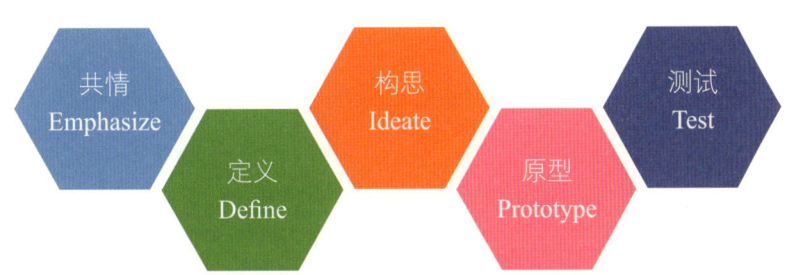

图1-1-6　斯坦福设计学院的设计思维"五阶段"模型（1）

Empathize 共情	Define 定义	Ideate 构思	Prototype 原型	Test 测试
通过观察、访谈、交流去理解你的客户的思想	基于对客户的洞察和需求建立设计的观点	采用头脑风暴的方法创造尽可能多的解决方案	根据解决方案建立一个或多个模型、产品或方法建立原型	将你的方案与你最初定义的客户进行交流，获取反馈
访谈、寻求理解、不作判断、跟随客户	决策、挑战、痛点、个性化	分享、尊重所有的想法、分歧和一致、接受观点去思考、优先级	故事思维路线、尽量简化、测试到失败为止、快速迭代	明确困难点、如何作用的原理、角色扮演、快速迭代

图1-1-7　斯坦福 d.school 的设计思维"五阶段"模型（2）

发现	解释	构思	实验	进化
我有一个挑战。我如何处理它？	我获得了一些知识。我如何解释它？	我看到了一个机会。我要创造出什么？	我有了一个想法。我如何搭建它？	我尝试了一些新东西。我如何使它发展计划？
1.了解任务挑战 2.准备研究调查 3.搜集灵感	1.讲故事 2.寻找其中意义 3.确定机会框架	1.产生想法 2.重新定义想法	1.做出原型 2.获得反馈	1.跟踪学习 2.推进发展改进

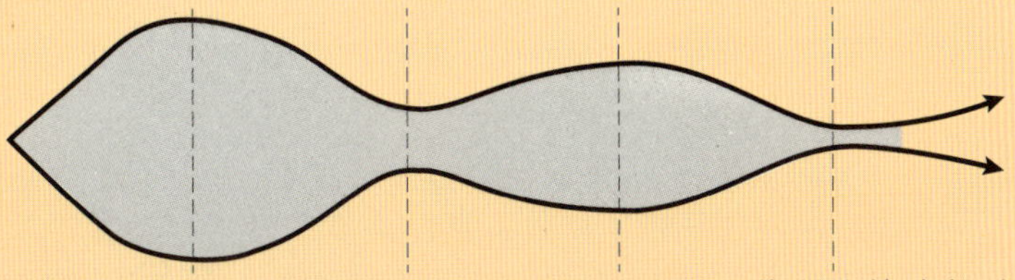

设计思维过程在发散思维和收敛思维模式之间转换。认清当前工作所处的阶段对应的模式将对工作过程产生帮助。

图1-1-8　IDEO 的设计思维流程

（三）设计思维的方法和工具

设计思维是一个迭代和非线性的过程，这也意味着设计团队需要不断使用他们的结果来审查，质疑和改进他们的初始假设、理解和结果。初始工作流程最后阶段的结果告知我们对问题的理解，帮助我们确定问题的参数，让我们重新定义问题。最重要的是为我们提供了新的见解。（图1-1-9）

由于以人为中心的设计并非一个线性的过程，针对每一个具体的项目，模型都有可能做出复杂的变化加以多样化的应对。研究者们为设计思维过程提供了一系列相关的方法和工具，在不同的环节加以使用。在设计思维教育实践过程中，教师根据任务需要选择适合的方法和工具，如斯坦福大学设计思维过程框架。教师还需要确保学生在开展设计思维教育实践时，具备运用系列可视化方法的能力。（图1-1-10、图1-1-11）

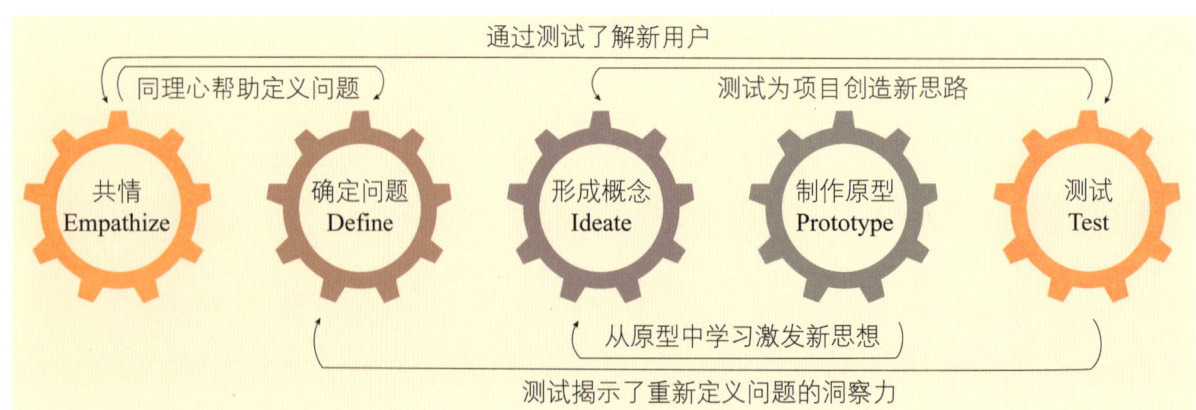

图1-1-9 设计思维是一个迭代和非线性的过程

来源	建议的工具及方法
Brown（2008）	画草图、头脑风暴、讲故事、创意框架、快速实验、原型、Web2.0和创新融合
d.schoool（2010）	用户观察、访谈、类比同理心、故事分享与捕捉、同理心地图、用户旅程地图、2×2矩阵图、Madlib视角、类比视角、批判性阅读检查表、身体风暴、快速原型、反馈获取网格、讲故事
IDEO（2010a）	PRISM法、PRA法、思维导图、维恩图、过程图、关系图、2×2矩阵图、P.O.I.NT.分析法
IDEO（2012）	工作表、问题指南、用户旅程地图、维恩图、2×2矩阵、关系图、故事板、角色扮演、纸质模型
Vianna et al.（2011）	重构、探索性研究、桌面研究、访谈、情感笔记本、洞察卡、关联图、概念图、角色扮演、同理心地图、用户旅程地图、设计图、想法菜单、定位矩阵、纸质模型、物理模型、舞台表演、故事板、服务原型

图1-1-10 设计思维实践常用的支持工具

第一章 基础理论与概念

	共情	定义	构想	原型	测试
目标	理解需要解决的问题和需求	确定最终要解决的问题	形成解决方案	模型快速原型、确定最优方案	测试评估、迭代发展
方法表单	访谈提纲、观察提纲、同理心地图	用户旅程图	方案报告、方案比较表、2×2矩阵图	快速原型设计单	测试表单、访谈提纲、观察提纲
工具	拍摄、访谈设备，便利贴、白板等书写绘画工具	便利贴、白板等书写绘画工具	便利贴、白板等书写绘画工具	手工制作、激光切割、3D打印等原型制作工具	测试工具

图 1-1-11　斯坦福大学 d.school 设计思维实践的工具

二、体验设计

（一）体验经济

早在1970年阿尔文·托夫勒（Alvin Toffler）就在《未来的冲击》中将产业经济发展划分为制造业经济、服务业经济和体验业经济三个阶段。托夫勒认为"体验制造"是满足消费者日趋个性化和心理化需要的重要手段；消费者需要的"心理化"会促使"更多的经济力量将用于满足消费者对美、威望、个性化和感官愉悦等方面的微妙、多变而又极具个人色彩的需要"。

体验经济是指企业以服务为舞台、以商品为道具、以消费者为中心、以个性化体验为经济供给物的经济模式。派恩（Pine）与吉尔摩（Gilmore）的文章《欢迎来到体验经济》（Welcome to the Experience Economy）（1998）认为：体验经济是继农业经济、工业经济和服务经济之后的第四代经济形态。他们按照体验者参与类型（两级分别是主动参与和被动参与）和参与度（两级分别是吸引和浸入）两个维度界定了体验的四个领域及其代表性的活动，即娱乐体验（Entertainment）、教育体验（Educational）、审美体验（Esthetic）和逃避体验（Escapist）。大部分情况下，用户体验是多维的。例如，很多购物中心，既有舒适的娱乐与就餐体验，又有实惠便利的购物环境，还有各种面向成人和儿童的培训班。（图1-1-12）

而作为营销专家的贝恩特·施密特（Bernd H.Schmitt）显然对消费者体验做过详尽仔细深入

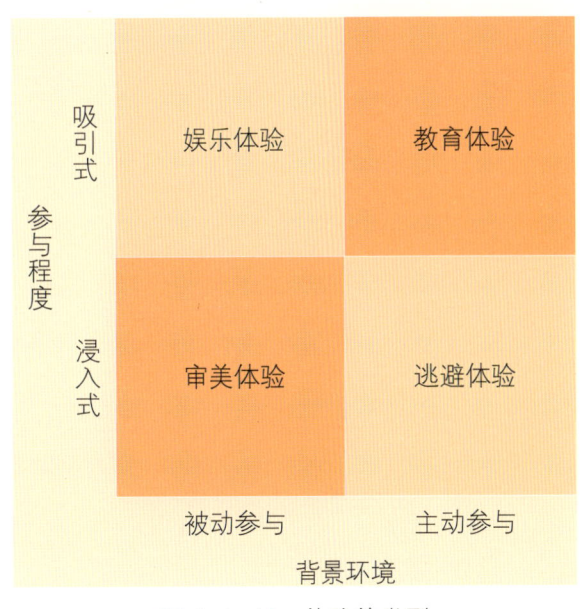

图 1-1-12　体验的类型

的探索，并且完成了他的顾客体验体系，形成了系统的营销理论。贝恩特·施密特通过"人脑模块分析"和心理社会学说将消费者的体验分成了感官、情感、思考、行为、关联五大体验体系。

感官体验，即诉诸于视觉、听觉、触觉、味觉和嗅觉的体验。

情感体验，即顾客内心的感觉和情感创造。

思考体验，即顾客创造认知和解决问题的体验。

行为体验，即影响身体体验、生活方式并与消费者产生互动的体验。

关联体验包含了感官、情感、思考与行为体验的很多方面。然而，关联体验又超越了个人感情、个性，加上"个人体验"，而且使个人与理想自我、他人，或是文化产生关联。（图1-1-13）

1999年，基于体验经济的讨论，施密特提出了"从消费者的感官、情感、思考、行动、关联五个方面重新定义、设计营销理念"的"体验营销"概念；普拉哈拉德（Prahalad）等也认为"体验创新"的目的不是改善产品或服务本身，而是为了共同创造个性化、可进化的体验，产品、环境和服务都是实现这一目标的手段。

体验不仅仅是在某一个空间形成，体验强度和表现形式等还会随时间而变化，体验的发展通常是由模糊的体验走向清晰的体验，从个体性体验走向社会性体验，从低层级的体验走向高层级的体验。体验正三棱锥模型（图1-1-14）。在设计学领域中交互体验的形成将至少包括相互关联、相互影响的四种体验，即情感体验、意义体验、审美体验、功效体验。

情感体验本质是对事物或环境的一种有意识或无意识的趋避反应，它包括爱憎、喜怒和哀乐等，不同的情感在持续时间和强烈程度等方面有所不同，它通常与产品的功效、意义和审美特征密切相关。

意义体验依赖于人的认知过程，主要是指人们赋予产品个性化等表现性特征或象征性意义，意义的生成与诠释因个体和文化差异等有所不同。

审美体验指产品所能够诱发的感官愉悦性或满足程度，它受感官的感受结构性、秩序性、一致性和新颖性等能力的影响。

功效体验是指用户在使用某个产品、服务或系统实现某一任务或目的的过程时，会对产品实用功能的实现方式或手段有一个亲身体会，即功效体验。它侧重的是基于产品实用功能所产生的与可用性相关的体验，包括有效性、高效性、易学性、易记性和安全性等。

"体验经济"这一概念揭示出三个重要转向。

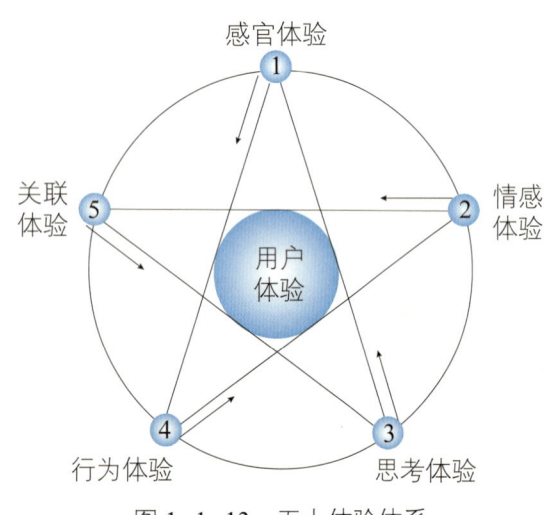

图1-1-13　五大体验体系

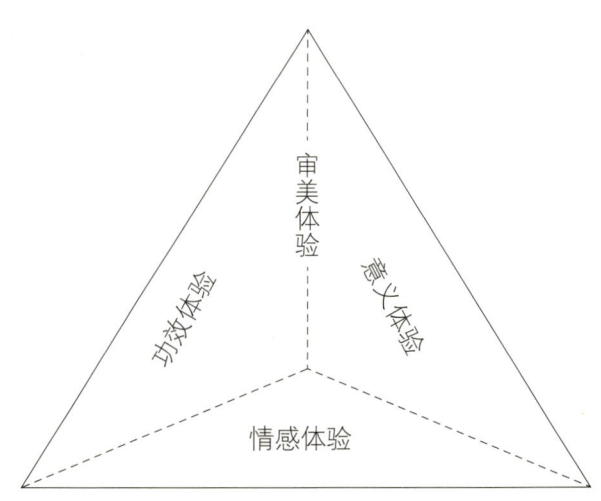

图1-1-14　体验正三棱锥模型

1. 从客体经济转向主体经济

派恩认为：经济价值的演进是从提取大宗商品到制造百货商品到传递服务到营造体验的递进。派恩推崇"知识价值"，重在价值（即对于用户主体的意义）而非知识本身。

2. 从发展需要转向自我实现

派恩和吉尔摩认定"体验经济"是每个人都以个性化的方式参与其中的事件，体验经济为消费者提供定制化服务，从而带给消费者美好的感觉、深刻的记忆、值得回味的事物和经历。因此，体验在本质上是消费者的一种自我实现，是用户对使用价值的主观反应的一种投射。

3. 从一般等价转向使用价值

体验经济时代，使用价值（效用）的评价来自于每个人对快乐和成功的个人定义。经济活动是从产品物物交换到服务中的价值交换，再到体验中的个性化效用交换。

（二）用户体验

随着人机交互的不断发展，可用性理论日益完善，可用性测试被广为接受。尼尔森（Nielsen）将易学性、交互效率、易记性、出错频率和严重性与用户满意度作为可用性的具体衡量指标；哈特森（Hartson）则将可用性分为有用性和易用性两个层面。国际标准ISO 9126《软件产品质量评价特性及应用指南》（2001）将可用性定义为"在特定使用情景下，软件产品能够被用户理解、学习、使用、能够吸引用户的能力"，并将可用性与功能性、可靠性、有效性、维护性、移植性共同视为产品开发过程中软件质量的6个方面。

哈桑萨尔（Hassenzahl）等人（2000）认为：用户体验扩展了可用性视角，不仅使软件可用，还会有趣、吸引人进而喜欢使用，还提出产品的实用性与享乐性将是未来人机交互领域的研究方向。这意味着工具性与非工具性因素均被包含在用户体验质量中。哈桑萨尔将用户体验定义为"用户的一系列内在状态（倾向、预期、需要、动机、情绪等）、系统的特征（如复杂性、目标、可用性、功能等）及情境（或环境），交互过程在这其中发生（如组织/社会设定、行为的意义、使用的自发性等）"。

用户体验最为普遍认可的一个定义来自国际标准ISO 9240—210："人们对于使用或参与产品、服务或系统所产生的感知和回应。"这个定义清晰地界定了用户体验附属于（whose）是"人"，指向（what）"感知和回应"，时间（time）限定在"使用和参与过程"，对象是"产品、服务或系统"。

用户体验的另一个定义来自UPA：用户体验"构成了用户整体感知的与产品、服务或组织进行交互的各个方面。用户体验作为一个学科与构成介面的所有元素相关，包括版式、视觉设计、文本、品牌、声音、交互等。用户体验工作旨在协调这些元素为用户创造最优交互体验"。在这个定义中，体验就是"整体感知"，但此定义更局限于交互设计范畴。（图1-1-15）

在用户体验的要素研究上，詹姆斯·盖瑞特（James Garrett）认为网站的用户体验包括用户对品牌特征、信息可用性、功能性、内容性等四个方面，并提出了极具操作性用户体验五个层次模型：第一，战略层：产品目标和用户需要；第二，范围层：功能规格和内容说明；第三，结构层：交互设计与信息架构；第四，框架层：介面设计、导航设计和信息设计；第五，表现层：视觉设计。（图1-1-16）

黑尔维格（Hellweger）等学者收集了21篇相关文献，提取了114个相关词条，采用自下而上的方法对词条进行分组，聚类得出两种关系12个要素，产生用户体验的要素包括语境、可用性、产品特性、需要、认知、目的，被用户体验影响的要素包括难忘的、无处不在、知觉、情感与情绪、参与

视角		ISO 9240-210定义及解释	UPA定义
谁的（whose） 什么（what） 何时（when） 对象（object） 关注（focus）	个人 感知与反馈 使用和/或预期使用 产品、系统或服务使用	情感、信仰、偏爱、感知、物理和心理的反馈、行为和成就使用之前、之中和之后	用户群体感知 产品、服务或企业交互

图1-1-15 用户体验的定义比较（胡飞2018）

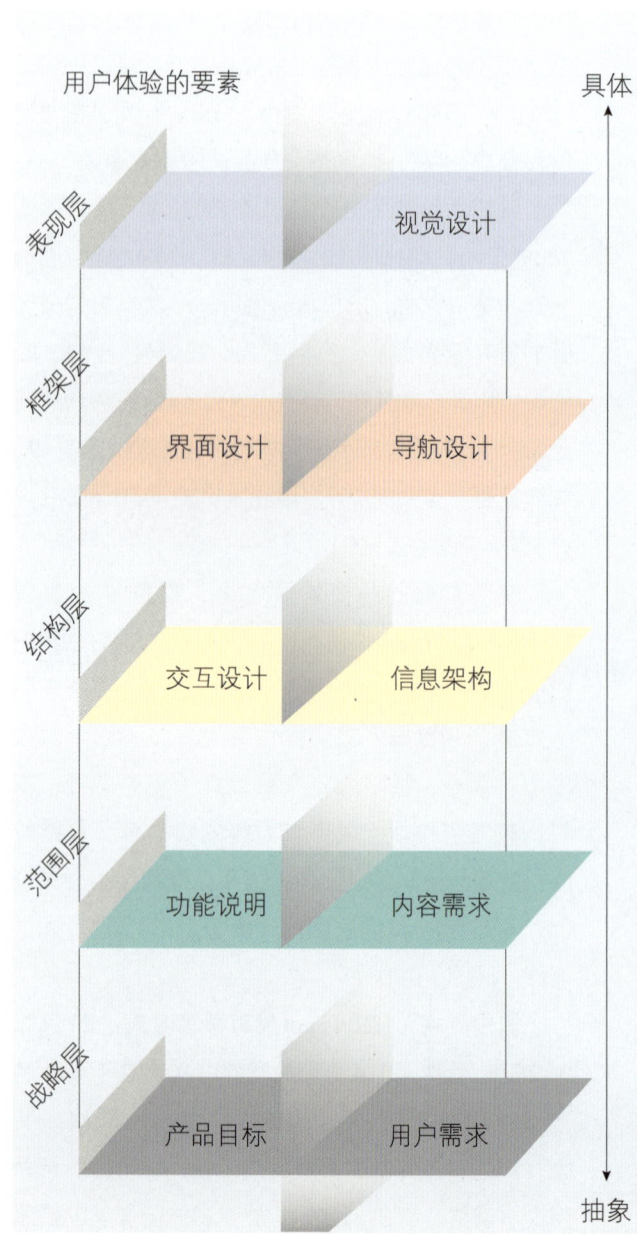

表现层——视觉设计
在这个五层结构的顶端，我们把注意力转移到系统用户会注意到的那些方面：视觉设计，将内容、功能和美学汇集到一起产生一个最终设计，这将满足其他四个层面的所有目标。

框架层——界面设计、导航设计和信息设计
在充满概念的结构层中开始形成了大量的需求，这些需求都是来自我们的战略目标的需求。在框架层，我们要更进一步地提炼这些结构，确定很详细的界面外观、导航和信息设计，这能让结构变得更实在。

结构层——交互设计与信息架构
在收集完用户需求并将其排列好优先级别之后，我们对于最终界面将会包括什么特性已经有了清楚的图像。然而，这些需求并没有说明如何将这些分散的片段组成一个整体。这就是范围层的上面一层：为产品创建一个概念结构。

范围层——功能说明和内容需求
带着"我们想要什么""我们的用户想要什么"的明确目标，我们就能弄清楚如何去满足所有这些战略的目标。当你把用户需求和系统目标转变成系统应该提供给用户什么样的内容和功能时，战略就变成了范围。

战略层——产品目标和用户需求
成功的用户体验，其基础是一个被明确表达的"战略"。知道企业与用户双方对产品的期许和目标，有助于确立用户体验各方面战略的制定。

图1-1-16 用户体验的要素

度、教育性。用户体验的特征要素还包括积极的、适当的、逃避的、主观的、整体的和可分解的。

扎鲁尔（Zarour）和阿尔哈尔比（Alharbi）统计分析了260余篇文献，并重点研究了2005—2015年的114篇文献，将学术界和业界相关论述分为品牌体验、用户体验和技术体验三个维度（图1-1-17）。

（三）体验设计

美国认知心理学家、计算机工程师、工业设计家，苹果的前用户体验架构师唐纳德·亚瑟·诺曼（Donald Arthur Norman）在《情感化设计》（2003）中，从本能、行为和反思这五个维度深入分析了如何将情感效果融入产品设计中，这在设计学界引起广泛关注和深远影响。伊丽莎白·桑德（Elizabeth Sander）提出"为体验而设计"这一命题，论文题目则以动名词"experiencing"呈现。桑德将设计研究的信息来源分为三种类型：say，通过语言的方式交换信息；do，通过观察他做什么理解用户行为；make，让用户亲手制作一些东西，从中发现他的期望与需要。Don Norman的理论代表了认知心理学在设计中的应用。（图1-1-18）

内森·谢多夫（Nathan Shedroff）的《体验设计》受到体验经济和人机交互的双重影响，快速回应了体验经济的热潮。他认为"体验是所有生活事件的基础，并成为交互媒体必须提供的核心"，并定义体验的六个关键维度，即宽度、强度、持续时间、动机、交互、意义，全面探讨了数字化的在线体验方式，提出了基于内容的信息设计、交互设计和感觉设计（Sensorial Design）。

中文文献广为引用的定义是体验设计是将消费者的参与融入设计中，在设计中把服务作为舞台，把产品作为道具，把环境作为布景，力图使消费者

用户体验的维度	要素的分类	用户体验的要素
品牌体验	品牌 情境	品牌、日常操作、营销、商业通讯使用情境、时空、用户旅程图
用户体验	情境 享乐 实用性	文化情感、享乐、诚信、审美、有趣、隐私、感性可用性、功能性、有用性
技术体验	开发技术 硬件 操作 用户体验设计	平台技术 基础设施 服务响应时间 视觉吸引力

图1-1-17 用户体验的维度与要素

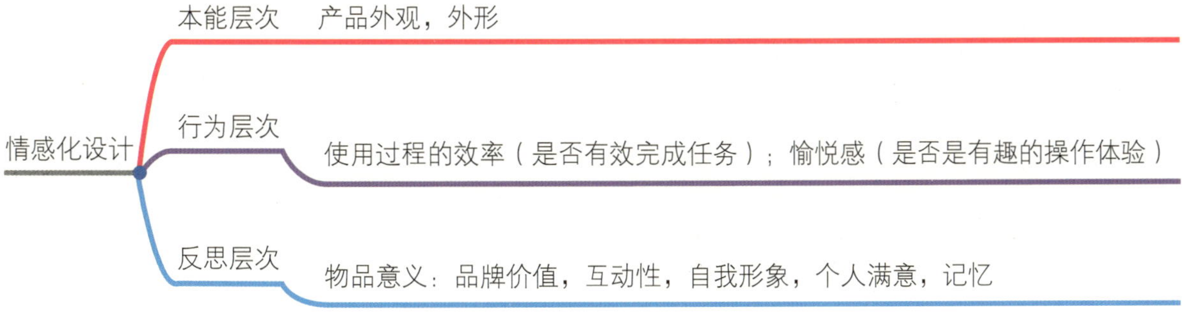

情感化设计
- 本能层次　产品外观，外形
- 行为层次　使用过程的效率（是否有效完成任务）；愉悦感（是否是有趣的操作体验）
- 反思层次　物品意义：品牌价值，互动性，自我形象，个人满意，记忆

图1-1-18 情感化设计的三层次

服务设计思维工具手册

在商业活动过程中感受到美好的体验过程。维基百科上将体验设计定义为面向用户体验与地域文化的产品、过程、服务、全渠道过程、环境设计实践。汤姆·伍德（Tom Wood）将体验设计定义为"一种结果导向的设计实践"，特指用户在产品或服务中得到的激励与满足感和对其需要与语境体验的相关性。

Law等人通过全面深入的研究给出建议：将用户体验这一术语限定为一个人通过用户介面与之交互的产品、系统、服务和对象。无论工具、知识系统或娱乐服务，只要在交互中涉及人为的用户介面，就属于用户体验的范畴；而人与人之间的面对面交互，则超出用户体验的范畴。（图1-1-19）

辛向阳教授在题为"从用户体验到体验设计"的演讲（2015）中，比较了工业设计、交互设计和用户体验设计，他认为用户体验更多关注过程（progression），而体验设计把经历本身当作对象，关注预期、过程和影响；用户体验强调扁平化，体验设计则强调多维度；用户体验创造好产品，体验设计则创造好舞台；用户体验设计师是好产品的创造者，体验设计师则是好舞台的赋能者。他认为体验设计更关注全局性；体验设计是个性化服务的基础，它会从用户画像、行为、场景和环境等多个维度为用户创造价值。在"体验设计的战略定位"演讲（2017）中，辛向阳教授从体验影响的范围（个人—社会）和影响的时效性（即时—长期）两个维度，标注了用户体验（U：User experience）、生活方式（L：Lifestyle）、流行趋势（T：Trend）和文化（C：Culture）四种不同的定位，进一步明确了体验与用户体验、趋势、生活形态和文化的相互关系以及从用户体验到趋势、体验和生活形态进而到文化的发展路径。（图1-1-20）

在体验设计策略方面，很多设计师进行了总结。如：会员在现在的日常生活中屡见不鲜，如何为一款产品设计合适的会员制度呢？像对待会员那样对待目标用户，并不意味着你必须称呼目标用户为"会员"，重要的是要为目标用户创造出新的价值，为"会员"带来利益。会员制模式是一种有力的产品战略，有助于提升体验服务的质量，从而协助建立强有力的用户忠诚度。（图1-1-21）

随着条件的成熟或变化，产品可能会呈现不一样的周期特点，此时在设计层上，产品的设计策略可能需要有所调整。比如在探索期，产品应当确定好方向；而在成长期，产品便需要打出自己的独特优势。（图1-1-22）

体验设计价值的评估方面，阿里巴巴设计（Alibaba Design）慢慢找到了这种确定性，并正体系化地深入其中。阿里巴巴设计认为，在消费主义时代，体验设计的核心命题即是回答如何创造用户

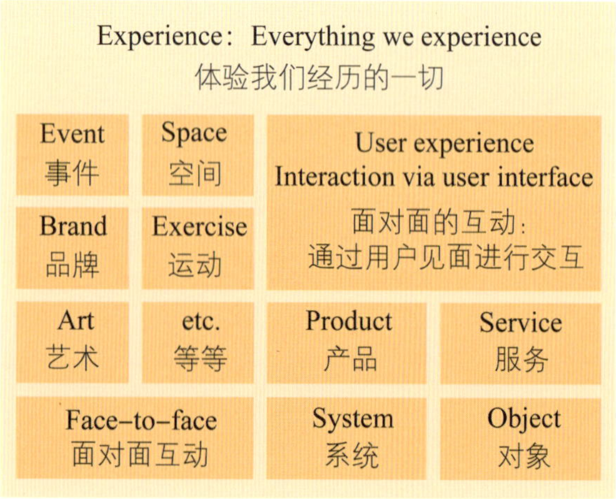

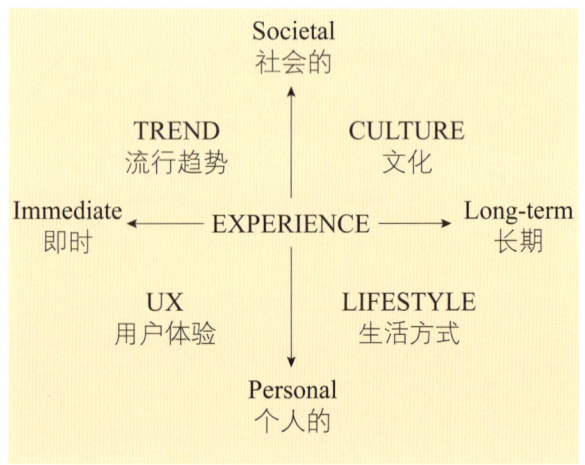

图1-1-19 体验与用户体验比较（胡飞2018）

图1-1-20 体验"U-L-T-C"定位（辛向阳2019）

第一章 基础理论与概念

价值；以价值逻辑链为导向的设计模式，即为体验设计。价值是体验设计行动的根本，价值的判定方式多维且复合，价值以人为本。因此，不同社会角色在不同目标立场下所产生的不同价值视野，就产生了不同的价值解读维度。就像大众社会评价一部电影，不仅要求"叫好"，还要"叫座"。在这样一个消费主义时代，一份泛商业化的设计作业或艺术作品，要真正有效地作用到用户，必然会面临这样的双重声音，二元辩证。（图1-1-23）

"叫好"主要体现在价值是否独特，是否打动人心，是否开创先河，是否引领潮流等，这些都可以概括为"专业价值"。"叫座"包含了对成本控制、市场反应、模式创造，甚至生态标准的关注，这些都可以抽象为"商业价值"。专业与商业看似矛盾但充满关联：两者都以服务消费者为最终目的，两者都有多层复合的价值结构，两者在不同价值阶层都有着高度关联，在不断升华价值的过程中，左右两端充满了互动。商业发社会之问，专业应设计之答，因果先后作用，相互

1. 构建会员基础	提升认可感和价值感
2. 提供加入动机	丰富的会员优惠
3. 输入品牌价值	满足受众的自我肯定
4. 转化竞争优势	提供归属感
5. 创造接触机会	更深度的人或信息
6. 成立圈层概念	使其对服务怀有预期

图1-1-21 会员制度体验设计策略

产品策略	强化产品定位，和竞品拉开差距；不断新增、优化功能，优化产品流程和结构
设计策略	差异化的产品定位占领用户心智，再和竞品拉开距离形成产品自身的竞争优势
设计方法	用户画像，用户分析确定差异化；用户体验地图，从全局的角度了解用户与产品的交互，发现问题和机会点，助力团队内达成共识
验证方法	定性和定量相结合。基于数据，用户分析，以明确现阶段产品特点和竞争优势

图1-1-22 基于产品周期的设计策略

当我们谈论到设计价值，人们会怎么开口？
以最司空见惯的营销设计为例

业务方视野
好不好卖？
成本控制如何？
市场反应怎么样？
容不容易被模仿？
能否创造商业模式？
能否引领产业潮流？
能否建立产业标准？
……

叫座

设计师视野
好不好看？
独不独特？
能否触动人心？
艺术理念如何？
专业技术如何？
有没有开创先河？
能否影响后来者？
……

叫好

图1-1-23 设计价值的视野

-15-

服务设计思维工具手册

影响，在升华之路上不断相遇，最终让商业美而简单。（图1-1-24）

有了概念，自然要有度量，需要建立评估体系。在体验设计价值解读的基础上，设计师以及所在的团队，必然需要对价值制定考核标准，建立评估体系。上文在解读设计价值时提供了一个类似金字塔形态的"二元五阶"模型，以此为母体，价值标准可进一步细化与推演，分别对每一个价值阶段作出详解。

如图1-1-25所示，左右对比就会发现，专业与商业价值之间充满了连接。消费增长与能力升级，模式拓展与方法沉淀，商业赋能与专业赋能，社会影响与行业影响，最终共同成就了彼此的生态。正因为消费增长是多平台、跨行业、混沌交叉的，体验设计的能力升级方向才更需要全链路、跨领域、多维交叉。这种相互影响与呼应注定要让设计师在支持业务的过程中去寻找两者的触点，并积极地通过对专业的不断挖掘，形成体验自驱，最终影响商业结果。（图1-1-26）

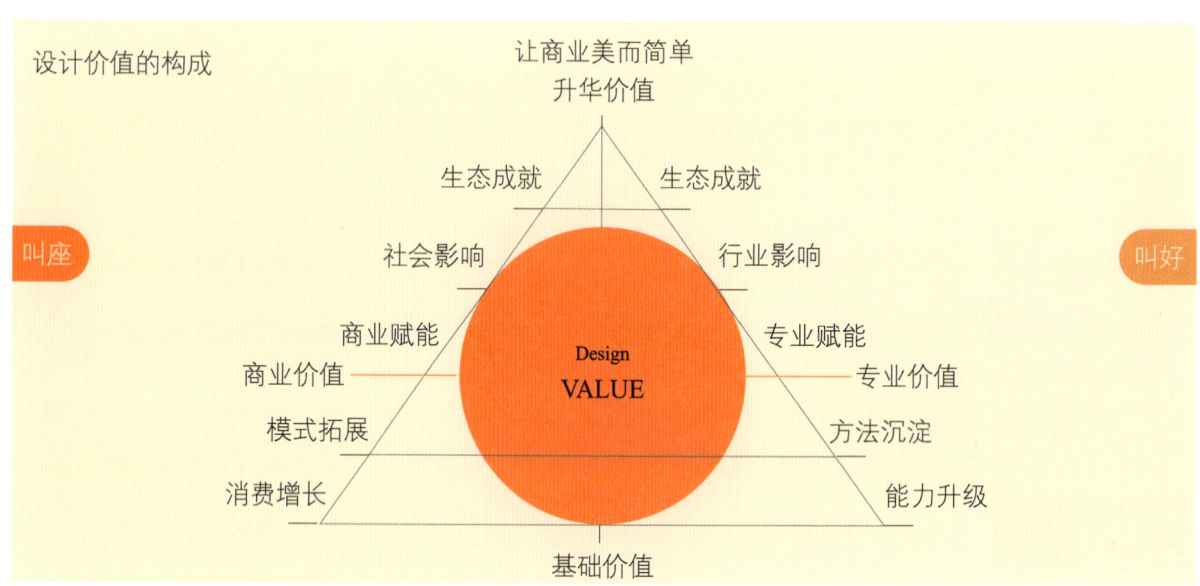

图1-1-24　设计价值构成图解二元五阶模型

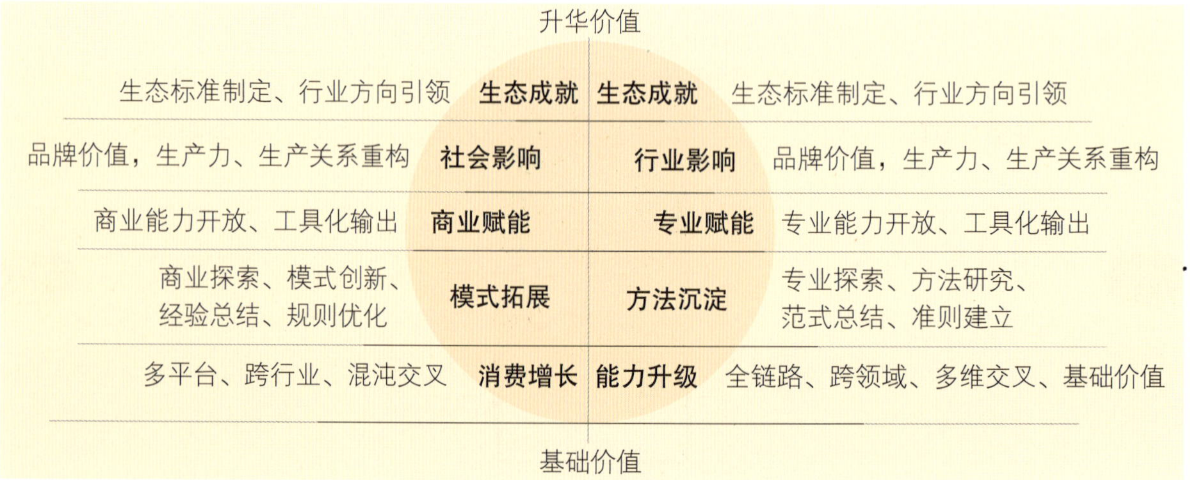

图1-1-25　基础价值到升华价值

输出内容	多平台、跨行业、混沌交叉 带有明确商业意图的 具备直接业务效果的 泛设计类作业内容交付	全链路、跨领域、多维交叉 专业探索后的设计提案 方法研究下的业务创新	某种专业领域的探索 某种设计方法的研究
价值维度	**商业价值** ————	**连接触点** ————	**专业价值**
工作类型	**业务支持** ←	**体验自驱** ←	**体系设计**
评价标准	按交率、通过率、效果达成率	敏锐度、成功率、满意度	专业探索，方法研究，范式总结，准则建立自主性、创新性、系统性、复用性
考核权重	50%		50%

图 1-1-26　基于工作过程的商业价值与专业价值的多维体系

三、服务设计

（一）服务设计的概念

服务设计作为国内的新兴行业，很多人对此并不了解。相比之下，国外的服务设计教育体系与实际应用已发展得十分成熟。"服务设计"（Service design）一词最早出现于20世纪90年代，它是伴随着世界经济转型而诞生于当代设计领域的全新概念。进入设计领域之前，"服务设计"的概念基本上是"服务的设计"，无论是经济学、工程学，还是管理学上对"服务"的设计都围绕社会活动或经济活动而展开。在设计学领域，吉特·马格教授（Prof.Birgit Mager）认为"服务设计旨在创建有用的、可用的、理想的、高效的和有效的服务；这是一种以人为本的方法，成功的关键价值在于客户体验和服务接触的质量；这是一个以综合方式考虑战略、系统、流程和触点设计决策的整体方法；这是一个整合了以用户为中心、基于团队的跨学科方法的系统迭代过程"。

我国的第一个官方版本的服务设计定义，是由光华基金会联合多位服务设计业界、学界专家一起进行探讨的结果，于2019年1月由商务部、财政部、海关总署联合发布在《服务外包产业重点发展领域指导目录（2018版）》之中。这个定义是："服务设计是以用户为中心、协同多方利益相关者，通过人员、环境、设施、信息等要素创新的综合集成，实现服务提供、流程和触点的系统创新，从而提升服务体验、效率和价值的设计活动。"对比两个定义，我们可以发现对服务设计的界定基本一致，这两个定义的共同点是：服务设计是以人为中心的。服务设计是系统性的创新。服务设计的关键点有战略、系统、流程、触点（人员、环境、设施、信息等）。所不同的是，国内的版本更加强调体验，将服务设计与体验设计融合为服务体验。

在设计学领域，服务设计可以解读为围绕人的体验系统而展开的设计。如同前面所言，"服务的设计（design of service）"是从经济学、管理学、营销学等领域而论的服务设计，其本质是将服务的设计作为一种社会经济活动。而"为服务而设计（design for service）"则是从设计学领域理解服务设计，是相对较狭窄的认知。在此，服务设计可以被视为一种为服务而进行的设计，其本质是设计人的体验系统。

总的来说，服务设计基于严谨的逻辑思考，是以用户需求为基础重新创造价值的过程。服务设计是结合所有参与者共同合作，寻找痛点提升已有服务，重新创造价值，建立情感联系，最后让用户享受有价值、有意义的服务旅程。

以餐厅为例，一边是餐厅，一边是一家快餐店，在多数人的认知中如果想求婚、相亲或者商业洽谈会选择去高档些的餐厅，而约会、工作间隙等情况或许会选择快餐店。这便是服务设计最基础的一点：根据不同情况，对不同的用户提供不同的服务。在餐厅就餐过程中，我们可享受到服务生随时的服务、无线网、包间、音乐等服务，而在快餐店，我们可享受到点餐机、手机APP取餐、外卖等服务，这些便是服务设计中的接触点，在整个服务中所能接收到的相关物体或关联人物，服务设计便是对这些接触点进行提升、创造和再设计。

在创作一个项目时则需要站在更高的视角，统筹前台和后台，兼顾所有，将整个设计流程按发生的顺序同时表达出来，分析各个环节的主动或被动影响关系，这便是服务设计的蓝图。蓝图的作用是更系统化、更直观地看待自己新设计的服务流程，也是当接到委托方设计要求、提供最终解决方案时最好的表达形式。像交互设计工作流程中对整个框架的整理，在重新设计过后，一些不直接和用户接触到的服务被设计可以在蓝图中被实现出来。

另外，服务设计是所有参与者共同参与设计的过程，那么对于所有参与者汇总的图表我们称之为利益相关者图。一般利益相关者的中心是用户或者是目标对象。以餐厅为例，顾客在中心位置，餐厅服务人员、合作伙伴、食品合作组织可以在其他分支。利益相关者图的表现形式多样，只要能表达清楚所有参与者的关系即可。服务设计的产品展示可以是有形的也可以是无形的，无形的主要表现在通过网页、APP解决某些目前线上的问题，有形的产品形式是具体的实物。比起最终形式，服务设计的核心是以创建情感联系，让用户和参与者之间的关系更加紧密的同时使用户更加享受整体服务的过程。

（二）服务设计的要素

我国的服务设计处于起步阶段，需要突破设计思维的局限，在理论上形成系统的方法论。通过对服务过程中的触点体验进行系统、有组织地挖掘优化，让各个利益相关者都能有效协作，最终取得完美用户体验的过程就是服务设计。使用服务设计的方法后可以全链路地思考服务流程，可以发现更多用户路径上的痛点。

服务设计是对系统的设计，主要要素包括利益相关者（Stakeholders）、接触点（Touchpoints）、服务（Offering）、流程（Processes）。利益相关者是交互设计、体验设计中将使用者作为设计的对象，是唯一的核心利益相关者；而服务设计需要综合考虑所有利益相关者，如何通过设计让各方利益相关者都可以高效、愉悦地完成服务流程。以文化旅游景区的服务为例，利益相关者包括景区的经营者、景区的管理者、提供服务的工作人员、导游、旅游者、线上线下的旅游公司及票务公司等。接触点字面上的意思是事物之间相互接触的地方，在服务设计中是利益相关者与服务系统进行交互的载体。接触点可以是有形的，也可以是无形的，大体可分为物理接触点、数字接触点、情感接触点、隐形接触点和融合接触点等。比如景区票务支付这个服务环节的接触点可以是线上的支付应用，也可以是线下现金，还可以是无形的触点，如景区服务人员的提醒等。服务指设计服务系统，最本质的要素是服务，比如早期旅游文化景区只提供基本的场地游览服务，在经过互联网和科技手段的应用后现在提供的是综合性的旅游文化体验服务，对应各种场景和需求提供差异项的服务来满足游客的文化旅游需求。服务设计的对象是由多个触点组成的系统的、动态的流程。服务系统的节奏、各触点、服务阶段的划分与组织都是进行服务设计时要重点考虑的。比如景区景点的支付环节，是采用一票制，还是给旅游者更多的选择，特色景点施行自愿付费的多票制，服务流程和节奏的变化对旅游体验都有很大影响。

接触点是服务设计的起源。接触点是服务设计理论中的一个很重要的元素，它是指在服务接受者和服务提供者之间总存在一个服务的界面，在服务界面上分布着不同的接触点，这就是服务接触点。在服务设计过程中要从感觉需求、交互需求、情感需求、社会需求和自我需求五个方面来设计接触点，每一个触点都可能是提升用户体验的关键点。

1. 服务接触点类型

接触点是服务接受者和服务提供者之间接触产生的，用户享受服务时，会和服务提供者之间产生多种接触。接触点的类型多样，我们在考虑接触点时，要想得更加全面。在服务中，既存在有形的接触点，又存在无形的接触点。我们与手机的接触、与运动器材的接触等都是有形的接触点。用户看到一家商店装修得非常精美，给用户留下好的印象，即使只是通过看一眼，也产生了无形的接触点。

服务接受者和服务提供者之间的接触可能是直接的，也可能是间接的。直接接触点是用户可以直接接触到的，在用户取票机上取车票，手机端购买商品、用户与取票机、手机之间的接触就是直接接触点；而间接接触点是用户不能直接接触到的，用户看不到，却能感受到的。例如用户在购物超市消费一定数额后即可获得停车券，消费者与免费停车服务之间就是间接的。接触点可能持续的时间比较长，也有可能持续的时间比较短。在咖啡店里点一杯咖啡，点的过程比较迅速，但是在享受咖啡的过程就比较漫长，所以针对不同的接触点采取的措施也会不一样。

2. 服务接触点考虑要素

在设计一个服务系统时，要考虑到服务系统中所有的接触点大体包括物理位置、物理位置特殊的地方、标识、对象、网站、邮件、口头语言、书面语言、应用、机器设备、客户服务、商业伙伴等。在相应的接触点被确定建立之后，我们可以采用头脑风暴、工作坊的办法来研究、细化这些接触点。

3. 流程图与服务接触点

流程图在整个服务设计中非常重要，流程图将用户在服务过程中的所有阶段都清晰地表达出来。用户在什么阶段，遇到什么问题，都可以在流程图中快速表达出来，是整个服务流程的简约化。用户在每个阶段的接触点，都是值得深思与研究的，是提升用户体验的关键点。很多设计师看重流程图中的每阶段的接触点，却忽视了连接接触点与接触点的引导线、箭头及相关的体验设计。流程图中的箭头和引导线通常代表着时间、情境和联系，但因为它们太常见，反而容易被忽略。这些引导线包含了良好用户体验的一些重要原则，它潜在地引导下一步活动。这就好比在地下通道中，导视做得非常混乱，导致用户在通道里来回打转，这样的用户体验一定非常糟糕。所以在流程图中，我们不仅关注的是每个阶段的服务接触点，也要关注接触点与接触点之间的引导线的变化。

4. 服务蓝图与服务接触点

服务蓝图详细、全面地描述整个系统，以图片或者地图的形式呈现。服务系统涉及不同学科背景的人，在工作过程中会有理解上的偏差，利用服务蓝图可以详细地展示系统，便于大家理解。服务蓝图既包括横向的用户历程，也包括纵向的服务前、中、后的全景图。一般服务蓝图都有三个行为部分组成，服务触点位于最低端，服务触点上面是用户与系统发生交互的部分，分为可视和不可视两个方面，需要区分。服务蓝图最上面部分是用户历程部分，描述了用户的主要经历的阶段。

实体产品体验触点指的是用户在与产品服务的接触过程中，产生了感官体验、操作体验、情感体验以及文化体验的互动信息点。接触点存在形式非常广泛，从企业与用户之间的信息交流，用户与产品之间的信息交互，从体验场景中感知的环境因素都会产生体验接触点。体验触点存在于整个体验流程，包括现有的、潜在的体验触点，但并非所有的体验触点都是可设计的。为了提高用户产品的服务体验，需要对各种体验触点进行分析，洞悉用户需求；对服务体验流程教学分析，挖掘潜在体验触点；对用户体验流程蓝图进行构建，规划可设计体验触点。（图1-1-27）

（三）服务设计的法则

在服务设计界，马克·斯蒂克多恩（Marc Stickdorn）等人所著的两本书《服务设计思维》（*This Is Service Design Thinking*）及《这就是服务设计》（*This Is Service Design Doing*）可谓是教科书般的存在。这两本书分别出版于2011年和2017年，书中的内容道出了服务设计在近十年中的变化。其中服务设计法则的更替则从另一个侧面反映出了学界和业界在实践服务设计多年后的思考。起初，公认的服务设计法则是以用户为中心（User-centered）、共创（Co-creative）、按顺序执行（Sequencing）、实体化的物品和证据（Evidencing）以及整体性（Holistic）。经过服务设计多年发展后，服务设计的法则变化为以人为中心（Human-centered）、合作的（Collaborative）、迭代的（Iterative）、有顺序的（Sequential）、真实的（Real）以及整体性（Holistic）。

以用户为中心（User-centered）就是要站在用户的角度去思考，时时刻刻把用户放在心中做服务设计。在服务设计中，用户是指在服务从无到有、执行、完成过程中涉及的一切人或组织，即涵盖了整个服务生命周期中可能涉及的人或组织。例如：服务输出物回收时涉及的人也是服务设计语言的用户。具体说来，包含服务提供者、服务生产者、服务使用者、服务运输者、服务回收者等。因为人们常常会把用户默认为消费者、顾客，在新版服务设计的六大原则中，这一条改为以人为中心。即在服务设计时，考虑受到该服务影响的所有人的体验。

假如我们是卖沙发的，可能想的多是赚钱、开发新产品扩展市场等。但是用户想的是使用舒服、质量好的沙发，所以我们需要在产品设计过程中做出舒服、优质的沙发来服务用户。进一步了解用户，我们发现本地公寓住户居多，年轻人多，用户

	用户体验行为	现有体验触点	替在体验触点	可设计体验触点
接触产品之前	通过广告、宣传片等媒介获取信息	前期媒介中的文字、图片、声音等信息	尚未被挖掘且可创新的体验触点	产品前期宣传的策划，制作
接触产品时	近距离观察，使用产品。对产品产生情感与反思	外在表征。功能以及内在逻辑信息以及产品内敛的文化理念	如对于产品外在操作的信息需求	产品的造型设计、交互设计
接触产品之后	用户与服务提供商之间的信息互动、反馈	售后服务，评价建议	与服务提供商新的交互的方式	通过人工客服进行信息反馈

图1-1-27 体验触点设计（图片来源于网络）

们希望使用小一点，可以自由搭配组合时髦一点的沙发，这些用户的需求会成为我们设计新款沙发的输入点，而且我们在销售方式上也会灵活搭配沙发售卖，而不是使用传统的一整套沙发售卖的方式。我们还发现本地居民开小卡车的人少，大部分人开轿车，轿车是装不下沙发的，所以我们需要提供优质的送货服务给用户。最后我们发现本地用户喜欢上网，就建立了一个网站，搜集用户对我们的沙发的评价、意见，形成一个沙发粉丝论坛。于是沙发生意越做越好。以用户为中心这点，使得服务设计和用户体验设计是相通的。

共创原则包含两层含义：第一层含义是指由服务的提供者和服务的使用者一起设计服务；第二层含义是指协同设计（Co-design），通常是由不同学科背景的人一起设计服务，强调学科交叉性。因此，在新版的服务设计六大原则中，这一条原则扩展至两条原则：合作的和迭代的。合作的原则是指服务提供者、服务生产者、服务使用者、服务运输者、服务回收者等在一起，使用不同的学科经验、工具和方法来合作设计服务。迭代的原则是指在上述合作过程中，服务是可以不断深化和完善的，并不是一蹴而就的。

不是每个人都可以随时迸发灵感，所以服务设计人员需要有优秀的流程控制能力和组织力，激发大家的灵感，通过建立线上论坛鼓励大家参与讨论。例如，沙发用户可以提意见，下一代智能沙发他们需要什么功能，也可以让送货人员参与到服务设计的过程中，让他们想想在送货这个阶段能有什么精彩的创意，例如开定制的豪华加高大卡车去送货，很拉风的样子。也可以让售后服务人员提供对售后服务的创意，组织一些沙发保养、沙发装饰的活动，请用户来参加学习沙发相关的知识。每个角色都进入了服务设计的流程，最终用户有了参与感，送货人员开上了豪华卡车送货有满足感，售后人员把沙发保养知识传递给了用户有职业成就感，整个服务都越来越好了。

按顺序执行原则强调的是服务流程中，不同触点和人之间的接触、互动而产生的体验。就像旅程一样，会依次经过不同的触点（风景点）。但是，人们在日常对话中，经常使用的是说法是"有顺序的"，而不是按顺序执行。因此，在新版服务设计的六大原则中对这一条进行了修订。

例如在交付给业务方或者客户的时候，需要有节奏有逻辑有策略地交付。这个是很多设计团队或多或少忽略的。举一个例子，一个视觉设计师，接到一个画人像的任务，他根据客户诉求，研究了100多个竞品，画了200多个形态，尝试了300多种颜色，还做了10多场用户测试，得到了一个他认为最优质的画像，并把这个画像交付给到客户。而客户看到只有一个选择时，他表示了严重的不满！并要求重画。这个时候，应该怎么展示呢？提解决方案，分析商业诉求和客户诉求，竞品分析，过程讲解，用户测试反馈等，应该全套铺垫出这个作品，客户听到这里，看到这个画像，早已喜极而泣。简单来说，用户体验设计是为了一个结果，也是为了一个过程。

实体化的物品和证据是指将不可见的服务可视化，通过可视化的界面或可视化的内容来呈现。通常，人们也会称这一原则为可视化原则。在新版服务设计的六大原则中对这一条进行了拓展，这实际上是对服务设计程度的新要求。真实的原则是指在服务设计时，最后的输出物不能仅限于模型、界面原型、视频等概念层面的结果，而是要实实在在地将其做成实际生活中使用的实物。

例如住酒店期间，用户得到酒店赠送的印有酒店Logo的小礼物，可以让用户记得在这个酒店的美好居住体验。沙发品牌可以像很多奢侈品广告一样，拍一个短视频，把制作者认真制作沙发的过程剪辑出来。例如，老师傅稳重又熟练地固定一个沙发的零件等。通常，用户看到的是成品沙发，而视频让更多人看到沙发的制作过程的闪光点，把无形的服务体现出来，让更多的人感知沙发优质的制作工艺，并对沙发的品质更加有信心，生意就越来越好。很多大型公司例如 Google 和苹果，会把自己软件界面制作的理念和过程分享出来，让用户看到一个优秀的界面或图标设计是怎样产生的，同时也是一种品牌的宣传。越来越多的设计公司现在也开始透明自己的设计思路、设计流程、设计方法，以展现自己一流的设计实力。希望后续更多的设计团队会做这样的事情，让大家可以学习、借鉴、交流。

整体性原则是两版服务设计原则中唯一不变的地方。它指的是服务必须在整个服务生命周期中，体现所有人的需求。这一原则总是提醒我们，服务设计的目的不是仅仅解决个人问题，而是要塑造一套整体的服务，考虑整个服务系统中所有人的需求。由此可见，现今服务设计更聚焦于服务的执行、实施及不断地迭代完善，而不是如以往只需提出概念并制作原型就可以了。

服务设计过程中要注重全局思考。服务很多时候是无形的，但是服务会在真实世界中发生。用户会从视觉、听觉、嗅觉、触觉等维度全方位感受服务过程。所以做服务设计的时候，我们要保证用户每一次与服务的互动瞬间都被思考到，做到设计最优化。在服务设计过程中，一定要理解用户有不止一个逻辑、方式去完成一个任务，所以我们要从不同的维度去思考用户使用服务的各个环节，确保没有遗漏的场景和故事。

例如卖沙发，与沙发所有相关的场景都要考虑进去，例如坐在沙发上看电视、吃饭、聊天，任何场景。我们在设计过程和服务过程中会关注用户与沙发的任何故事交集。我们需要照顾到用户的所有感知和情绪，并保证用户的大部分使用场景是流畅有效的。

（四）服务设计的演进

服务设计在新的互联网和个性化消费环境中需要如何演进呢？在传统的手工艺阶段，实体产品主要是通过手工制作完成，具有明显外在物理特征。通过实体接触提供服务，实用性产品设计依靠技术，以内容为主。工艺性产品设计依靠艺术，以形式为主。在机械化时代，在大生产、商业竞争的工业化背景下，其目的在于获取更高的商业利益。产品主体以实体的方式出现，但提供的服务包括产品使用功能、用户的感官享受、操作体验以及产品售后服务。在信息时代的计算机和网络技术推动下，实体产品逐渐向智能化、网络化的方向发展，实体产品提供服务的方式、内容发生变化，更加侧重以无形的信息提供服务。其服务综合了传统的物质功能和无形的体验，在满足使用功能的同时，注重用户精神情感的满足，通过实体产品服务设计提升用户综合体验。从传统工艺阶段到机械化时代，再到现在的信息化时代，实体产品服务经历了三个发展阶段。（图 1-1-28）

林恩·肖斯塔克（G. Lynn Shostack）在哈佛商业评论中的文章《设计可提供的服务》（*Designing Services That Deliver*）通过以一个擦鞋店的服务设计案例，利用服务蓝图（Service blueprint）首次对服务设计进行了过程分析。最后他也指出服务蓝图的作用可归纳为帮助服务提供商节省服务时间、提高服务效率以及高视角完成对服务流程的管理。由于当时正处于美国进入服务业时代，因此服务蓝图有着强烈的标准化、工业化、系统化、商业化和控制化的基本属性。如今，随着消费环境的改变，服务设计环境（图 1-1-29）和服务设计策略（图 1-1-30）也和以往有了很大的不同。服务从标准化工业流程朝着个性化发展，客户议价能力有着巨大提升，服务地点和品牌边界日趋模糊和灵活，我们对服务设计的认识也需要更新。

（五）服务设计的方法

服务的最终目的是为了更好地去了解用户，使得开发的产品能够满足用户的体验，更好地为用户服务。那么人们真正想了解的内容是什么？针对服

产品服务对比	传统手工艺阶段	机械化时代	信息化时代
实体产品特性	明显的外在物理特征	主要以实体方式存在	以虚拟信息为主,与用户交互的方式较多
服务内容	功能为主,实用即可	以使用功能为主,以机器为核心,追求效率	以用户为核心,注重用户的精神体验
服务重点	实用性、工艺性	实用功能以及一定的操作体验	满足基本使用功能,致力于提升用户高层次的情感体验

图 1-1-28　丁明珠、汪海波:基于服务设计的实体产品体验触点开发策略研究

服务环境	过去	现在
服务场地	客户有固定的场所与服务商进行互动,如银行、酒店或是机舱	客户不在固定场地与服务商互动,同一场地可能跟多个服务商互动
服务趋势	为了追求效率和成本考虑,相同事务的客户有着统一的服务流程,而随着时间的推移,服务本身是趋向于统一化、稳定化的和简化的	客户追求多元化、定制化、个性化的服务流程,服务需要不断创新,而不是趋于稳定和一成不变
服务时间	时间即服务成本,客户也期待更快速的服务,因此用更短时间完成服务,是客户和服务商的共同诉求	客户体验开始替代完成任务,短时间完成服务不再成为唯一诉求,反而成为服务商的机会

图 1-1-29　服务设计环境的变化(来源于网络)

服务策略	过去	现在
标准化	标准化流程,包括流水线化以降低服务人员培训成本、独立或外包某一核心模块、以细化的指标进行精细管理	服务人员被赋予了更多决策权,以在标准化流程的同时针对客户的个性化需要提供服务
投诉	管理关键事件,对客户等待、抱怨、投诉等典型事件进行集中处理	移动社交网络赋予客户更大的能力,对于客户投诉需要全新的管理策略
触点	减少和简化触点,并缩短触点交互的时间,即减少关键事件和非标准化流程出现的几率	增加触点或增加触点交互的丰富度,以提高触点体验的沉浸度,而非一味减少或简化
自参与	提高客户参与度,增加客户主动参与服务的比重,以降低服务人员的成本,例如便利的自助服务	提高客户参与度的目的不再是降低服务成本,而是满足客户的特殊体验需要
分组	对客户进行分组,用几个分割的、相对简单的子系统代替一个相对复杂的统一系统,例如银行的对公和对私业务	尽可能提供一站式的服务体验,而不是分割客户
窗口	将复杂过程集中处理,减少客户在一个流程中走动的时间,例如多个窗口的转移	降低客户对复杂过程的感知,尽可能取消窗口,而不是缩小窗口间的距离
信息	增加信息透明和流动减少服务的失败和返工	由于单个客户获取信息能力的大幅提高,增加信息透明和流动成为服务商不得不做的事情

图 1-1-30　服务设计策略的变化(来源于网络)

务设计要解决的不同问题，所开展研究和设计的方法是不一样的，复杂程度也有不同。

服务设计跟产品设计、用户体验设计一脉相承，一般来说，研究方法有两大类：定性研究和定量研究。平时所谈论到的各种方法，如观察法、问卷调查、讲故事、用户访谈、感性意象、认知走查、口语报告、焦点小组、实境研究、参与式设计、群体文化学、故事板、脑电研究、肌电研究、眼动跟踪、行为观察等，都可以运用到服务设计的研究当中来。只是针对不同内容和目的的服务设计，要根据实际情况选择不同的方法。

1.头脑风暴，即一群人针对某一话题

在科学的引导下，提出想法、问题甚至改进意见，在服务设计中是一种解决问题的好方式。参与服务设计的人，可以是企业管理者、用户，也可以是服务设计师。白板和便利贴是头脑风暴最为广泛使用的工具，随时记录内容，找出设计环节中的漏洞。

2.服务蓝图

制作服务蓝图是一种常见的服务设计方法，运用视觉图像制作呈现，清晰明了。服务蓝图的内容结合了用户和服务提供者的观点，以及其他有关各环节的模型架构、各角色沟通交流的方式。蓝图的制作可以十分详细地展现服务设计的细节，以便设计师和服务提供者等更好地验证、实现以及维护服务。

3.创建用户档案

以简洁直观的方式总结出某个（类）被设计师所熟知的人物的服务体验和主要特点，类似于设计方法中的"人物角色"或者人物画像，用于用户研究。设计团队针对服务的使用者，创造出某类共性结论或知识，来分享给他们。这类方法还可以帮助利益相关者，在项目中更好地调整创新的方式。

4.人种志方法

"人种志"是研究人群和所产生文化的系统类方法，用于探究某一群体背后的文化现象，又称群体文化学、民族志学。运用人种志方法的案例报告，可以反映出被调查人群的生活方式和他们大概运用着哪些知识。在服务设计中，人种志方法通过再现出人群体验服务流程中的关键物理性"接触点"，模拟出成功的、有关一个具象产品、一个空间或一个系统的服务经验，以便设计师更清晰地洞察用户的心理行为和文化诉求。

5.用户流程图绘制

绘制用户流程图是将用户在一定时间和空间内的对服务的完整体验、需要完成的目标进行清晰的可视化（visalization）再现。在所有环节中，用户和服务接触产生的关键"接触点"构成了一个完整的"旅行"，或者称之为服务流程。绘制出用户流程图，设计师可以轻松分析哪些时刻服务在为用户起作用，又称"神奇时刻"，以及哪些部分需要继续改进，又称"痛点"。

6.利益相关者地图绘制

谁是利益相关者？服务设计中大致包括了企业经理、员工、客户、企业合作伙伴以及其他隐性利益相关者。将这些不同群体之间的相互作用绘制成可视化的图表，并加以分析，可得到从利益相关者角度出发的结论，有利于服务设计者提取具体的需求和痛点。

7.纪录片拍摄

拍摄一部微电影或者纪录片，可以很好地捕捉人类情感的表达方式，这是其他设计方法无法具备的优势。设计师可以掌握对人们真正重要的有哪些内容，发现他们真正在乎的环节又有哪些。在设计的早期阶段，纪录片拍摄法可以激发整个设计过

程，并获取充分的服务设计信息。

8.幕后洞察

服务设计研究者可将自己投入到用户的行为里，成为服务系统中的一线员工，或在幕后洞察用户的行为和体验过程。相较于传统的设计调研方法，幕后洞察方法可以直接看到真正问题发生的时刻，避免间接采访用户而得到不真实的信息。

第二节　可持续设计

学习目标

知识目标

1.了解可持续发展的理念和内涵。

2.了解联合国17项可持续发展目标。

3.了解可持续设计的框架，了解可持续设计理念的演进和发展阶段。

4.了解可持续设计中生态创新阶段、可持续创新阶段、系统创新阶段的内涵和设计方法。

能力目标

1.能够运用可持续设计的框架对项目进行分析。

2.能够识别项目可持续设计演进和发展的阶段。

3.能够运用可持续设计中生态创新阶段、可持续创新阶段、系统创新阶段的设计方法思考、分析、解决问题。

素质目标

1.具备良好的政治素养和道德素质、健康的身心素质、优秀的可持续设计职业素质和人文素质。

2.具备信息素养和团队协作能力，小组能协调分工运用可持续设计的方法和技能完成任务。

3.具备独立思考和创新能力，能针对项目特点运用可持续设计的方法创新性解决问题。

思政目标

1.培养追求生态效益、减少对环境负面影响的可持续设计意识，树立可持续设计的思维和战略意识，讲好中国品牌故事。

2.具有以实现社会价值为目标的可持续设计意识。运用可持续设计的理念和方法，为人们美好生活的设计贡献力量。

3.具有质量意识和工匠精神。品牌是质量、服务与信誉的重要象征，将其融入可持续设计思维，以匠心铸精品，让良好的用户体验成为中国创造的"金字招牌"。

4.培养严谨治学的科学态度与实事求是的辩证唯物主义思想，形成具有中外比较、开放的视野。

课前自学

案例导入

基于"消费公平"的可持续设计方法

"消费公平"是指人人都能相对公平地消费商品和共享资源，这符合可持续发展中的公平性原则。该原则可理解为同代人之间、代际之间都相对公平地享有使用社会资源的权利。由于社会经济发展不平衡，社会财富分配不均，贫富差距拉大，少数人占有了多数社会财富。很多设计集中在为"少数的人群"服务，这使得高净值人群的生活更加富裕美好，而普通人的诉求往往容易被忽略。因此，可持续性产品设计倡导"消费公平"的设计方法，呼吁设计师关注大众的消费以及社会和谐设计。只有解决了占世界上绝大多数消费人群的需求，关注他们的消费与生活问题，才能称之为整体社会的可持续发展，才能实现全社会的和谐发展。

可持续发展中的公平性原则，要求设计师们更加关注弱势群体的需求，为他们提供体现人性温暖、人文关怀的设计。设计的关注点也应更多地关注弱势群体的需求，如他们的食品安全、饮水安全、居住安全等生活问题。

例如，丹麦维斯特格德·弗兰德森公司发明的生命吸管Life Straw。该设计的初衷是为了解决第三方世界的水资源短缺问题。例如，非洲缺乏净化设备，水质污染严重，疾病横行。生命吸管的出现，就是为了让人们以最小的成本饮用健康的水。它的净水工作原理是污水首先会经过两层由纺织材料组成的过滤装置，这种过滤装置能够筛除一些体积较大的杂质和细菌，然后进入另一个可以消灭污水中细菌、病菌和寄生虫的混合过滤装置组成的隔间，顶部用活性炭填充，去除残余的寄生虫和杂味儿。生命吸管不仅仅解决了弱势群体的饮水问题，而且由于它体积较小、便于携带等优点，也深受户外运动者的喜爱。（图1-2-1）

可持续设计理念贯彻产品的全生命周期，从产品概念到产品生产，从产品消费到产品报废，充分考虑全过程的环境影响。在产品设计过程中，坚持可持续设计原则，既要注重产品的成型材料、内部结构、使用功能等内部因素，也要关注产品的消费、服务、再生等外部因素，进而形成"闭环"的设计体系。应该将设计目的提升为造福全人类，尤其要关注弱势群体，为他们提供物质方面的生存设计，也要兼顾精神方面的人文关怀设计。只有这样，可持续设计才能提升全社会的福祉，为人类社会的可持续发展贡献一份力量。

一、可持续设计的理论

（一）可持续发展

可持续发展（Sustainable development）作为20世纪80年代联合国为应对环境恶化和社会冲突而提出的发展理念，呼吁"在起支撑作用的生态系统的承载能力范围内，改善人类生活的质量"。1987年世界环境与发展委员会发表的《我们共同的未来》报告，简要地界定了可持续发展的定义——既能满足当代人的需要，又不对后代人满足其需要的能力构成危害。联合国政府间气候变化专门委员会（IPCC）副主席莫汉·穆纳辛格（Moham Munasinghe）在1993年为可持续发展构建了一个整合性的理论框架。该框架指出一个国家的可持续发展应包含三个目标（图1-2-2）——经济增长、社会公平、生态环境协调。

随着2015年《改变我们的世界——2030年可持

图1-2-1　生命吸管 Life Straw

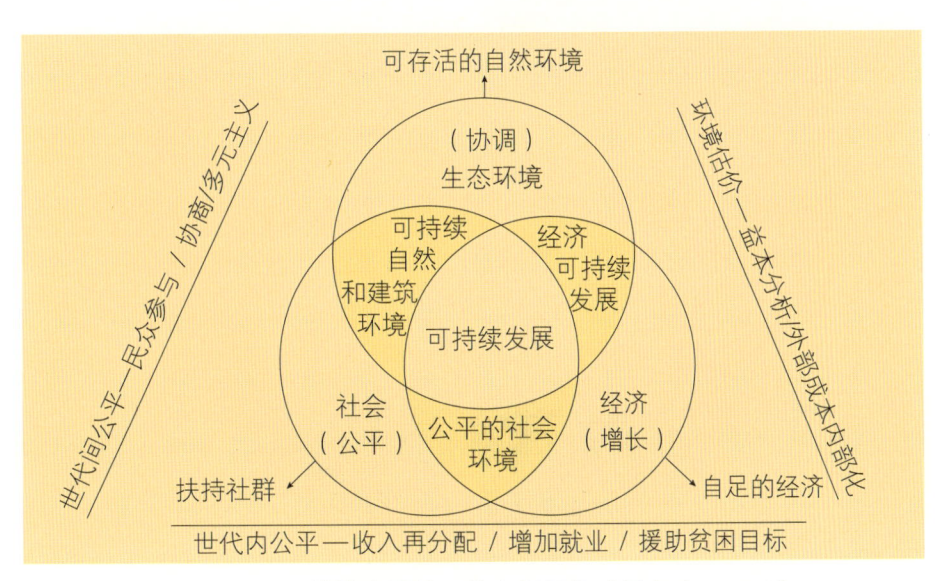

图1-2-2　可持续发展的三维坐标框架（于东玖，2021）

服务设计思维工具手册

续发展议程》的提出，全球可持续发展进入了一个由17项关键目标构成的全新发展模式（图1-2-3）。被誉为"21世纪凯恩斯"的英国经济学家凯特·拉沃斯，为未来社会的发展构建了一个"甜甜圈（经济学）模型"（图1-2-4）。她认为可持续发展应在满足可持续发展目标且不超过地球边界（9个地球界限值）的情况下进行。进入"甜甜圈"内外界限之间的安全公平空间，是人类在21世纪主要迎接的发展挑战。

从20世纪80年代起，可持续设计作为促成可持续转型的策略性活动，一直积极地引导着各类可

图 1-2-3 联合国17项可持续发展目标

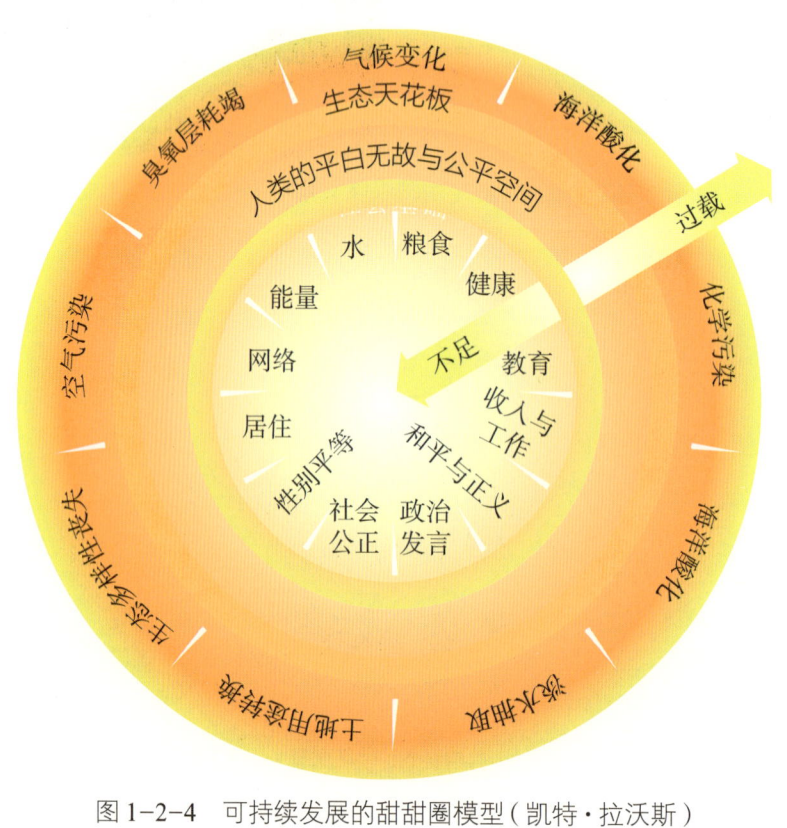

图 1-2-4 可持续发展的甜甜圈模型（凯特·拉沃斯）

持续产品、服务、建筑、环境和社会系统设计。纵观可持续设计理论的发展历程，我们可以发现它是一个多种创新思维与多种设计方法相互交融在一起的演变过程。

（二）可持续设计

1997年联合国环境规划署（UNEP）发布《生态设计——一种有希望的可持续生产与消费思路》，首次以官方形式向外界推广生态设计概念。这一举措加速了设计界关于"设计与环境"的思考。随着"三重底线"（Triple Bottom Line，TBL）的提出，研究者开始意识到，在谈论可持续发展时仅关注环境问题具有误导性，忽视另外两个支柱（经济和社会），将导致企业无法盈利或无法抑制负面的社会影响。这促使早期的生态设计发展成为一个更广泛的概念——为可持续性而设计，或称可持续设计（Design For Sustainability，DFS）。可持续设计超越了制造"绿色"产品的范畴，由单纯地考虑环境问题发展成同时涵盖社会和经济问题。可持续设计主要探讨了如何在社会、经济和环境层面系统地满足消费者的生存需求和精神需求。如右图所示，可持续设计遵循"三重底线"原则，集成了可持续发展的三大支柱——社会（人类）、经济（利润）和环境（地球）。可持续设计被认为是"帮助企业提高效率、产品质量和市场机会，同时提高环境绩效、社会影响和利润空间的方式方法"。（图1-2-5）

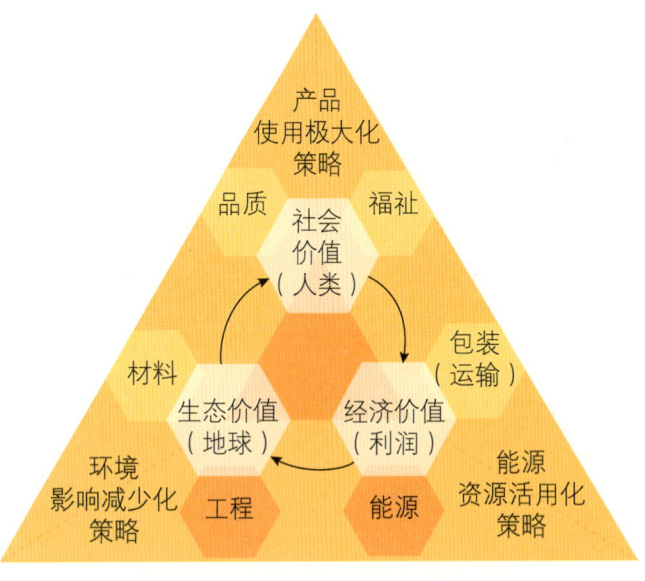

图1-2-5 可持续设计框架

可持续发展的理论基础源于生态学，现实动力是人们对自然生态环境的严重担忧，也有学者认为"可持续设计"理念的演进和发展可以简单分为四个阶段。（图1-2-6）

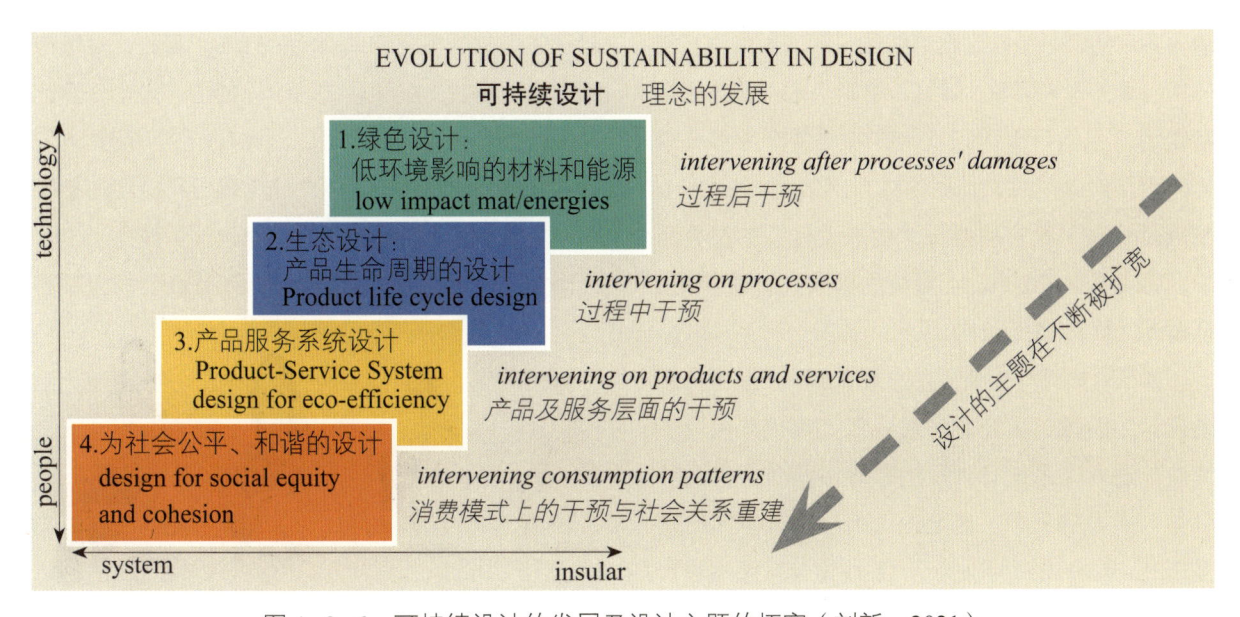

图1-2-6 可持续设计的发展及设计主题的拓宽（刘新，2021）

服务设计思维工具手册

第一阶段始于20世纪八九十年代，可称为早期的"绿色设计"（Green Design）阶段，强调使用低环境影响的材料和能源，包括我们经常提到的3R理念（减少Reduce、回收Recycle、再利用Reuse），即减少物质和能源的消耗、产品及零部件能够方便地分类回收，并可再生循环和重新利用。该阶段首次将环境问题纳入到设计思考的基本要素之中，是对设计应发挥的作用和社会角色的深刻反思，极大提升了设计的社会价值。但问题在于，早期"绿色设计"的理念还停留在"过程后的干预"，是在意识到"问题和危害"后，采取的缓和补救措施，本质上只是在一定程度上缩小了危害的强度，延长了危害爆发的周期，是一种"治标"行为。中国人口众多，资源贫乏，生态环境退化加速，在现阶段全面深化"绿色设计"是必然的选择，但仅仅采用上述的理念和方法无法从根本上解决经济发展与环境冲突的问题。

第二阶段属于"生态设计"（Eco-Design）阶段。"生态设计"是面对"产品生命周期"（Product Life Cycle）完整过程的设计方法，不仅仅是关注最终结果，而是全面思考产品设计的各个阶段、各个方面、各个环节中的环境问题，可称为"过程中的干预"。具体说来，"生态设计"涉及到的内容包括产品生产过程中能源消耗，对水源、空气和土壤的污染排放、噪音、振动、放射和电磁场等领域产生的污染，以及废弃物质的产生和处理等问题。产品"生命周期评估"LCA（Life Cycle Assessment）是目前推行"生态设计"的重要手段，它使用系统的方法、量化的指标，来指导和规范设计过程。（图1-2-7）

第三阶段可称为基于生态效率的"产品服务系统设计"阶段，即超越一般只对"物化产品"的关注，进入"系统设计"的领域，是对"产品和服务"层面的干预。米兰理工大学的卡罗·维佐里Carlo Vezzoli教授认为，"系统设计"是从设计器具转变到设计"解决方案"（From the device of products to the contrive of solutions）。这种解决方案可能是物质化的产品，也可能是非物质化的服务。清华大学的柳冠中教授提出的"设计事理学"理论方法与"系统设计"具有本质上的一致性。显然，"产品服务系统设计"是力求将处在大的商业环境中与设计相关的诸多因素进行整合，并创造出新型"商业模式"的整体解决方法。正如霍肯在《商业生态学》中所讲：企业需要将经济、生物和人类的各个系统统一为一个整体，实现企业、消费者和生态环境共生共栖的循环，从而开辟出一条商业可持续发展之路。经济发展要从对"物质化产品"生产与消费的过分依赖中转变过来是个痛苦的历程。但是，这种转变必将是未来中国经济，乃至全球经济实现可持续发展的必由之路，如共享单车、共享汽车模式。

第四阶段是当今设计研究的最前沿，关注社会公平与和谐，是"可持续设计"在内容上的进一步拓展和完善，涉及到本土文化的可持续发展，对文化以及物种多样性的尊重，对弱势群体的关注以及提倡可持续的消费模式等。在此，"可持续设计"的系统观念被进一步深化和完善，并向关注全球化浪潮下的社会和谐以及大众的精神层面和情感世界拓展。从根本上讲，实现社会经济的可持续发展有赖于人们的价值观和消费观的变革。因此，对可持续"消费模式"的关注是该阶段的核心内容。设计是连接生产和消费的桥梁，设计可以成为刺激人们消费冲动的工具，也可以转化为倡导可持续消费的手段。其中"社会创新与可持续设计"成为当今设计研究的最新主题之一。如美国IDEO公司为非洲

图1-2-7　产品生命周期设计案例

缺水地区设计的取水车。

值得注意的是，不同阶段的划分是对"可持续设计"发展历程的总体认识和概括，并不意味着后者替代前者，而是在理念和内容上不断的补充和完善。

二、基于创新思维的可持续设计

每一次创新思潮中产生的创新思维都将促进新的设计方法的提出、实施和传播，同时产出相应的设计成果，如产品、服务、场景或系统。因此，我们在研究可持续设计的演变时，既不能脱离时代语境，更不能忽视创新思维的影响。下面以可持续发展的三次重大转变为背景，结合特定语境下的创新思维来划分可持续设计的演变阶段。本文借鉴相关作者的研究成果，以可持续发展的三次重大转变为背景，结合特定语境下的创新思维将可持续设计的演变划分为三大阶段（图1-2-8），共包括五种创新思维，分别是：可持续设计的生态创新阶段，以减少环境影响来追求生态效益的设计方法；可持续设计的可持续创新阶段，在保持生态效益的基础上，以实现社会价值为目标的设计方法；可持续设

里程碑事件	可持续发展的转变	创新思维	设计方法	干预策略	价值主张
1972年斯德哥尔摩会议	从经济增长转变成考虑经济增长与环境资源的平衡，强调经济增长需要与自然极限相平衡	生态创新生态设计闭环设计	绿色设计	生产过程后干预	经济价值、环境价值
			生产过程中干预		
			生产及消费模式干预		
1992年里约热内卢会议	把社会公平作为第三要素纳入可持续发展框架，强调代内和代际的公平是实现可持续发展的关键要素	可持续创新	服务创新	产品服务系统设计	体验及消费模式干预	经济价值、环境价值、社会价值
			包容性创新	为共享设计	使用及消费模式干预	
				包容性设计	多样性及赋能模式干预	
			社会创新	为社会创新设计	参与方式及生活模式干预	
				为社会而设计	社会公平与价值观干预	
2012年"里约+20"峰会	政府、企业、社会组织以及公众个人的合作治理是可持续发展的推进力量，强调经济、社会、环境三位一体的发展需要合作治理的保证	系统创新	社会技术系统设计，为系统创新和转型设计	社会系统结构与技术因素干预	经济价值、环境价值、社会价值、合治价值

图1-2-8 基于创新思维的可持续设计理论演变（于东玖，2021）

服务设计思维工具手册

计的系统创新阶段，以引导技术、社会、组织和制度转型来创建新的社会技术系统的设计方法。

（一）可持续设计的生态创新阶段

生态创新以实现生态效益为目的，旨在使用更少的资源或通过更有效和负责的生产过程来减弱环境影响。基于生态创新理念，早期的可持续设计方法强调在引入环境因素的前提下，利用技术来改进现有产品或开发全新产品来降低环境影响或改进环境性能，如绿色设计、生态设计和闭环设计。

1. 绿色设计

从20世纪80年代末开始，制造业基于绿色设计的"3R"原则（减少Reduce、回收Recycle、再利用Reuse），致力于重新设计产品品质来降低环境影响，例如减少产品的材料消耗、用可回收材料代替有害材料以及设计能够重复使用的产品部件。后来，绿色设计受"Design for X, DFX"（X代表了在产品设计阶段应考虑的特定活动、特性或目标）的影响，发展出为可回收而设计（DFR）、为可拆卸而设计（DFD）、为再制造而设计（DFRem）等设计方法，显著增强了绿色设计的目的性。虽然绿色设计激发了设计师关于设计对环境的思考，但绿色设计属于"过程后干预"，其干预力度如杯水车薪，最终并未取得预期的积极反响，反而让部分企业开始以"绿色环保"为噱头，设计并提供具有"漂绿"意味的产品和服务。（图1-2-9）

2. 生态设计

生态设计孕育于20世纪60年代的绿色运动，主张在设计时系统地考虑产品生命周期对生态环境造成的影响。早期的生态设计以践行"清洁生产"

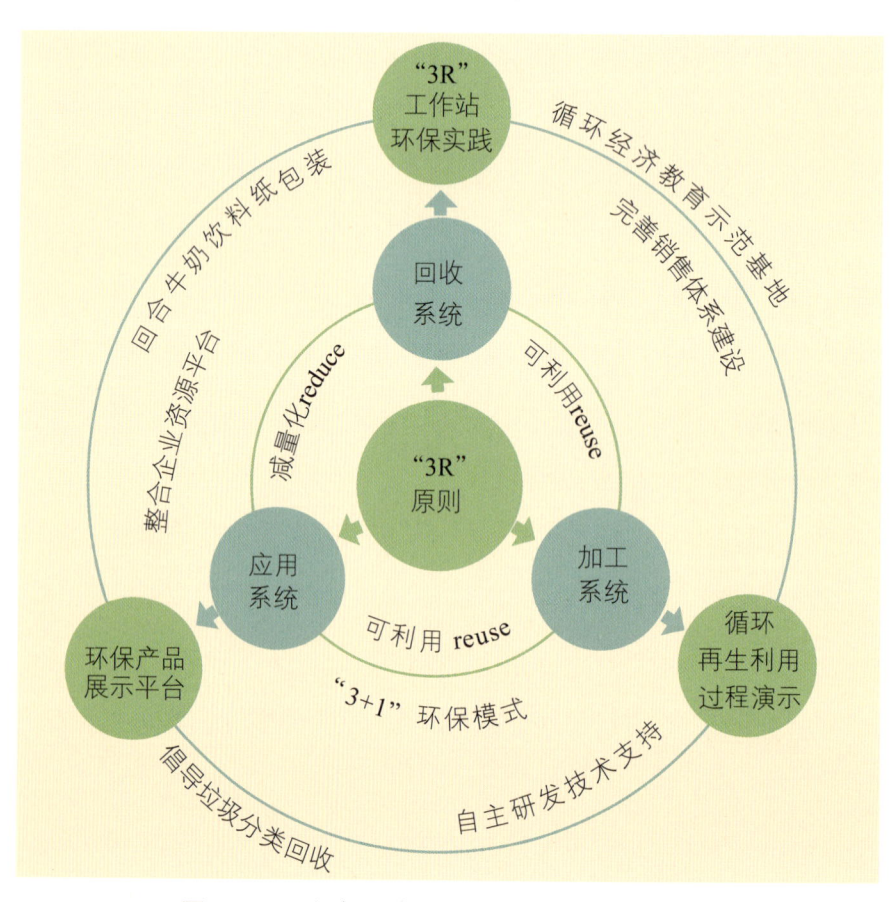

图1-2-9 绿色设计案例——"3+1"环保模式

战略为核心,主要关注产品的生产阶段,目的是减少生产工艺和产出产品对人体和环境的风险。随着产品生命周期评估(Life Cycle Assessment)工具的提出,生态设计能够对产品的整个生命周期(生产、使用和处置阶段)实施量化评估,还包括与生产(如原料获取,辅助材料和操作材料的生产)和处置(如废物回收与处理)相关的上游和下游过程。例如宝洁公司通过生命周期评估发现美国家庭为使用洗涤剂把每年3%的电力用于加热洗衣服的水,如改用冷水将减少800亿千瓦时的电力消耗和3400万吨的二氧化碳排放,因此它们于2005年推出了冷水洗涤剂(Tide Coldwater)。

为了推广生命周期评估,国际标准化组织发布了ISO 14040—14044标准,明确地规定了生命周期评估的应用范围、引用标准和评估原则。其中,生命周期评估的评估过程包括四个阶段:目的和范围的确定、清单分析、影响评估、结果释义。生态设计作为一种"过程中干预"的设计方法,被重用于制造业和建筑业,该方法能够有效地控制生产和施工中各个阶段的环境影响。2008年至2018年,欧盟共发布了42项《用能产品生态设计框架指标(EuP)》,以促进制造商在产品生命周期内将某些有害物的使用量最小化,从而减少对环境的破坏。时至今日,生态设计仍是实现环境可持续性的重要方法之一。正如法比亚诺·利亚尔·皮戈索(Fabiano Leal Pigosso)等人强调"在过去的30年里,生态设计经历了一个知识和工具的整合过程,目前的研究集中于将传统的生态设计扩展到与实现生态设计相关的更多管理和战略问题",其中包括提出新的影响评估工具,如社会生命周期评估(S-LCA)和生命周期成本评估(LCC)等工具。(图1-2-10)

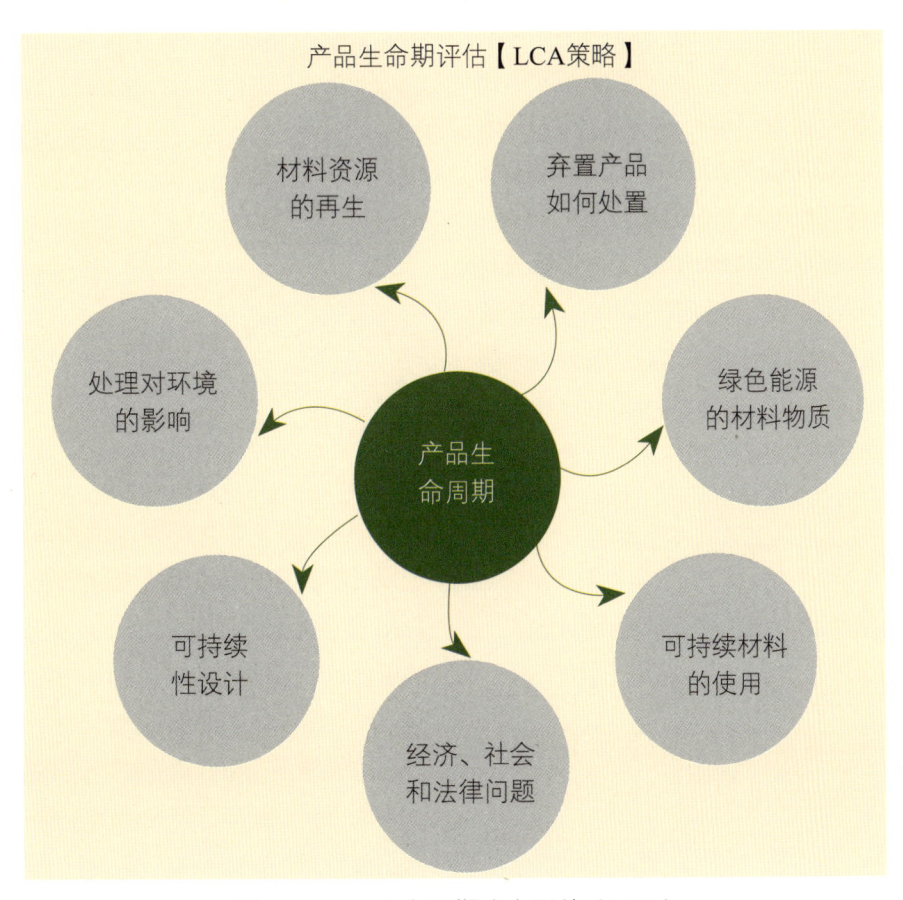

图1-2-10 生命周期成本评估(LCC)

3.闭环设计（从摇篮到摇篮设计）

从摇篮到摇篮（cradle to cradle，C2C），作为传统工业模式"从摇篮到坟墓"的对立概念于2002年提出，它由三项原则组成：废物即养分，使用可再生能源，提倡多样性。随后，基于C2C概念产生了名为"从摇篮到摇篮设计"的仿生设计方法。该方法旨在通过设计可分解的产品，使产品在生命周期结束时能够转化为无害物质重新回到水或土壤中（自然废物=生态养分），或转化为工业原料重新投入到生产中（人造废物=工业养分）。因为该方法以两个独立的封闭循环为基础，所以也被称为闭环设计。

相比绿色设计和生态设计，闭环设计并不会优先考虑是否使用天然或有机材料。因为研究者发现一些使用自然材料生产的产品同样会产生有害于人类健康或生态环境的物质。闭环设计主张关注产品的生态效益，强调将"循环"从一开始就注入设计中，寻求产品和材料的积极影响，而不是一味地思考如何降低环境影响，例如Steelcase推出的Think座椅（99%回收）、Desso推出的Gold Collection地毯（100%回收）。2010年，由威廉·麦克唐纳和迈克尔·布朗加特建立的MBDC公司向从摇篮到摇篮产品创新研究所捐赠了相关服务的许可权。该服务从材料健康、材料再利用、可再生能源、水管理和社会公平等方面为企业产品提供C2C等级评估。要求企业实现产品100%循环效率，这无疑对技术条件提出了极大的挑战。同时，可循环产品是否同样具备高效性能也一直备受质疑。

（二）可持续设计的可持续创新阶段

可持续创新主张在改善环境时，纳入更广泛的社会和经济因素以实现可持续的生产和消费。对此，史蒂文斯（Stevels）认为可持续创新是一个从渐进向激进推进的创新过程，并划分出四个可持续创新层次：增量式创新，再设计或"绿色限制"的创新，功能性或"产品替代品"的创新，为可持续的社会的创新。其中，一和二类似于生态创新，三和四对应于服务创新、包容性创新和社会创新等范式，并由此发展出产品服务系统设计、包容性设计、为社会创新设计等可持续设计方法。

1.产品服务系统设计

第三产业的快速增长是20世纪下半叶全球经济发展的一大趋势。诸如通用电气GE和IBM等企业为了在改善产品环境性能的同时更恰当地满足顾客需求，开始尝试从单纯的产品供应商转型为服务供应商。这一做法被称为服务化（Servitization），并催生了服务创新（Service Innovation）和新服务开发（New Service Develop）等概念。基于熊皮特的"创新"观点，Toivonen & Tuominen指出服务创新是开发一项新服务或对现有服务的更新，这一活动能为开发该服务的组织带来收益。受到服务化和服务创新的影响，越来越多的制造企业将商业模式从销售"商品或服务"转向"商品和服务"，由此产生了"产品服务系统（Product-service System，PSS）"的概念。

简单地说，产品服务系统是一个集成产品、服务、利害关系者和支持网络以及基础设施的系统。研究表明，产品服务系统能显著地减少环境影响（延长产品寿命、非物质化等），并增加经济效益（差异化、加强客户关系、减少生命周期成本等）和社会福祉（增加就业机会）。产品服务系统设计（PSS Design）作为一种"体验及消费模式干预"的设计方法，由联合国环境规划署（UNPE）于20世纪90年代后期提出。与过去围绕产品的设计视角不同，该方法旨在通过交付功能体验而非产品来满足顾客需求。它提倡在产品中纳入服务来使价值产出与物质资源和能源脱钩，从而减少材料输入和废物输出，以及降低能源消耗和减小成本投入。在产品服务系统设计中，为组织创建具有生态效益的商业模式是关键。其中，产品服务系统的商业模式包含五类，五类系统如下。

（1）产品导向的产品服务系统，指组织销售产品并提供额外服务，如维护、保修和培训。

（2）使用导向的产品服务系统，指组织保留产品的所有权以销售产品效用或功能，如产品租赁和共享。

（3）结果导向的产品服务系统，指组织销售最终结果（解决方案），如销售"太阳能供热服务"而非热水器。

（4）集成导向的产品服务系统，指组织沿供应链上游或下游进行垂直集成服务，并寻求纵向集成，如MaaS服务平台。

（5）服务导向的产品服务系统，类似于产品导向的产品服务系统，指组织将服务作为一个部分整合到产品中，如智能车辆管理系统。（图1-2-11）

现在产品服务系统设计方法已发展为全球范围内应用最多且传播最广的可持续设计方法，尤其对新兴经济体和低收入国家的可持续发展做出了重要贡献。产品服务系统设计方法的提出，使可持续设计的焦点由产品转向包含有形产品、无形服务以及商业模式的产品服务系统范畴。这是对生态创新阶段可持续设计方法的调整，因为研究表明围绕产品实施改进并没有触及可持续性问题的根源，且容易忽视社会伦理。值得注意的是，虽然构建产品服务系统具有极大的可持续潜力，但容易挑战现有的顾客习惯。这导致无法保证设计项目能在短期内获利，正如移动支付服务最初难以与信用卡业务抗衡，在投入市场时不被重视。

2. 共享设计

共享设计是在产品服务系统设计的基础上（属于使用导向的产品服务系统），在共享经济中产生的一种可持续设计方法。2000年至2008年间，全球范围内席卷起一场共享浪潮，诸如Zipcar、Uber、Airbnb、Mobike等共享式产品服务系统（PSS）的兴起，使人们与产品的互动方式发生改变，这表现为由产品"使用权"代替产品"拥有权"。为共享设计作为一种"使用及消费模式干预"的设计方法，其本质是借助网络构建的新兴技术平台，将供给方的存量资源和功能的使用权暂时性地分享，以提高存量资源的使用率来创造价值。

例如共享单车、共享旅游、共享厨房和共享充电宝等项目为人们的社会生活带来了极大的方便，有助于消费者获得比以往更多的选择权来使用他们

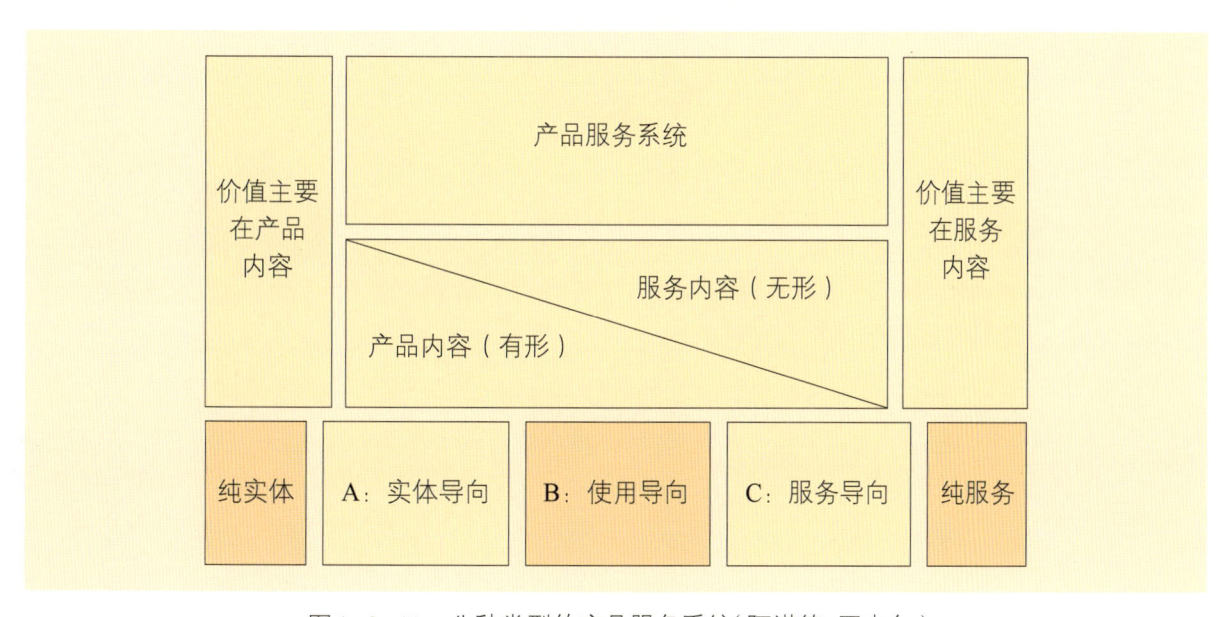

图1-2-11　八种类型的产品服务系统(阿诺德·图克尔)

想要的产品或服务。一方面，共享设计能够创造更多机会来充分地利用资源，以缩小经济活动规模，从而产生生态效益；另一方面，共享设计能够赋权于更多的人，这不仅削弱了特权消费，而且创建了具有包容性和平等主义的社会消费模式。共享设计可视作可持续设计方法在共享语境下的特殊范式，具有明显的时代特征。需强调的是，在共享设计时，必须专注于提高共享资源的使用率，避免陷入恶性的市场竞争。例如早期的共享单车就因过多地关注市场占有率而大量投放自行车，导致"单车坟场"问题并破坏社区规划。（图1-2-12）

3. 包容性设计

进入21世纪后，全球范围内不均衡的经济增长以及社会不平等现象激增。多维贫困指数（MPI）表明2019年仍有超13亿人生活在"多种贫困"的极端环境中，他们既要承受社会动荡和环境恶化的影响，又无法享受经济增长所带来的好处。对此，一些研究者尝试提出扶贫创新、BoP创新、包容性创新来寻求开发和提供适用于底层人群需求和利益的创新技术、产品和服务。其中，包容性创新（Inclusive innovation）是为实现包容性增长于千禧年后逐渐兴起的创新范式，它旨在把被传统创新排除在外的底层群体纳入创新的某些方面，从而促进他们的发展。受包容性创新的影响，西方企业开始将底层群体视为消费者而非受害者，考虑如何通过设计允许底层群体与其他人一样享受到更好的产品和服务。这一举措推动了包容性设计、通用设计、为所有人设计等方法的发展。包容性设计作为一种"多样性及赋能模式干预"的设计方法，能够有效地应对人口多样性，并践行社会责任和实现社会平等。它是比"通用设计"和"为所有人设计"更实际和可行的设计理念。

包容性设计概念最早产生于英国，普遍认为是英国皇家艺术学院名誉教授科尔曼（Coleman）在1994年提出的，他强调打破人们对"残疾"一词的误解来创造更具包容性的设计。如果能力指"我们拥有做某事的手段或技能"，残疾则意味着我们"失能"。在某些情况下，我们都可能成为残疾人/失能者，因为每个人都会遭遇缺乏手段或技能做事

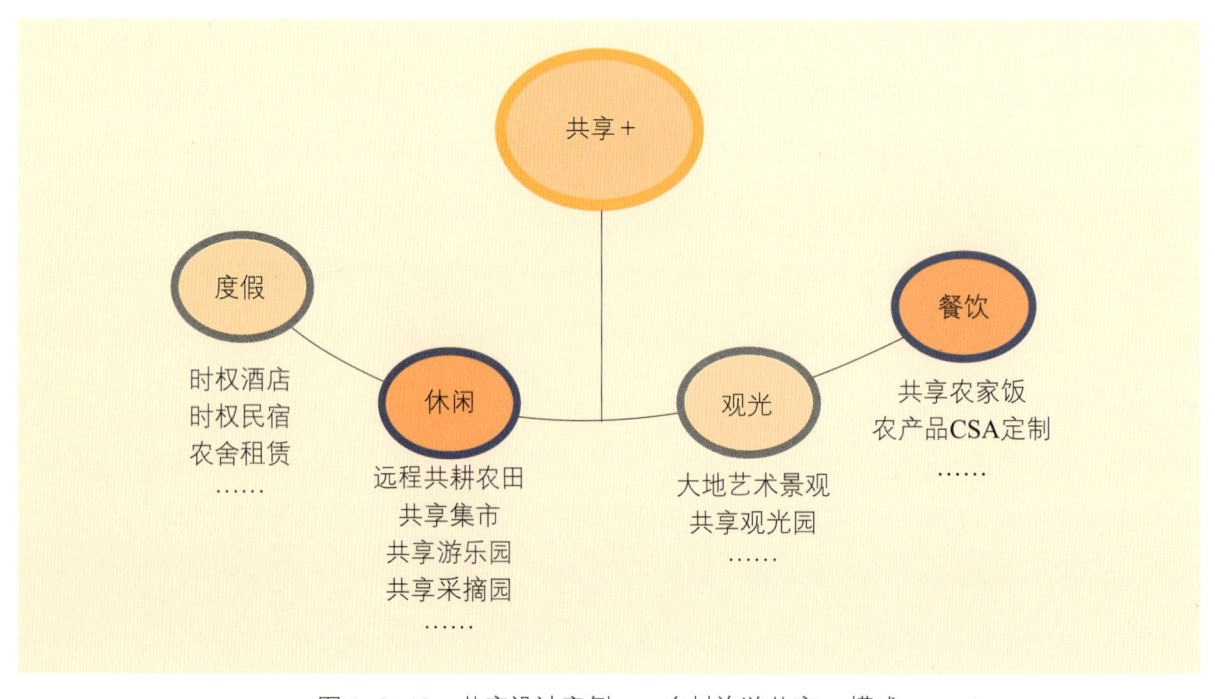

图1-2-12　共享设计案例——乡村旅游共享+模式

第一章 基础理论与概念

的时刻。正如英国标准协会（BSI）将包容性设计描述为"尽可能多的人可以访问和使用的主流产品/服务的设计……无需特殊改编或专门设计"。如何使设计的产品或服务满足更多人的需求，最大限度地降低失能，并揭示设计偏见和消除排斥，是包容性设计的目的。

例如街道中的盲道可以指引盲人行走，但是其不平坦的表面会妨碍轮椅、婴儿车及腿脚不便的人行走。日本Hodohkun公司设计了一种软胶型路道来避免这种情况的产生，不仅盲人可以有效识别软胶材质与周围路面的差别，而且软胶材料不会妨碍其他出行者行走。目前，诸如微软、谷歌、福特等企业已将包容性设计定位为企业产品或服务开发策略。英国剑桥大学的工程设计中心（EDC）基于多年包容性设计经验，编著了包容性设计工具包和宣传手册，积极地向外界推广包容性设计方法。在众多可持续设计方法中，包容性设计是最能凸显社会平等的方法。该方法的兴起预示着可持续设计的处理重点开始更多地聚集于社会维度，可持续设计的设计焦点开始由关注物转向关注人。

4. 为社会创新设计

长期以来，业界倾向于将创新理解为高科技，源于科学家以及少数精英，并由政府主导的（自上而下）活动。对此，管理学大师彼得·德鲁克于20世纪70年代，呼吁创新应从政府引导转向社会引导，并提出被称为"后熊彼特创新机制"的创新范式——社会创新（Social innovation）。进入千禧年后，司徒·康格、杰夫·摩根等人在前人的研究基础上完成了社会创新理论的构建。他们指出，社会创新是通过创造新的或重组程序、法律或组织来满足社会需求并解决社会问题（贫困和饮用水安全等），继而改善人们的生活的活动。社会创新的提出，将创新焦点从以技术为中心转向以社会为中心。它强调为解决复杂的社会问题，需要社会成员的广泛参与，并以公开透明、自下而上、分权决策的方式展开。

基于社会创新理论，国际可持续设计与创新联盟主席曼齐尼（Manzini）在2014年提出了"为社会创新设计"的概念，认为这是一系列使社会创新更有可能、更有效、更持久、更易于传播的设计计划。他主张设计师并非推动社会创新的主体，而是帮助人们在社会创新中发挥更大的作用。"为社会创新设计"作为一种"参与方式及生活模式干预"的设计方法，旨在凝聚社区力量，帮助人们参与到创新中来创造符合自身需要的产品、服务、社会关系或合作模式。例如，以照顾老人来抵付房租的共同住房服务，集中销售本地食物来重振当地经济的供销网络以及社区营造的绿色屋顶等项目。"为社会创新设计"的提出，使可持续设计的设计焦点由物和人转向社会系统，其主张社区协作和互助互利来推动社区乃至社会的可持续发展。但是，有研究者指出，该方法很难达到大型社会系统所需的可持续变革水平，更偏向于小区域的可持续性改善。

5. 为社会而设计

随着幸福理论在20世纪下半叶兴起，快乐心理学和积极心理学等新理论使人们愈来愈重视增加自身的幸福感和价值感。幸福理论主张通过研究和运用技巧与工具，使人们的生活更充实。对此，联合国开发计划署（UNDP）在20世纪90年代创立人类发展指数（HDI），用于弥补传统GDP指标的衡量缺陷，充分反映人们的生活质量和幸福水平。与此同时，从2000年起设计界开始出现关于"幸福设计"的讨论，并诞生了情感设计（Emotional Design）、设计能力方式（Capability approaches to Design）和基于生活的设计（Life-Based Design）等方法。它们主张从产品体验、人的能力建设、意义创造以及考虑设计与生活方式的关系等方面来提高人们的幸福感。然而，受制于设计范围和理论深度不足，这些方法仅表明设计幸福是可行的，却难以优化社会的整体福祉。

为社会而设计作为一种"社会公平与价值观干预"的设计方法，是早期"幸福设计"方法的集大成者。该方法受社会创新的影响，关注社会底层群体的诉求，以解决社会问题和实现社会价值为主要目的。为社会而设计主张从品质与福祉的角度为产品、服务和社会系统赋予文化、情感、健康、快乐、幸福、身份象征、社会地位等长期存在的内涵。在品质层面，它主张透过将善良、乐观、宽容和淡泊等优秀品格延伸到设计中，从而灌注深层的文化内涵。例如，表里如一且具有安全感的座椅能够彰显善良，容许用户出错并与使用环境相符的操作系统能够体现宽容。在福祉层面，它强调使设计惠及更广大社会底层群众以及老人、儿童、孕妇、残疾人等弱势群体，为他们提供社会保障。为社会而设计是以社会维度为中心的可持续设计方法，它试图扭转可持续设计无法满足社会价值的劣势。该方法为可持续设计的设计焦点添加了精神、情感和文化因素，使可持续设计不再局限于物质价值的追逐，而是涉及无形价值的实现。

（三）可持续设计的系统创新阶段

英国经济学家克里斯托夫·弗里曼于20世纪80年代首次将系统论引入创新中，他主张创新不仅要考虑经济因素，还要考虑组织、制度、政治、社会等因素。系统创新指的是从一种社会技术系统向另一种社会技术系统变革。这是一种彻底的变革，旨在协调各方因素来改变社会结构，被看作是解决社会问题的关键。由系统创新驱动的可持续设计方法，其目的是影响和引导变革的方向和效率，这类方法不仅综合地考虑经济、社会和环境因素，还为多种因素的协调共治提供干预与促进。

1. 社会技术系统设计

社会技术系统（Socio-Technical Systems）最初由研究系统思维的埃默里（Emery）等人于20世纪60年代提出，用于描述一种复杂的交互系统。通常，社会技术系统包括技术、体制、市场、用户行为实践、文化内涵、基础设施、维护和供应网络等要素，它们相互关联且相互作用。社会技术系统不仅将技术创新与社会环境结合在一起，而且将社会需求置于技术需求之上（例如不赋予公民驾驶权，汽车就无法在道路上行驶），强调技术产物必须依托于政策、文化、市场等要素才能发挥作用。基于该概念所提出的社会技术设计（STSD），指一种综合考虑人、社会和组织系统以及系统中技术的设计方法。早期的社会技术系统设计主要集中在制造业，用于促进制造业中的工作更加人性化。20世纪80年代，社会技术系统设计受到精益创新的影响，一度步入低谷。随着20世纪90年代一些研究者批评以技术为中心的设计方法没有适当地考虑组织、业务人员和支持系统之间的复杂关系，导致设计产物难以使用，社会技术系统设计再次被关注。社会技术系统设计作为一种"社会系统结构与技术因素干预"的设计方法，在更广泛的社会文化背景下综合地考虑技术、用户、行政机构、社会企业、非政府组织等小型系统，有助于促进大型的复杂系统（如城市可持续发展）实现共同进化。在千禧年后，研究者们建议将社会技术系统设计应用于可持续设计中，使可持续设计的处理重点开始涉及如何协调社会、经济和环境等多元维度的融合。由此，可持续设计的设计焦点开始转向对大型社会技术系统的可持续转型。

2. 为系统创新和转型设计

为系统创新和转型设计，或称为可持续性转型设计（Design for sustainability transitions），是受系统创新和转型理论（Transitions theories）的影响，旨在对社会技术系统实施变革性结构调整的设计方法。为系统创新和转型设计与社会技术系统设计相似，但被更广泛地应用于可持续发展或可持续设计项目中。20世纪90年代末期的荷兰社会

第一章 基础理论与概念

技术系统设计计划和欧盟资助的可持续住房项目（SusHouse）便是向可持续性转型的著名案例。为系统创新和转型设计目前处于理论构建的阶段，在2010年至2012年之间，出现了第一批以"为系统创新和转型设计"为研究方向的博士研究课题。他们借助系统创新的观点，探索设计工作如何与可持续发展的社会变革过程相联系。2015年，卡内基梅隆大学设计学院院长欧文（Irwin）首次提出了转型设计（Transition Design）一词，将转型设计纳入学校的设计教育并为此创办了特刊。Irwin认为在服务设计和为社会创新设计之后，转型设计将成为可持续设计的新领域，并指出实施转型设计时的四个关键因素：转型愿景、理论变革、开放的思维模式和态度以及新的设计方式。研究者们普遍认为该方法是一种多阶段且多层次的动态过程，这些过程在很长一段时间内发生，其设计产物不仅包括产品和流程，还涉及用户实践、市场、政策、法规、文化、基础设施、生活方式和企业管理的变化。为系统创新和转型设计作为一种"社会系统结构与技术因素干预"的设计方法，有助于突破过去可持续设计渐进式的可持续改进方法，使可持续设计的焦点同时涉及物质和非物质领域，以实现颠覆性社会技术系统的变革。该方法强调在人与人、人与事以及人与环境之间建立互利关系，解决利益相关者关系中的潜在冲突，促成经济、技术、环境和社会等多维度的和谐兼容与发展。

服务设计思维工具手册

第三节　设计心理学

学习目标

知识目标

1. 了解产品设计心理学的内涵。
2. 了解交互设计中人的日常活动场景及心理学小技巧。
3. 了解消费者动机的分类和营销策略。
4. 了解体验设计的心流理论特征。

能力目标

1. 能够运用需求层次理论和心理动机分析法对消费者动机进行分析，设计养成用户习惯。
2. 能够识别用户体验与体验设计的不同。
3. 能够运用心流理论设计好的用户体验。

素质目标

1. 具备良好的政治素养和道德素质、健康的身心素质、过硬的设计心理素质和人文素质。
2. 具备信息素养和团队协作能力，小组能协调分工运用设计心理学的方法和技能完成任务。
3. 具备独立思考和创新能力，能运用设计心理学针对项目特点创新性解决问题。

思政目标

1. 具有深厚的爱国情感和民族自豪感。运用合适的设计心理学方法引导用户、服务用户、讲好中国品牌故事。
2. 具有社会责任感和社会参与意识。运用设计心理学知识树立正确的价值观，为人们的美好生活贡献力量。
3. 具有质量意识和工匠精神。品牌是质量、服务与信誉的重要象征，将其融入设计心理学知识进行劝导性设计，以匠心铸精品，让良好的用户体验成为中国创造的"金字招牌"。
4. 培养严谨治学的科学态度与实事求是的辩证唯物主义思想。形成具有中外比较、开放的视野。

课前自学

案例导入

劝导式设计：一个意在改变行为的架构

劝导式设计这个过程创造了有说服力的技术，或者说是"通过说服和社会影响——而不是强迫——来改变用户的态度或行为的技术"，是设计中对心理学的应用真正影响了行为。

从实践角度讲，劝导式设计是和商业目标、用户目标都紧密相连的。它可以强烈影响优秀设计"三位一体"（有用、可用、想用）中的"想用"方面。它关注的是行为发生的上下文，尤其是激发行为所需要的动机和能力。劝导式设计所重点关注的是影响人们是否去做某事，而交互设计则要处理当人们决定去做的时候，他们如何完成那件事情。劝导式设计的优秀例子：Manicare Stop That 是一款苦味的指甲油，它帮助人们改掉啃指甲的坏习惯。轿车仪表盘上的生态叶子则在你开车时建立了一种反馈，来鼓励对生态环境更友好的驾驶行为。社交平台上的点赞、收藏功能设计非常简单，依赖环境中的社交资本交换，只需一次简单的点击就可以创造很多人的动机、价值和忠诚度。

一、产品设计心理学

（一）心理学与产品设计

产品设计心理学是将心理学的规律和研究成果运用于产品设计实践，通过分析和研究产品各构成要素的心理学特点和规律，指导设计师设计出能满足市场和用户心理需要的产品。它既是设计方法学与心理学的结合，也是心理学与产品设计活动相结合形成的新领域。事实上，它是工程心理学、技术美学、创造心理学、消费心理学、环境心理学等的综合运用。

人们从接触到产品到做出购买行为的过程，可用心理学中带有普遍意义的模型来表示：S（刺激）→O（信息处理）→R（反应）。即人通过感觉器官接受有关产品信息的刺激，经大脑对信息进行分析、综合处理，形成产品是否实用、美观、经济的判断，并进而做出是否购买的反应。在这一过程中，人的心理活动包括认识和意向这两个过程。认识过程主要是指人的感觉、知觉和思维，人的大脑先是形成对产品的感知，而后通过分析、综合、判断等思维活动，形成了对产品的认识。意向过程是指人的情感、注意和意志，情感是对产品态度的一种反应，注意是对某种产品的心理指向和集中，而意志则是为了达到既定目的而自觉努力的心理状态。

从心理活动发展成为购物行为还有一个过程，即需要→动机→行为，其间关系为行为由动机所支配，动机则由需要引发。"需要"是指人们对某种目标（产品）的欲望，属于一种心理现象。需要是产生行为的原动力。因而我们在进行产品设计时，既应研究人的感知、思维和意向心理，又应研究人的需要心理。人的心理活动是客观事物在头脑中的反映，运用现代心理学的研究成果来指导产品设计，就可以使新产品满足（或迎合）人的心理要求。

（二）功能心理

产品实用功能的价值是以需要和需要的满足为主要标志的。人对产品功能的需要可以分为生活性的需要（如家用电器）和劳动工作性的需要（如各种机器设备、办公用品）。反映产品功能属性的主要有三个方面：功能性、功能范围和工作性能。

功能的先进性是产品的科学性和时代性的体现。运用当代高新技术的产品，能提供新的功能或高的性能，不仅能满足人的求新、求奇的心理需要，而且可解决工作或生产的难题，使人们的某些愿望得以实现，或者能提高人的生活和工作质量，使人的生活和工作更轻松、舒适，而获得心理上的满足。先进性是相对而言的，例如，具有磁性台面的绘图桌、运用各种物理原理设计的玩具等，虽然这些物理原理并不是新技术，但在这类产品中的运用则是新的尝试。

功能范围是指产品的应用范围，现代人们对工业产品功能范围的需求向多功能发展。例如，手表除计时外加日历功能、闹时功能、定时功能，而电子表的功能又与袖珍式收音机甚至钢笔、玩具相结合等。多功能可给人带来许多方便，满足多种需要，使产品的物质功能完善而又有新奇感。再如，可视电话、可调温、喷雾的电熨斗等更具有时代感。

工作性能通常是指产品的机械性能、物理性能、化学性能、电气性能等在准确、稳定、牢固、耐久、高速、安全等各方面所能达到的程度，它显示出产品的内在质量水平。例如声响设备的噪声、电视机的图像清晰度等均是消费者首先关心的问题，它是满足功能需求心理的首要因素。

（三）使用心理

产品是供人使用的，是人们生产和生活中的工具，是人的功能的一种强化和延伸。现代生活要求有较高的生活质量，使用产品应感到方便、有效、舒适。这些均要求设计师在进行产品设计时，从使用性出发，使人和产品达到高度的协调。

能力的协调：人机间进行合理的功能分析，人所承担的工作应是人的体力、精力所能胜任的。例如，各种操纵器的设计及布置应符合人们的信息接受、加工并做出反应的周期，自动化的机器的运行可靠性与必要的人的监控问题，报警系统的设置及人工紧急处理系统，人的失误预防及对失误后果的控制，维修界面的设置等。

尺寸的协调：产品的几何尺寸必须符合人体各

部分的生理特点及人体的尺寸。例如，工作台、坐椅等的设计如不符合人体尺寸，就会感到不适、易于疲劳，久之就会引起相关肌肉的损伤，导致腰酸背痛等。各种控制器应设置在人触手可及的范围之内，以便操作及时、方便和省力。

感知的协调：产品的显示系统，如视监系统、听觉系统等的设计应与人的感觉与认知生理特点协调。例如，各种显示信号及字符等应有良好的视认度，否则会因视力的高度调节而导致视觉疲劳，或形成误读、误判、误决；视觉显示信号应尽量以正常视线或自然视线为中心进行布置，并设置在最佳视野或有效视野之内，以使双眼和头部处于比较舒适的松弛状态。声觉显示系统应易于辨别。

生理现象的协调：在观察事物或进行操作时有一些特有的生理现象，某些生理现象则是一种习惯。产品设计如不考虑这些生理现象，人在工作中就会感到别扭、不适应，影响产品功能的发挥。例如：人眼对光线的明暗变化有一个适应的过程；人在视物时会产生视错觉；人的视线习惯于从左向右流动或从上向下运行，习惯于顺时针流动；人手的动作向前、向右、向下要快，反之则迟钝些；大多数人的右手是优势手；而显示器和控制器等布置的成组性、对应性和运动相合性，则可改善注意力、记忆及反应速度和准确性。

心理的协调：上述各因素均会由生理上的不协调而影响到心理上的不适应。反之，产品的合理布局和由此形成的安全感以及使用的方便、有效、舒适等的心理因素都对产品的形象产生积极影响。

（四）审美心理

产品不仅具有物质功能，它还通过外在形式唤起人的审美感受，满足人的审美需要，产品与人发生的这种关系就是产品的审美功能。这是一种精神功能或心理功能。产品的审美感是建立在人的情绪和情感的基础上。审美感受源于人对产品外观的形态、色彩、肌理等因素的综合体验，是感知、理解、想象、移情等多种心理活动的结果。如果产品的外在形式能够引起消费者的审美愉悦，它便有了一种"效用"或"价值"，即具有了"审美功能"。审美是人类特有的一种社会性需要，是产品价值的重要组成部分，使人产生各种感受。而这些感受大致可分为两类：功能性的与情感性的。

功能性的感受：功能性的感受即人的生理反应。形态的力感与柔和感、动感与稳定感是通过产品的形体及线条体现出来的。例如，高层建筑的垂直线主调，引导人的视线垂直方向延伸。直线彰显出刚直、严谨的气质，形成挺拔向上、高大雄伟、刚劲庄重的视觉效果，体现为"力"的美。斜线造型则给人以活泼、生动、变化的"动"感；曲线凸显柔和、活泼感；流线型体现运动感；对称与上小下大的结构则呈现稳定感。色彩和材质肌理可体现出冷暖感、轻重感、软硬感、进退感、明暗感、膨胀收缩感。例如，色彩有冷色、暖色之分，金属材料有生硬、冷漠之感，而木质材料则有柔和与温暖感。视错觉会使人在观看时所得到的印象与物体的实际状态产生差异。其类型有形状错觉（长短错觉、方位错觉、对比错觉、大小错觉、远近错觉、透视错觉），色彩错觉（对比错觉、大小错觉、温度错觉、重量错觉、距离错觉、疲劳错觉），运动错觉（自动运动、诱导运动、假现运动）等。

情感性的感受：情感性的感受主要源于"移情"。与功能性的感受不同，情感性的感受要复杂得多，它因人而异，又受情感、年龄、经历等变量的影响。例如，就色彩心理而言，政治制度、思想意识、物质财富、生活习惯等因素形成的社会心理决定人的色彩心理。不同国家、民族、宗教信仰的人，其气质、性格、兴趣等常反映在对色彩的不同好恶上，并随年龄、经历、修养、情绪及社交语境的不同，而形成不同的色彩感受。移情使色彩人性化、情感化，同时，材料本身的自然属性（如质感、纹理和色彩）也可以唤起人们对异域风情的无限遐想，增添乡土情趣。

（五）环境心理

产品是在一定环境中供人使用的，人、产品、环境这三者构成一个有机整体。产品必须与环境及处于环境中人的心理相协调，才能充分发挥产品的优势。影响人使用产品的环境心理主要有物理环境、美学环境、空间环境和社会环境。

物理环境主要指以温度和湿度为主的场所的小气候环境对人的心理有直接的影响。在生理学上，对人体有一个最适宜的温度、湿度，不适宜的小气候环境会使人感到不舒适、注意力分散、疲劳、影响工作效率和生活情趣，在产品设计中应根据环境采取相应技术措施（包括功能的和外观的）。例如，对使用于热环境的产品涂装冷色调，以弥补心理上的不平衡。

美学环境可以影响人的思想和情感。产品是构成环境的一个部分，它或为环境添彩，或形成对环境的"污染"。有秩序的环境给人清新、整齐的快感，杂乱无章的环境易使人感到心烦意乱。产品设计中应考虑与周围环境及其他设备之间在"形、色、质"等方面的协调。尤其是大型产品的色彩、造型应与环境色彩协调，合理的色彩与造型可营造理想的情感气氛。据日本等公司的调查，影响控制室内色彩环境的重要因素依次为仪表盘、天花板、灯罩、地板、计算机、桌子和盆景。

在空间环境中，开阔的空间给人以舒展感，低矮空间有压抑感，前方空间太小有碰壁感。在狭窄的电梯间或门厅处，可用镜面玻璃扩大空间感或丰富空间层次，以避免压抑感。

在这里，社会环境是指工作者与他人的关系，通过合理的功能分割，使人各司其职，减少相互间的干扰。

（六）消费心理

消费心里常见的是价值心里和促销心里。

价值心理：产品设计师应善于站在消费者的角度来审视自己的"作品"。消费者对产品的要求主要是三个方面：实用、美观、经济。实用不仅是要求产品具有先进和完善的诸种功能，而且还要求安全、可靠和耐用。美观不仅是要求产品具有形式美、结构美，而且要求具有制作精致的工艺美；要求产品具有"时尚"的特征，即具有较强的时代感，使之具有较为持久的魅力，以免产品并未失去先进的物质功能，却由于"式样落后""不时髦"，因失去欣赏价值而遭到淘汰。

促销心理：消费者是企业的上帝，而消费者在行使"上帝"的权力时，往往依赖于他们对企业的产品和形象的了解、信任以及接触机会和方式。市场竞争优胜劣汰，有良好的产品是获胜的基础。如何把产品信息准确客观地传达给大众，以此来影响用户的消费决策，无疑关系着产品的命运。当然，产品的促销是一项综合性的系统工程，目前风行的所谓"企业识别系统（CIS）"，在于使企业产品以及企业内在精神和力量昭示于天下，使消费者经常感受到它的存在和价值。

CIS的重要组成部分之一就是展示设计。展示设计是指对那些作为产品信息（视、听觉）传达物的设计，包括包装设计、广告设计、标志设计等，其最终目的在于传达产品（商品）信息，以最快的速度、最佳的效果让消费者了解产品，以促使其决定购买。展示设计应具有易识、易记的特点，有人曾提出电视广告模式，认为人们从觉知产品到购买的整个过程为"注意→知悉→联想→喜好→相信→购买"。

（七）创造心理

设计的创造意义表现在对既有模式的突破和对人的生活方式、劳动方式的改变上。所以研究设计心理学不只是被动地研究消费者对产品的一般心理感受，而更重要的是运用创造性思维和综合能力，开发出能使人生活得更美好的产品，因而还需要进一步研究发明创造心理，并运用这一思维方式来指导我们的产品开发。

1. 创造的内部动因

好奇心是引发创造的窗口：这里的好奇心是人的求知渴望，是对新事物的敏感与探求。它以原有经验和知识为基础，在新的经验与原来固有的理念发生矛盾时产生。发明创造的好奇心不同于儿童的好奇心，它一旦被激起，不到问题的彻底解决是不会平息的。发明家们善于好奇而又善于转化为行动，善于提问而又善于解决问题。好奇心实际上是发明创造的最初动因，也是最基本的创造心理因素。

兴趣是走向发明创造的起点：兴趣是人带有趋向性的心理特征。它往往是从好奇心发展而来，与情感有着密切联系。发明家的兴趣在一段时间内专一且持久，它不但伴随着情感，而且与联想、记忆、想象等各种思维活动密切联系。兴趣与事业心相结合，就能转化为志趣。事业心是发明创造的基石，只有把自己所从事的工作视为一种事业而愿为之奋斗时，才能得到创造的最大动因。同时，创造者还要具备意志力。意志具有特别专一的方向性，能激发起人们顽强斗争的精神。

2. 创造的外部动因

为了满足社会需要而进行发明创造，这是最基本的创造动因。社会为发明创造提供了取之不竭的源泉，也是发明创造的归宿。通常，创造发明受社会需求的调节和控制。新的发明创造只有为社会所需要，才会被社会所承认，才具有"价值"。社会需要也是发明家实现自我社会价值的园地。如果将内部动因视作为后方动机，那挑战心理就是一种前线动机，其特征为迎难性、支配性、冒险性、激奋性，在创造活动中表现出永不满足、勇于探索、不怕风险、标新立异及自信、意志坚定等品格。

个性品质和才能：优良的个性心理品质是创造型人才的重要因素。这些品质表现如下：主动、好奇，兴趣广泛，对任何事物都有一种强烈的好奇心；对环境有敏锐的洞察力，能从平凡的事例中透视出问题的症结所在，找出实际存在与理想模式之间的差距；思路流畅，善于举一反三，触类旁通，能想出较多的点子和办法；不盲从，善于独立思考，敢于大胆发问，脱出一般观念的束缚；不因循守旧、敢于弃旧图新；求知欲旺盛，博览群书，喜欢思索；自信心强，深信自己所做的事的价值；具有百折不挠、持久不懈的毅力和意志，锲而不舍，不得结果决不罢休；想象力丰富，能够合理联想，有时甚至来自幻想或偶然的机遇；工作严密，深思熟虑，精细推敲。

创造的障碍：人的创造活动会受到许多条件的制约，从创造的三要素（创造者、创造对象、创造环境）角度来看，不够充分的外在环境会妨碍创造，但影响创造的主要因素来自创造者本身（包括前二个因素），并且环境要通过创造主体才起作用。对于设计师来说，克服自身的创造障碍更为重要。研究创造障碍，可以提高克服创造障碍的自觉性。

二、交互设计心理学

理解用户的心理活动，可以帮助设计师做交互设计。根据人的活动场景，研究者提炼出十个关键词语：人的社会属性、人的动机、如何观察、如何感知、如何记忆、如何思考、如何集中注意力、如何阅读、如何决策、人会犯错。从这些关键词的场景出发，研究者总结出一些实用的心理学小技巧，为交互设计提供相关理论依据。

（一）人的社会属性

1. 社交

人具有群体属性，是需要社交的。人的社交人数是有限制的，有一个非常著名的"邓巴数字"。人与人的关系分为强关系和弱关系，强关系指的是紧密联系的圈子，而弱关系则表示人与人的联系并不是那么紧密。邓巴数字的背景是强关系。在社交网络中，很多都为弱关系，比如抖音、微博、twitter、ins、知乎、豆瓣等具有分享内容、获取粉丝的社交或内容分享平台；当然也有强关系的代表：QQ、微信。

小贴士：在设计社交软件时，要分清楚设计前提是强关系还是弱关系。如果是强关系，可以设计一些拉近人与人关系的功能，帮助用户相互了解。如果是弱关系，则拉近人与人的关系不是主要目的。

2. 模仿、同情

镜像神经元促使我们模仿别人，并产生"同情"，感受他人之感受。

小贴士：在做设计时，如果想给用户一定的操作指导，可以给予示例或某些故事情节。例如，淘宝的买家秀、海淘和社区，给用户穿衣示例，或是让用户之间互相模仿，产生购物欲望。

3. 参与集体活动，会更加幸福

人在参与同步活动时，镜像神经元会产生幸福感。生活示例：结伴逛街、旅游时，参与主体会更有幸福感。

小贴士：线上社交，很多都是异步活动，为了让用户产生更多幸福感，可以提供一些同步功能，比如直播、视频、音频或线下活动等。

4. 线上交互规范遵循线下社交规则

当登录一个软件或网站时，你期望得到反馈或交互，可以对应到预期的人际交往规则上。

小贴士：设计产品时，多考虑用户的互动模式，产品的交互是否符合人际交往规则。

5. 人们爱说谎

说谎的程度不一样，面对面<纸笔<电子邮件<打电话。道德分离理论，即为了摆脱自身行为的不良结果，人们会变得不道德。

小贴士：在做用户调研时，最好不要用电话调研，尽量面对面，一对一。

6. 倾听是沟通信息的重要方法

大脑同步程度越高，倾听者越能理解对方——镜像神经元起了一定的作用。

小贴士：如果想让用户更好地理解信息，不能只靠文字阅读，可以加音频或视频，让用户听到声音，更好地帮助用户理解。

7. 我们更喜欢联系熟人

和上面说的"强关系"不谋而合。大脑对熟人反应独特，内侧前额叶皮质被激活，而这个部位是感知价值、情绪和控制行为的。

小贴士：在做社交软件时，区分是联系熟人还是陌生人（强关系和弱关系），要针对不同的功能设计。

8. 笑是为了沟通

笑是无意识的——笑是本能——笑是会感染的——笑与幽默无关——说话人笑是听话人的两倍——女人比男人更爱笑——笑彰显了社会地位，社会地位越高，越不爱笑。

小贴士：普通的聊天和互动会比刻意的幽默笑话，更能带来笑声。线上产品可以通过表情（笑），更好地进行沟通。

（二）人的动机来源

促使人们行动的动机有很多，如目标趋近、变动次数奖励、多巴胺和类鸦片系统、精神奖励、社交元素、进步掌握和控制感、自助方式、自我克制、懒惰性、简单的信息获取方式、习惯培养、较少竞争者机制等。

1. 目标趋近效应

越接近目标，越容易被激励。例如，咖啡的积分卡效应。比起人们关注有哪些事已经完成了，人们更关注还有哪些事没有完成。相对应的，有反馈重置现象，即人们完成目标后，会丧失一定的热情。

小贴士：设计任务时，可以默认用户已完成的部分，来激励用户完成剩下的部分。当用户完成一个任务后，通常丧失一定的热情。此时，要想办法再次调起用户情绪。

2.变动次数奖励更能激励用户

不定时、不定量的奖励更能有效激励用户。操作性条件反射理论能让一个人最大程度地投入到某件事中，最有效的方法就是变动次数奖励。

小贴士：功能设计时，以变动次数激励用户参与。比如邀请一个好友，获取奖励，邀请三至五个好友，获取更大的奖励。

3.多巴胺和类鸦片系统

多巴胺会让人产生愉悦感，追求、寻找和渴望（好奇心、热情）。顾名思义，类鸦片系统，即让人产生满足。两者相辅相成，多巴胺让人产生欲求，类鸦片让人感受到满足，这样才不会失控。受多巴胺的驱使，人总是在不断找寻信息。多巴胺也受不可预知事物的刺激，促使人们找寻信息，经常刷微博、朋友圈即多巴胺循环。

小贴士：设计网页时，可通过减少信息量供给，促使用户找寻更多的信息。信息来的越不可预期，人们越沉溺其中（类似上面提到的"变动次数"）。

4.精神奖励比物质奖励会更有效

物质奖励会促使人们行动，但该奖励一旦消失，人们也就会丧失积极性（如打车平台的优惠券）。如果使用物质奖励，意外的奖励或许会更有效。创新工作需要精神奖励，如果产品具有社交性，产生人与人的联系，也会相应激励用户。例如，某购物平台不仅卖东西，而且提供用户产生联系的功能，比如"社区""问大家"等社交机制。

5.让用户进步，控制事件发展

人们学习知识，即使小小的进步也可以为用户产生很大的动力。

小贴士：人们更愿意通过自己的方式来完成任务。想办法让用户设定目标，并追踪进度。

6.人们在一定情况下喜欢自助方式来完成任务

人们喜欢靠自己做事，并充满动力。如果提供自助服务，页面必须给予用户充足的可控性和自助性。

7.人有一定的自我克制能力

一些人的自我克制能力比较好，但有一些人则不然。例如，在网购平台经常会看见"只限今天促销"和"仅剩三件"这种字眼，会吸引自制力相对弱的用户。

8.人的懒惰性

设计网页时，要让用户快速找到想找的内容。突出内容时，可以尝试信息分类、突出字号、留白或突出搜索等办法。

9.快捷易用，才会愿意使用

页面提供默认值，方便用户使用，但有时也会使用户误操作。如果知道用户需求，就可以提供默认值，就算用错了默认值，也不会给用户过多负担。

10.习惯培养

人的习惯需要长时间逐步形成，给用户一些简单的小任务去做，而不是一开始就是复杂的任务。给用户每天完成任务的理由，如签到，挣积分、金币等。

11.竞争者少时，会更有竞争的动力

竞争会给人动力，但不要滥用，如排行榜等。竞争多余10人时，会挫伤人们竞争的动力。

（三）人如何观察

视觉是一切感官之首，人大脑有一半的资源用于接收和解析眼睛所见；但眼睛所见并非全部，视觉信息还要经过大脑转换和解析，真正用来观察的其实是"大脑"。

1.眼见非脑见

人们会产生视错觉，例如"卡尼萨三角""缪勒—莱尔错觉"（竖线看上去不是一样长）。大脑每秒要接受4000万次的感官输入，大脑会偷懒，会自动寻找规律（根据形状颜色）。在黑暗处，余光看得更清楚（700万对亮光敏感的视杆细胞和1.25亿对弱光敏感的视锥细胞）。人的视觉是二维的并非三维的，二维影像信息传到视觉皮质，被转化为三维。

2.整体认知要依靠周边视觉，而非中央视觉

对于识别具体事物，中央视觉起重要作用；而识别整体环境，周边视觉起重要作用。人们对周边视觉观察到的事物，比中央视觉观察到的，反应速度快。

小贴士：页面设计时，页面周边内容也很关键。如果不想干扰用户集中注意力观察主要内容，就不要在页面周边内容做效果吸引用户。

3.人们观察事物时，爱寻找规律

大脑中的视觉皮质细胞分工不同，分别只对直线、竖线、边线和有角度的线做出反应。人们能识别24种基本形状，然后这些形状组合成了我们识别和辨认的所有物体。观察事物和想象事物时，都会刺激大脑皮质细胞，但是想象事物时，大脑皮质细胞更加活跃。

小贴士：页面设计，多用分组、留白来进行区分内容。二维元素比三维元素更容易被识别。

4.大脑有专门识别人脸的区域

大脑视觉皮质细胞中有专门一处是识别人脸的，叫梭形脸部区。识别人脸可以绕过通常的视觉解析途径，直接由梭形脸部区识别。杏仁核是控制情绪的地方，梭形脸部区离杏仁核很近，所以人们认出人脸时，伴随多种情绪而来。自闭症患者不用梭形脸部区来识别人脸，而是用通用的视觉皮质细胞进行识别（一般是识别物体）。我们会不由自主地看向别人眼睛所看的地方。喜欢看脸是人的天性，高颜值更吸引人。看着眼睛能分辨出来真人和假人。眼睛是心灵的窗户，人们善于从别人的眼睛看出情绪和性格。

小贴士：如果希望你的网页能够迅速被用户关注，可以放人物面部。

5.人们观察事物的标准视角是略微俯视

从标准视角来思考、记忆、想象和识别物体是人们的普遍特征。

小贴士：图标要用标准视角角度设计，能帮助用户快速识别。

6.浏览网页时，人会根据自己的心智模型进行浏览

人们往往先看屏幕的中心位置，而非边缘。人们对想看的内容及位置有先入为主的心智模型（经常使用搜索功能的用户，首先关注页面搜索功能）。发生错误或问题时，人们会聚焦视野。

小贴士：页面重要内容放置在页面的三分之一处或屏幕中间（九宫格）。按着正常阅读顺序合理设计页面，避免让人来回跳着阅读。

7. 物体会提示人该如何使用，即功能可见性

比如门把手、开关。功能可见性，比如一些提示、按钮的状态变化等。

8. 人可能会对变化视而不见

眼动跟踪技术可以跟踪记录人眼所见——视线顺序和注视时间。如果把注意力集中在一件事物上，没有预期可能发生的变化，就很容易忽略实际发生的变化。眼动跟踪技术具有误导性，它可以跟踪用户"注视"了什么，并不代表用户"注意"了这些。眼动仪仅仅侦测中央视觉，而不能侦测周边视觉。在收集眼动跟踪数据过程中，用户可能会根据指示，注视内容，从而使产生数据的不真实。

小贴士：用户可能会看不见页面上的变化，所以可以为变化增加一些视觉提示或听觉提示。

9. 人们认为相邻物体必然相关

小贴士：页面排版设计时，若想分隔内容，先尝试能否调整间距达到效果，这样会使页面更加简洁。无关内容间距要变大，相关内容间距要变小。

（四）人是如何感知的

1. 七情六欲人皆有之

人的七种情感普遍存在，快乐、悲伤、蔑视、恐惧、厌恶、惊讶和愤怒。社交沟通时，使用这7种情绪的图片沟通最为有效（表情包）。

2. 情感感知与肌肉运动相关联

比如肉毒杆菌，可以舒缓肌肉，减少皱纹。经常注射肉毒杆菌的人无法通过肌肉运动表达情感，从而也无法感知情感。

3. 故事比数据更有说服力

故事比数据有吸引力的原因是它的形式比较好，故事能够引起共鸣，引发情感反馈。

小贴士：想办法提供可以激发情感和引起共鸣的信息。用故事代替数据。

4. 气味会激发情感和唤起回忆

5. 人天生喜欢欢喜

杏仁核是处理情感的区域，伏隔核是当人们做自己喜欢的事时活跃的区域。页面内容设计时，当人们完成一些任务后，可以给予用户一些新颖、有趣的内容或互动。

6. 忙碌时会更加愉悦

人在无所事事时，会感到不耐烦。人喜欢做事，而不喜欢闲着（当然做的事都是有意义的）。如果一项工作需要等待，可以在等待中给予他们一些乐趣。

7. 田园景色可以使人愉悦，可以修复人的注意力

8. 观感是信任的首要指标

要获得人们的信任，首先要考虑网站的设计元素——色彩、字体、导航和布局，然后再是内容。

9. 听音乐会释放大脑中的多巴胺

10. 事情越难实现，人们越喜欢认知失调理论

产品设计中，若加入一个社区步骤很多，人们会更重视这个社区。但视情况而定，如果太复杂，也会流失用户。当然如果使用得当，不会阻碍用户。

11. 人会高估对未来时间的反应

人对高兴或不高兴的事情反应强烈程度都

会比自己预期的低。不要太相信用户所说的，"如果增加或去掉某个功能，他们会更加满意的说法"。

12.人在事前或事后，感觉会更好

假如你正在设计一个让人们计划未来的界面，那么你让用户规划的时间越长，用户越满意（事前）。如果要调查产品满意度，最好在他们使用几天后调查，会得到更积极的评价（事后）。

13.人在悲伤时或恐惧时，会想念熟悉的事物

人想要熟悉的事物。想要熟悉的事物，是害怕失去。

小贴士：如果你的品牌已经建立，有关恐惧或失去的信息可能会更有说服力。如果你的品牌是全新的，有关趣味和幸福的信息可能会更有说服力。

（五）人是如何记忆的

1.短期记忆是有限的

短期记忆，即工作记忆。工作记忆能集中注意力。大脑活动随工作记忆激活（大脑前额皮质，集中注意力）。压力会降低大脑前额皮质活跃度，从而削弱工作记忆。

小贴士：最好不要让用户使用工作记忆，如果没形成记忆，会让用户恼火。如果要让用户使用工作记忆，那么就避免干扰。

2.人一次只能记住四项事物

最好把给用户展示的事物控制在四之内，如果不行，可以利用分组形式。

3.人必须借助信息巩固记忆

不断重复——神经细胞之间形成放电轨迹，新事物和旧事物相联系——图式。

小贴士：如果想让用户记住某个东西，要反复出现。

4.再认比回忆更容易

回忆包含错误，人们会通过图式来进行记忆，回忆时可能会出错。别让用户回忆信息，再认比回忆更容易。

5.记忆会占用大量脑力资源

记忆易被扰乱——近因效应和后缀效应。睡觉做梦可以巩固记忆。制作记忆小方法，可以帮助巩固记忆。

6.回忆会重构记忆

记忆会变，记忆可以被抹去。

小贴士：让用户回忆事情时，可以让其闭眼回忆，回忆会更加准确清楚。在做用户产品满意度调研时，你的说词会影响他们的叙述。针对用户的产品使用经验，要慎重考虑。

7.忘记是好事

设计时，要考虑到用户的遗忘因素。不要指望用户会记住重要信息，在设计时，要提供此类信息或提供信息的查找方式。

8.最生动的记忆是错误的

闪光灯记忆——详细记住重大创伤或重大事件的记忆。杏仁核处理情绪；海马体与长期记忆有关。两者在大脑中的位置相近，因此充满情感的记忆是非常深刻的。记忆会随时间进行消退的，生动的记忆可能是错误的。

（六）人是如何思考的

大脑中共有230亿个神经元，具有非常强大的处理能力，但是大脑不仅存在视觉错觉（卡尼萨三角、缪勒—莱尔错觉），还会存在思维错觉。

1. 人们更擅长处理小块信息

渐进式呈现设计理念——前提是足够了解用户每一步需要什么信息，什么时候会需要。点击次数不是关键。

2. 三类负荷

用户在网页完成一项任务时会用到三类负荷：认知负荷（思考）、视觉负荷（浏览内容）和动作负荷（操作）。三种负荷消耗脑力资源程度排列为认知负荷＞视觉负荷＞动作负荷。与其一下给出很多信息让用户思考，不如多让用户点击几次，分步获取信息（动作负荷＜认知负荷）。菲兹法则：决定动作负荷，确保用户移动鼠标时，能准确点击目标，时间、距离和准度是相关的。有时设计师也会设计增加负荷，比如游戏，可能会通过增加认知负荷（思考）、视觉负荷（寻找）或动作负荷（射击、奔跑等）来增加通关的难度。

小贴士：设计产品时，可以通过增加动作负荷来减少认知负荷和视觉负荷（多点击几次）。确保页面中的按钮足够大，用户可以点击到（ios10改善了按钮大小）。

3. 心智游移

专指在做一件事时渐渐走神，沉浸在与当前事情无关的思考中，即心智游移。日常生活中，心智游移最高可达到30%。

小贴士：人集中注意力处理一件事情是有限的，应该假设人会经常走神。建立提示用户位置的信息反馈，以便他们回过神后能继续浏览。

4. 人越不确定就越固执己见

认知失调症状，固执己见。当受到强迫时，人们容易改变自己的观点（大脑背侧前扣带回皮层和前岛叶皮质起作用）。不受强迫时，易固守己见。

小贴士：不要花大量时间来改变别人根深蒂固的想法。如果想要改变别人的观念，先让他们认同小事情。

5. 心智模型与概念模型

心智模型是一个人对事物运作方式的思维过程。心智模型的基础是不完整的现实、过去的经验甚至是直觉感知。心智模型是会变化的。心智模型因人而异。用户调研就是为了帮助你了解用户的心智模型。概念模型是通过真实产品的设计和界面传达给用户的真实模型。

小贴士：心智模型和概念模型相匹配，表明这个产品比较好用。如果心智模型和产品的概念模型不匹配，而你又不想改变概念模型，此时就用到了教学。

6. 故事是处理信息的最佳形式

与上文"故事比数据更有说服力"原理相同。

7. 示范是最佳教学方式

与上文"人天生模仿同情"原理相同。图片、截屏和视频都是很好的示范手段。

8. 人天生爱分类

与上文"四项事物法则"原理相同，尽可能为用户进行分类，七岁之下的孩子是没有分类意识的。

9. 时间是相对的

时间会给人错觉，时间是相对的而非绝对的。一个人的心理活动越多，越觉得时间流逝的多，如等人时。如果人们觉得时间紧张，就不会停下来帮助别人。

小贴士：设计时，为了避免用户等待时的急躁心情，可以在页面上增加小趣味。任务分步进行，减少人的心理活动。

10. 四种创造力

四种创造力指刻意的认知创造力（实验发明），刻意的情绪创造力（演戏），自发的认知创造力（灵光一现），自发的情绪创造力（顿悟）。

11. 人可以进入心流状态

引发用户心流状态的小方法包括让用户操作时，自我控制，避免干扰用户；还可以把很难的操作分成几步，给用户持续的反馈。

12. 文化影响人的思维方式

东方注重人际关系，西方倾向个人主义。

（七）如何集中注意力

1. 选择性注意

人在完成挑战性的任务时，会自动过滤干扰信息以集中注意力。有时候选择性注意也会在无意识的情况下进行，如走路看见虫子、蛇之类，或对自己的名字反应独特。人的潜意识会不断扫视周围环境，看是否有自己感兴趣的信息，比如自己的名字、异性、危险、食物等。

2. 人会主动过滤信息

如，美国海军误击落商用客机中，将其误认为敌机，忽略了是商用客机的信息。

小贴士：不要指望用户一定会关注到你提供的信息。设计师自认为很明显的信息，用户不一定能注意到。如果想让用户看见你提供的某个信息，可以从颜色、字体大小、声音、视频或动画来使之凸显。如果某些信息需要被关注，你要设计的比你想的明显10倍。

3. 熟能生巧，无需特别留意

反复练习一种技能，直到成为一种惯性，如打字、弹琴等。太多的惯性步骤可能会导致错误，如惯性删除。

4. 对频率的预期会影响注意力

实际发生的频率与预期频率不一致时，易被忽略。针对重要而且不频繁发生的事件予以提醒，如电池电量不足提醒。

5. 注意力只能维持10分钟

时常假设自己只能抓住用户7至10分钟的注意力。如果不得不超过10分钟，可以通过其他信息或暂停来调剂，将在线演示视频控制在10分钟之内。

6. 人只会关注显著线索

把显著线索设置得更明显些，这与上文"人对变化视而不见"的原理相同。

7. 人无法同时完成多个任务

人们都以为自己一脑多用，其实不能。如果需要用户同时做多个事情，就应该预判他们会出错，并提供修正错误的途径。

8. 吸引人的六件事

食物、危险、异性、人脸、移动和故事是六件吸引人的事情。移动的东西有影像和动画能激发人的兴趣。人脑的新脑、中脑和旧脑三位一体，新脑控制意识、逻辑和推理，中脑处理情绪，旧脑关注生存状况，它们互相配合，吸取有趣信息来吸引注意力。

9. 巨大噪声会吓人一跳，并引起注意

如电脑、手机电量过低提示音一样，设计产品时，完成任务、错误或重大事件时，都可以用声音进行提醒。

10. 人欲关注，必先感知

信号检测理论符合人的关注感知。

（八）如何阅读

1. 大小写字母

大写字母和小写字母阅读难易程度是一样的，人们通常觉得大写字母难读，是因为平时读的少。人们在阅读时会识别和预想字母，然后根据字母认出单词，如英文。在浏览文章时，人们会用到周边视觉阅读。

2. 阅读和理解是两码事

人经常阅读，对内容的理解和记忆取决于此前的经验、阅读时的视角和阅读前的说明。不能指望用户阅读时，能记住特定信息。内容中可设计上有意义的标题。

3. 不同形式的字体

当人们感觉字体难读时，会把这种判断转嫁到文本上，从而让用户觉得内容也难读。

4. 字号很重要

5. 电子阅读比纸质阅读更难

6. 每行字数较多时读的越快，但人们偏好阅读短行

实验表明，每行100个字符时，用户阅读速度最快；但人们更喜欢短行，45—72个字符。长行更易读，因为打断扫视和凝视连续性的次数较少。人们阅读较宽的单栏文章更快，但更喜欢分栏排版。

（九）人是如何决策的

1. 多数决定都是在潜意识中决定的

我们大多数的心理活动都是在潜意识中进行的，潜意识不等于不合理或者糟糕。所谓"相信你的直觉"指的就是潜意识感觉到的。当人们快速采取行动时，是在潜意识中做出的，他们也许并不知道自己做出决定的真正原因。

2. 潜意识最先感知

人们会对潜意识的危险信号做出反应。潜意识思维比意识思维更加迅速。人们经常迅速在做完某事或采取行动后，无法解释自己当时为什么这么做。

3. 人们都喜欢有更多的选项来进行选择

选择过多会麻痹思维过程。人受多巴胺的驱使，会对信息的寻找上瘾。如果可能的话，把选择的数量控制为三至四种以内，这与和"人们只能记住四件事"原理一致。如果不行的话，可以用分类的方式。

4. 选择等于控制

如果完成一个任务可以有多个选择，人们可能会更高兴。当然，选择最好不超过四个。

5. 相比于金钱，人可能更在意时间

对于大多人来说，产生人际互动更易受到时间的影响，而非金钱和财务。

6. 情绪影响决策

当人的情绪很好时，让他们根据第一印象对产品进行评价，往往评价会很不错。当人的情绪不好时，让他们深思熟虑后对产品进行评价，往往评价也会很不错。

7. 群体决策可能会犯错

8. 人为强势者所影响

具有支配欲的往往最先发言。

9. 人在不确定时会让他人做决定

例如网购时，会看买家秀和买家评论，人们喜欢从众。

10. 人们认为他人比自己更容易受到影响

受到的影响可能是在潜意识中进行的，人们可能会意识不到。

（十）人是会犯错的

1. 人会犯错，没有完全容错的产品
2. 人在压力下会犯错

耶克斯—多德森定律：关于任务完成效率的高低，简单的任务，需要的唤醒水平（压力）较高；而复杂的任务，需要的唤醒水平较低。压力过高或过低，都可能达不到很好的效果，都要找到合适的点。隧道效应指人们反复不停地做同一件事，即使并不奏效。

3. 人常犯可预见的错误

实施性错误和设备控制型错误是人们常犯的错误。实施性错误又包括执行错误、遗漏错误和误操作错误。用户在测试和观察阶段，可以收集这些类型错误，有利于重新设计。

4. 使用不同的纠错方法

三、消费者动机分析

（一）心理动机的概念

在讨论动机分析之前，有必要为动机这个心理学术语下一个定义。根据霍金斯（Hawkins）、百斯特（Best）和科尼（Coney）的研究成果——动机是行为的理由。动机是一种构想，它代表一种表面上观察不到的内在力量，这种力量刺激和支配行为反应并提供对这种反应的具体发展方向。比如：水是一种丰富的资源，城里人多饮用自来水，可是当瓶装纯净水、矿泉水出现以后，不少人饮用这些价格昂贵的水。这件事必然有其心理动机。又如：摩托罗拉是最早打入中国市场的手机品牌。早期的市场调研表明，大部分人不会去购买这种使用方便、但价格十分昂贵的东西。但是受访者普遍认为，使用手机是身份的象征，只要有少数人先富起来，手机便有潜在市场。这种购买动机促进了消费市场。而现在，手机几乎成为市民工作和生活必备之物，消费动机起了巨大的变化。

动机分析有两种途径：一是马斯洛的需求层次分析，这是一种宏观分析法；一是麦克奎尔（McGuire）的心理动机分析法，用一组动机来解释消费动机。

1. 马斯洛的需求层次分析（宏观分析）

马斯洛的方法基于四个前提：第一，人类通过遗传和社会交互作用获得相似的一组动机；第二，某些动机比其他动机更为基本和关键；第三，更为基本的动机比其他动机更应在最低水平上得到满足；第四，基本动机满足后，更高层的动机才能实现。从这些前提出发，动机分成下列的若干层次。（图1-3-1）

（1）生理

这些是最基本的动机层次，包括人们对衣、食、住、行的基本需求。人们满足了这些需求之后，又产生对诸如健康食品、饮料、药品、健身器材等的需求。

（2）安全

人们除需要满足生理需求外，还有安全的需求。因此，预防疾病的药物、社会保障、保险、各种为安全而生产的器材（如安全带、报警器、保险箱等）便应运而生。

（3）归属感

这种动机反映在爱、友谊、归属和群体的接受

马斯洛需求层次理论图

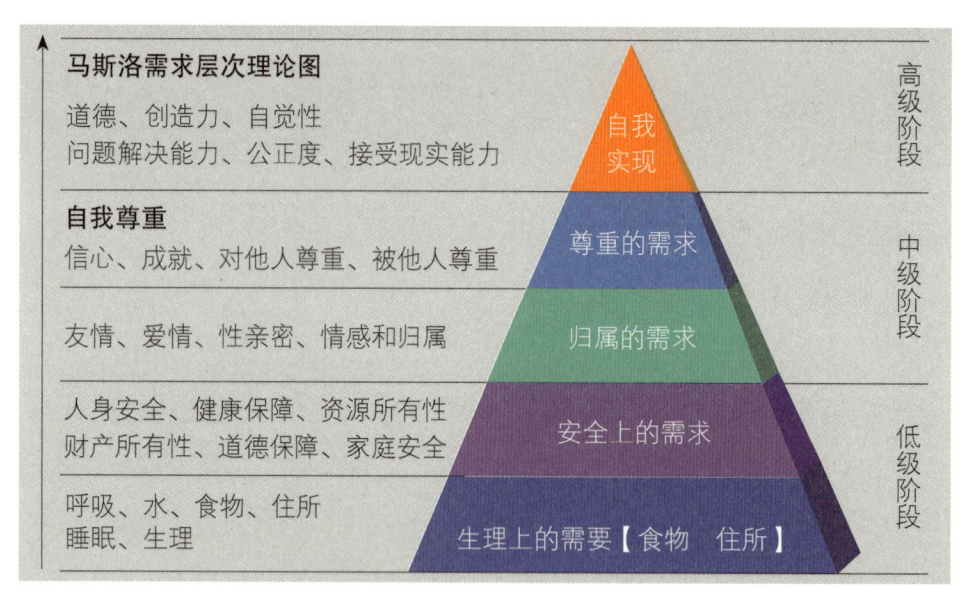

自我实现
道德、创造力、自觉性
问题解决能力、公正度、接受现实能力

自我尊重
信心、成就、对他人尊重、被他人尊重 —— 尊重的需求

友情、爱情、性亲密、情感和归属 —— 归属的需求

人身安全、健康保障、资源所有性
财产所有性、道德保障、家庭安全 —— 安全上的需求

呼吸、水、食物、住所
睡眠、生理 —— 生理上的需要【食物 住所】

高级阶段 / 中级阶段 / 低级阶段

图 1-3-1　马斯洛需求层次理论

等方面。例如白领阶层的西装革履常常代表一种公司的形象，也代表公司职工对公司的认同和归属感。青年人赶潮流也代表着他们对所向往的群体的归属感。

（4）自尊

这是一种对地位、声望和优越感的需求。人们购买高级住房、家具、服装、汽车、游艇，其中一个原因就是为了凸显自己的社会地位。上面提到的摩托罗拉手机的例子，也是通过购买来显示自己社会地位的例子。

（5）自我实现

这是一种实现本身愿望的需求，例如接受教育、旅行、参加体育活动、参观博物馆等。

2. 麦克奎尔（McGuire）的心理动机分析（解释消费动机）

麦克奎尔（McGuire）则提出一个更为具体的动机分类系统。

（1）一致性的需求

人们总是有"随大流"的需求（如态度、行为、意见、形象、观点等），希望自己在很多方面与他人一致。

（2）追寻原因的需求

人们对很多事情都会问一个为什么。因此，推销员说的话也许就没有一个亲戚朋友所说的那么可信。虚假、不实的广告常常产生令人厌恶的效果。

（3）分类的需求

人们常常会把信息和经验以一种有效的、能加以处理的方式进行分类和组织，这样便可综合地处理各种信息。例如，人们总是把价格分类和产品分类联系在一起。商家有时把可定价为1000元的产品定为988元，就是为了满足顾客对价格的分类要求。

（4）象征性的需求

这是一种人们对形象和生活方式的需求。例如航空、地铁、银行、保险的服装就代表了他们建立本身形象的需求。

（5）独立性的需求

美国人鼓励独立性的发展，有个性的商品会受到消费者的欢迎。

（6）归属性的需求

日本人鼓励集体性、归属性的发展，因而不能把鼓励美国人独立性的策略照搬给日本人。

（7）新奇的需求

人们不希望产品老是同一个样子，这是一种对产品多样化的需求。这也许是有所谓品牌转换和冲动购买的原因。

（8）自我表达的需求

这是一种表达自己身份的需求。例如，购买高档汽车也有凸显自己的身份的因素。

（9）自我保护的需求

保护自我及身份也是一种需求。例如，当人们购买某种品牌又觉得不错的话，便会继续购买这种产品，而不愿意贸然换一种尚未试过、不知是否可靠的产品。

（10）把感受说出来的需求

人们总是有从事那些有利于提高自尊或受到他人尊重的活动的需求。当人们买到不满意的产品时，总是要发牢骚和投诉。

（11）强化的需求

人们当做一件事得到回报时，就会再做这件事。例如，如果购买一条项链会受到称赞或欣赏时，就会去买这个品牌的项链。

（12）榜样的需求

人们往往有把自己的行为基于某个榜样的倾向。所以，明星代言往往会带动购买力。

（二）发现消费者的消费动机的方法

从方法的角度来看，动机可分成两类：显性动机和潜在动机。例如，购买豪华型汽车，显性动机可能是驾起来比较舒服、汽车性能好、其他人也买这种车等；而潜在动机可能是说明自己是成功人士，使自己看来更有权有势等。对不同的动机，在调查的时候可以问不同的问题。例如，对显性动机所提的问题可更为直接，如"你为什么要购买这种产品？"但对潜在动机，可以用多维量表去研究。传统上动机研究采用一种影射技术，比较典型的有三种方法。

1.联想

给出一个品牌或广告词，受访者讲出第一个联想到的单词或一系列联想得到的单词，研究人员研究这些单词及反应的时间以便估计受访者的情感。联想包括正面的联想和负面的联想。

2.填充

填充一个句子，或一段文章，如"人们购买××牌奶粉是因为……"，然后进行内容分析。

3.结构分析

如针对有关某产品的一幅漫画，请受访者填入画中人的话语或思想。又如由受访者讲出一个普通妇女、大部分医生或一般人为什么会购买和使用某种产品。或是给出一个购物单，由受访者描述使用此购物单的人是怎么样的一个人。又如受访者对一幅或多幅连续画面讲出一个有关购买的故事等，然后进行内容分析。

传统的动机研究定性分析较多。在20世纪七八十年代，定量分析用得较多。但到了90年代，定性分析又被用来加强和丰富定量分析，新的技术也产生了。例如，有一种"手段—结果"分析法：出示一种产品或品牌，要求受访者讲出使用该产品或品牌的好处，然后继续讲这些好处所能提供的进一步的好处，直至提不出什么新的好处为止。另一种方法是用联想中产生的词，作第二轮的联想。如从肥皂可联想到"干净""新鲜"等词，从这些词出发的进一步的联想可能是"自由""放松""不受妨碍""自然""感觉"等。这些信息对广告和定位策略是很有价值的。

（三）针对消费动机设计营销策略

针对消费动机设计营销策略，包括产品设计、营销沟通等。首先，由于动机往往是多重的，所以，产品应提供多种优点，产品广告应能传达多重优点的信息。例如，高端名牌汽车的广告，除强调质量上乘以满足消费者的显性动机外，还会强调消费者驾车进入高级俱乐部，以满足其彰显社会地位的潜在动机。其次，不同的产品或品牌能满足消费者不同的动机，所以，营销策略必须有针对性、目的性。例如下面是几则广告，其针对性和目的性是很明确的。

1. "只有NordicTrack能让你做全身运动"，NordicTrack是一种健身器材，该广告强调了生理需求。

2. "尽你所能"，这是美国陆军征兵的广告，它强调一种自我实现的精神。

3. "懂得精品区别的人知道进口啤酒和圣保罗女孩（St. Paul Girl）啤酒的区别"这是啤酒的广告，强调自尊。

又如电视广告常常借助名人或代言人来提高产品或品牌的可信度，满足消费者对榜样的需求；绿色食品广告借助健康的概念满足人们生理和随大流的需求；某些广告通过抱怨过去的产品、提出新产品新优点满足消费者对新奇的需求等。

另一个需要注意的问题是动机对立的问题。有三种动机对立，必须针对它们找出解决的办法。第一，当消费者面临两种吸引力相近的选择时，便会产生动机的对立。优秀的广告可以鼓励其中的一种选择。价格的调整也可使其中的一种选择占据优势。第二，当消费者同时面临产品的优点和缺点时，解决的办法是发现缺点并及时消除缺点。第三，当两种选择同时存在负面结果，如又要花钱购买商品，后期还有不小的维护费用。有一个英语广告针对这个问题，"要么现在多付，要么以后再付"。这说明购买质量上乘的产品，好过购买便宜但容易损坏的产品。

（四）消费者行为设计

如何设计令人"上瘾"的产品？研究表明，人们平均每10分钟查看一次手机，平均每天点亮手机屏幕近80次，近1/3的手机用户使用时长超过4小时。是的，我们对手机上瘾了。类似的着魔行为都是怎么形成的？能否被有效设计呢？

1. 行为习惯养成的基本路径

美国查尔斯·杜希格（Charles Duhigg）在《习惯的力量》一书中提出习惯养成步骤主要包括暗示、惯常行为、奖赏。其中的惯常行为指的便是该行为具有可重复发生性，奖赏指的行为发生的过程中得到的正向奖励进一步强化了行为的再次发生。总的来说，行为习惯养成的基本发生路径为行为发生→行为奖励→行为重复发生→形成习惯。一旦进入习惯区间，行为将在情境暗示下自动循环发生。

2. 引导用户养成行为习惯的设计

畅销书《上瘾》作者尼尔·埃亚尔（Nir Eyal）等人结合习惯养成与产品设计规则，创建了"上瘾四大步骤理论"——适用于各大互联网公司开发习惯养成类产品：触发→行动→多变的酬赏→投入。上瘾模型能够引导用户在不知不觉中依赖上你的产品，成为产品的忠实回头客。这意味着用户的行为是可以有效被设计和引导的。只要掌握了用户行为习惯形成的底层思维与行为模式特征，就可以通过界面和屏幕引导用户行为的发生。根据上瘾模型理论，要设计一款引导用户养成积极的行为习惯产品，重点在于以下三个方面的设计：第一，行为说服，即产品核心行为操作如何吸引用户发生；第二，行为奖励，行为发生过程中如何给予正向反馈强化行为；第三，用户投入，行为奖励后引导用户投入形成存储价值服务。（图1-3-2）

（1）行为说服设计

行为说服在产品设计过程中主要指如何运用有效的设计手段引导用户行为的发生。斯坦福行为心理学教授福格（Fogg）表明人的行为发生影响因素由动机、能力、触发器三者，同时满足三个因素行为必然产生，缺乏其中任何一个因素，行为都不会发生。（图1-3-3）

①行为说服设计——动机

动机伴随场景出现，设计的过程就是根据不同

第一章 基础理论与概念

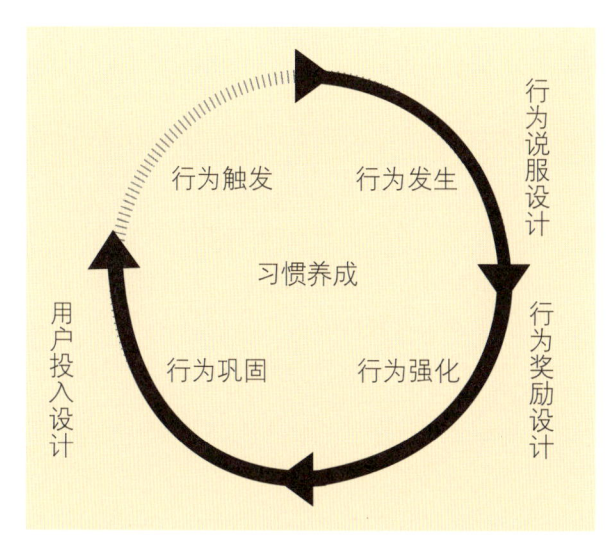

图1-3-2 引导用户养成行为习惯的设计

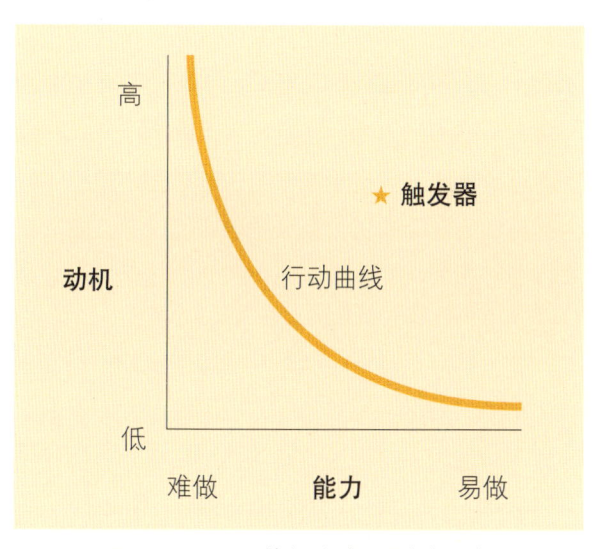

图1-3-3 人的行为发生影响因素

的场景运用不同的设计手段刺激和提升动机，比如水果店中买一送一的营销手段、"甜过初恋"的文案以及具有视觉吸引力的宣传营养健康生活方式的海报等。各种富有创造力的形式就是设计参与提升购买动机的结果。福格教授表明人的基础动机因素是相对稳定的，主要包括以下三组。

第一，感觉，指追求愉悦快乐的感觉，避免痛苦不悦。

第二，期待，指期待美好的一面，恐惧负面的结果。

第三，归属感，指追求社群认同和依赖，避免孤立。

设计帮助提升与激发用户愉悦感，用各种形式激发用户对美好的渴望具有可实现性。而让用户感受社群融入，可更大提升动机水平，增加行为产生可能性。或者反其道而行，展现其对立面，通过强化和传达出负向的感知，如被社群孤立等，使其产生避免负向结果的内在驱动力，同样能增强行为动机。

其中积极正向的感觉常见的有愉悦、惊喜、好奇心、正义感、满足感等，满足负向所带来的愉悦感如情欲、窥私癖、贪婪、虚荣心等。平时电商产品中常见的团购促销优惠，满额减、买一送一等均是为了提升购买动机，这也被称为利用人性的设计。行为说服设计首要目标就是利用设计手段激发和提升内在的心理动机。

②行为说服设计——能力

能力在福克行为模型中主要指人达成目标行为的自身能力水平、行为是否容易执行以及执行行为所需付出的成本。行为容易或成本低，即使动机水平不高，行为产生的可能性也较高，比如点击领取优惠券，即便优惠额度低、吸引力不够，但只要领取方式足够简单、没有成本，也会吸引不少用户产生领取行为。因此在产品设计过程中，尽可能降低操作难度，提升易用性，促进使用转化。而流程的易用与所需成本主要影响因素包括六点。

时间，指行为达成目标所需要的时间。尤其针对移动端碎片化场景，产品功能操作和信息内容均应轻量化。比如学习类产品，如果以系统化内容、信息密集的课程为学习单位，则用户在时间层面的能力严重不足，产品自然难以提升用户活跃与打开率。

金钱也是用户衡量自身行为能力感知较强烈的因素。在电商产品中常见的方式就是各种促销优惠活动策略。另外，在金钱能力层面，设计者可以利用认知偏差减弱金钱敏感度，如利用价格锚定效应、框架效应、心理账户等认知偏差原理，切换用

-57-

户思维从而提升行为发生可能性。

认知理解/认知负荷，主要指信息内容对用户理解与注意力缺失的负荷。设计需要深入了解用户不同场景，针对用户认知能力进行设计。比如，学习类应用，在碎片化移动场景更倾向轻量化学习，而在特定时间段的固定场景中，用户更倾向进行体系化深度学习需求。

生理/体力/易用性，指的是设计流程可用性和易用性，是否足够简单高效，易于操作。

社群趋同/社会认同，指人作为群居动物具有社会群体依赖感和归属感等需求，并在自己的知觉、判断、认识上表现出符合于公众舆论或多数人的行为方式。常见的如设计利用从众心理去提升社会认同。

与已有使用习惯冲突：行为具有习惯转移成本，因此设计中对一些常见的功能和流程行为需要考虑习惯的迁移，而不是另辟蹊径，设计完全创新的交互方式。

③行为说服设计——触发器

行为并非无故产生，尤其针对新手用户，在未形成习惯之前需要依赖外部提醒和刺激行为发生。因此触发器是行为发生的起点，主要包括外部触发提醒和内部自我驱使提醒。外部提醒在产品设计形式上主要包括手机短信、微信提醒、系统通知、弹窗提醒、邮件信息、好友分享等外部的触点，提醒引导了行为的产生。而内部自我提示是在行为习惯区内在特定场景下，自我触发行为提示，通常指已经建立了用户心智模型的阶段。比如，无聊或者孤单时打开微信朋友圈，有学习提升欲望时想到云课堂。

触发器在设计上主要承担行为发生的调节器：当动机不足时补动机，如利用稀缺性的饥饿营销，利用产生损失感的限时优惠倒计时等。当能力不足时补能力，如营销优惠活动，降价提醒等。当行为和动机均充足时，给予适当的信号提醒，如已关注的直播提醒等。触发器设计需要兼顾合适的场景，合理的触发形式，不适当的触发提醒会显得干扰，引发负向体验。

行为说服设计本质上是设计行为发生的影响因素。利用设计强化其不同场景下的行为动机水平，优化核心操作流程的易用性和行为成本，设计合理的行为触发机制，尽可能提升行为发生的可能性。

（2）行为奖励设计

20世纪50年代早期，加拿大麦吉尔（McGill）大学的博士后詹姆斯·奥尔德（James Olds）和皮特·米尔纳（Peter Milner）进行了一项实验，他们将电极植入鼠的脑部并放入斯金纳箱中，发现鼠会主动寻求脑部愉悦中枢伏隔核的刺激，中枢神经的奖赏回路会释放令人感到兴奋的神经递质多巴胺。多巴胺的奖励机制是生物面对自然法则进化而来的本能，它会驱动个体付出行动。个体反复体验愉快感后形成强烈的渴求，于是构成上瘾的反应。这意味着当人做出某一行为决策并在其过程中产生了好的结果，大脑会向负责决策的区域发送"奖赏"信号，促进提升认知能力，强化行为动作，并形成良性循环。

因为人脑奖励系统对行为和习惯的形成起到关键的作用，所以在产品设计过程中可以有效利用大脑奖励系统，给予用户操作行为正向的反馈，让用户感知行为有效性，使行为得到强化，提升用户回访可能。人类的行动因为奖励而得到生理或者心理上的肯定，从而促使他们重复这种行为。

①情感化设计

从行为心理学角度来看，人的行为决策并不完全是理性判定，其中情感因素起了非常关键的因素。情感化设计对正向积极的情感刺激（如愉悦、满足、惊喜、有趣），可以有效刺激大脑奖励系统，从而驱使用户越过理性分析而发生行为。因此，情感化设计是激活大脑奖励系统的有效手段。情感化设计并非脱离功能、技术、可用性，更多的是在感性与理性、功能与情感之间找到平衡点，在保证产品可用性和易用性的前提下进行情感价值的提升。

美国心理学家,诺贝尔经济学奖得主丹尼尔-卡尔曼,经研究发现人的体验记忆并不是整个体验过程的总和,主要受高峰(无论是正向的还是负向的)时和结束时的感觉影响。体验过程中的好与不好的比重、时间长短对最终的主观体验记忆差不多没有影响。这启发我们将情感化设计的效果最大化:找出产品流程中关键节点并进行情感化设计;强化流程结束的情感增值设计,使用户体验记忆深刻;针对负向峰值点进行优先设计,避免产品短板。

②奖励不确定性原则

大脑奖励系统跟人的审美一样,会"喜新厌旧"。多巴胺神经元会对持续的熟悉的奖励反应减少。给产品附加无穷的多变性,有助于人们保持持久的兴趣,较常见的有游戏产品中的不确定性,高频次、花样百出的成长与奖励机制极大地刺激玩家沉溺游戏。有研究表明,游戏刺激大脑产生的多巴胺和使用苯丙胺(毒品)产生的一样多,所以好玩有趣的游戏总是让人轻易上瘾。

(3)用户投入设计

在产品使用习惯养成过程中,行为触发、行为发生和奖励能够改变当下即时行为,其中行为奖励虽然已起到强化行为促进下一次回访的可能性,但"用户投入"更能影响用户未来的行为。美国研究学者在2011年针对劳动投入对重视事物程度影响的研究结果表明,用户对某件产品和某项服务所投入的时间和精力越多,对该产品就越重视。宜家让客户自行组装家具的模式让用户对自己的劳动组装的家具产生一种非理性的喜爱,这种被称为"宜家效应"的用户投入赋予了产品更高的价值,并让用户态度发生了变化。积极的态度变化则进一步强化与巩固行为的持续发生。

那么在产品设计过程中,我们如何有效设计引导用户投入?美国顶级风投公司Greylock在深度挖掘潜力创业团队独角兽所引用的用户参与度模型中关于如何提升用户留存以及产品中用户投入的方法经验方面给我们提供了两个非常不错的思路启发,即累积优势和离开损失。

①累积优势

累积优势指随着用户在产品中贡献的数据越来越多(不论是有意还是无意),产品都能基于这些数据持续改进用户体验。最后达到"使用产品越多,我的产品体验越好"的情况。比较典型的类似今日头条、网易云音乐、网易云课堂的个性化推荐服务,通过用户选取的兴趣标签进行角色建模,并持续对使用行为进行分析持续修正兴趣模型,使用越多,推荐内容越精准。不断提升的精准度对用户形成持续感知到的有用性,有用性则不停刺激强化大脑奖励系统,习惯在不知不觉中得以形成和巩固。

②离开损失

离开损失主要指用户使用产品的时间越长,它越成为你的依赖、你的身份标识,或是你积累某种价值的地方。最后达到"使用产品越多,我要离开产品的损失就越大"的情况。比如天然的内容累积型笔记应用Evernote,投入越多个人内容,产品使用越稳定,越不容易离开。再比如微信的弃用成本之所以高,是因为我们已经在里面存储了高价值的人际关系。高离开损失的产品稳定性好,用户生命周期价值大。

设计令人上瘾的产品主要指培养用户积极的产品使用习惯,其基本思路是利用人底层的思维模式与行为发生机制进行设计引导,从而有效掌控用户行为路径。设计引导行为习惯养成需要进行行为说服设计、行为奖励设计、用户投入设计,其中说服设计引导行为发生、奖励设计强化行为、用户投入设计巩固行为稳定性三个阶段相互促进,构成设计上瘾产品的引擎和驱动。

(五)沉浸式体验设计:心流理论

有这样一则小故事:一位年轻人要出国读博士,但是特别不想背GRE单词,后来他算了一笔账,背了这些单词就能过GRE,过了GRE就能拿

-59-

全奖，平均算下来，一个单词值20元人民币。那么"背单词就是赚钱！Deadline是第一生产力"。有些学霸会把工作全攒到不得不完成的时候才做，因为他们觉得这样效率会明显提高。

1.什么是心流理论

"心流"是最伟大的心理学概念之一，它是由心理学家米哈里·齐克森米哈里（Mihaly Csikszen-tmihalyi）在20世纪60年代所提出的一种积极心理学概念。米哈里教授把心流体验（flow experience）定义为"一种将个人精神力完全投入到某项活动中的感觉，达到一种忘我的状态，而且伴随着心流产生的同时，会有高度的兴奋感和充实感"。（图1-3-4）

米哈里·齐克森米哈里发现某些艺术家在绘画时会全身心投入，废寝忘食，一坐就是一整天，不会感觉到疲倦，相反还会从中获得很大的满足。为了弄清楚这个现象背后的原因，他先后访谈了包括攀岩者、画家、舞蹈家、象棋选手等职业的人群，发现他们虽然从事不同的活动但都有着非常相似的经历，即当从事的活动能顺利进行时，他们都很容易达到一种全神贯注到忘我的状态而忽略时间和周围的事物，并且产生一种兴奋的情绪体验，所以愿意多次去体验这种状态。这种情绪体验就像水流（flow）一样毫不费力。因此，米哈里称这种情绪体验为"心流"。

米哈里·齐克森米哈里在2002年总结了心流状态下的六个特征。

（1）强烈、集中的注意力

玩游戏时那种全情的投入，相信很多人都有过体验。

（2）行动和意识的融合

行动和意识的融合指的是玩游戏时那种手、脑、眼、耳全部被意识调动起来，协调一致的状态。

（3）能从容应对局面，完全控制自己的行为

很多人玩游戏时还是会觉得有难度，但是不会难到玩不下去，一切还是可以控制的。

（4）自我意识的消解

消解自我意识就是达到忘我的状态。

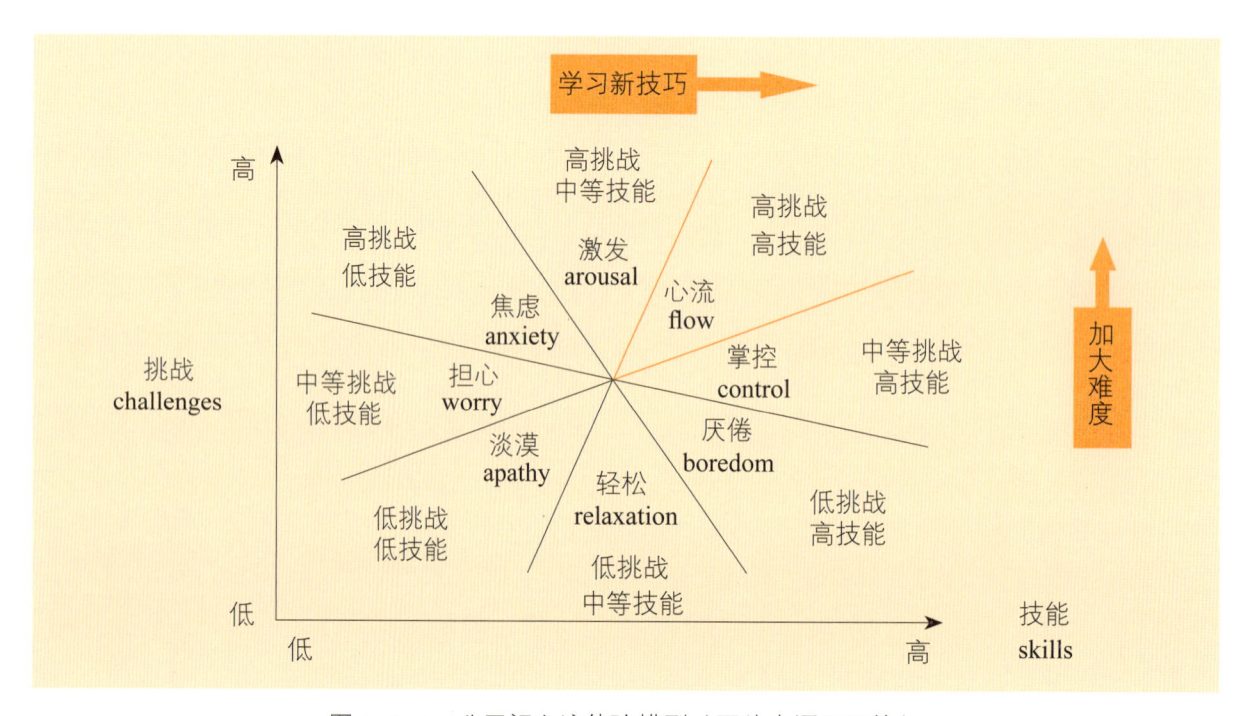

图1-3-4 八区间心流体验模型（图片来源于网络）

（5）时间的扭曲

玩游戏时忘了时间。

（6）内在奖励

行动本身即目的。玩游戏时入迷的状态，与金钱回报等外在目的无关，是人们沉迷于玩时的那种感觉。

2. 沉浸体验的产生机制

（1）产生背景

①个人层面

沉浸状态中，个体会感觉到认知高效、动机激发、无比幸福。沉浸体验有助于愉悦情绪、积极情感的出现，与生活满意度呈正相关。

体验沉浸感时，也是正在为未来储备资源，如技能改进、挖掘潜能，使个体"个性化""综合化"。

②企业层面

沉浸体验有利于员工工作绩效的提升，是对员工的心理资本进行投资，避免培训和开发的盲目性。

将沉浸体验用于产品设计中，有利于消费者在产品使用过程中体会到快感。同时，这也有利于企业的产品销售。

（2）产生原理

沉浸理论是一个试图整合动机、人格、与主观经验成为一个统合性架构的理论。

自我动机与自我生存之间的联系：自我系统属于一种目标导向的阶层性结构。自我生存是由自我系统所引发，亦是人类天生的需求，这种需求或系统对个体的意识下指令，将心理能量集中于个体的成长。

当外界讯息与自我动机相符时，自我结构便会强化。在与自我结构目标一致时，个体透过情绪、感觉、思想、企图等主观感受，将知觉到的外界讯息刻意地排列组合成有系统的意识。意识便可以和谐一致地运作，产生前所未有的欣喜、精力与充实感。此时，个体会只是为了享受这样的过程而一再重复这个经验。

（3）影响因素

①个人因素

个体因素包括性格、经验、自信、心理状态、注意力集中品质等。

米哈里认为具有某些具体人格特征的个体更易实现沉浸体验：这些具体的人格特征如好奇心、良好的耐心、专注力、创造力、活力等，它们高频次地参加出于内在动机（这里的内在动机是出于自我实现）的活动。拥有这些人格特征较多的个体被称为拥有"自带目的性人格"的个体。

②情境因素

情境因素包括活动类型、项目、活动的重要性等。

活动类型要能引发内在动机，即具有内在犒赏性的活动或者项目。

项目、活动的重要性：个体参与有责任的活动时，往往更容易在活动中体验到沉浸感。

（4）沉浸状态的九个特征（图1-3-5）

（5）有利于沉浸体验的群体和空间特征

创意的空间排列：不被设备所束缚，有便捷的资源支持、可以实现人员的自由移动与自由组合。

场地设计：信息的输入与输出，可以自由表达思想的场地。

锁定组织目标：清晰的目标人群定位。

以可视化增进效能：形成一个自由信息流动和展现的环境。

改善某项现有工作：原型化，通过不断交互与反馈，进行不断地修改与完善。

参与者的差别是随机的：增强偶然性给客户带来惊喜。

并行而有组织的工作：一组工作按独立异步的速度执行，在同一个时间段内，两个或多个工作有组织地开展，有时间上的重叠。

沉浸产生阶段	产生沉浸体验的9个特征
事前阶段 条件因素（前提）	①明晰的目标 ②明确而及时的反馈 ③应对挑战的技巧
经验阶段 过程因素（特性）	④行为和意识融为一体 ⑤全神贯注 ⑥掌控的感觉
效果阶段 结果因素（经验的结果）	⑦自我意识的丧失 ⑧时间感的改变 ⑨体验本身变得具有目的性

图1-3-5 沉浸体验的九个特征（图片来源于网络）

3. 心流是怎么产生的?

心流体验的过程主要分为三个步骤：条件因素→体验因素→结果因素。（图1-3-6）

4. 设计心流式体验

好的产品往往能激发用户的心流体验，用户会为了持续地获得这种体验，会对产品产生依赖。心流理论强调当个人技能与任务挑战达到平衡，就容易产生心流体验。依据心流体验产生的三个步骤，我们从中提取五个设计要点：明确目标、适时有价值的反馈、游戏化设计、抓住注意力、提升控制感。（图1-3-7）

（1）明确目标

根据目标设置理论，目标本身就具备激励作用。明确的目标是为了告诉用户这个产品或是界面能够完成什么任务。大部分用户并不会去关心产品的架构是怎样的，他们更在乎这个产品或界面能帮他们完成怎样的任务。

（2）适时有价值的反馈

反馈也是让用户进入心流状态的关键因素。适时有价值的反馈可以避免用户意识流的削弱或中断，让用户明确自己的位置，如购物平台中的物流反馈等。

（3）游戏化设计

游戏化设计（挑战与技能的匹配）也是激发心流产生的最重要因素，可以理解为把游戏化融入产品设计中。这是让用户参与游戏化场景，并通过自己的努力获得成果。游戏化设计能够提升产品的吸引力，激发用户的兴趣，从而保证用户的心流体验。

（4）抓住注意力

通过突出内容、避免中断、功能性动效，将用户注意力集中在产品本身，使其不受外部因素影响。

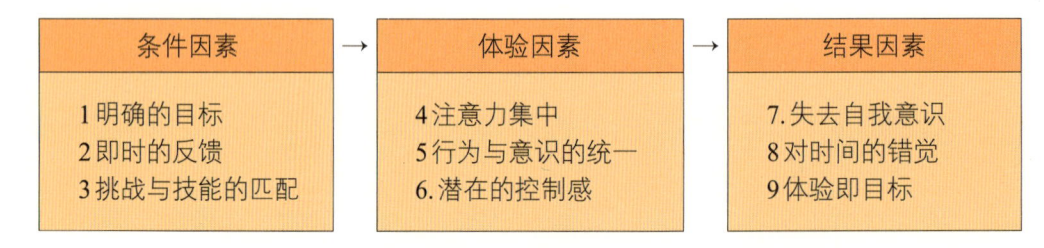

条件因素	→	体验因素	→	结果因素
1明确的目标 2即时的反馈 3挑战与技能的匹配		4注意力集中 5行为与意识的统一 6潜在的控制感		7失去自我意识 8对时间的错觉 9体验即目标

图1-3-6 心流体验的三个主要因素（图片来源于网络）

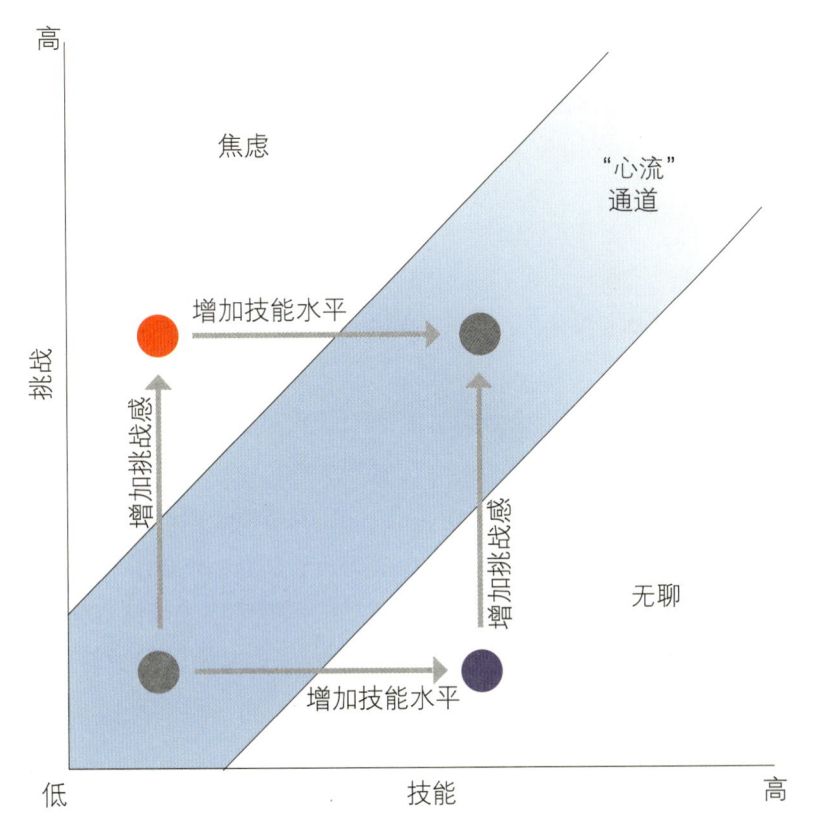

图 1-3-7 "挑战与技巧的黄金比例"就是图中的"心流通道"

以内容为中心：首先，降低视觉干扰，以提升内容的一致性和可理解性为设计目标。其次，更清晰的层次结构，让内容更容易被理解，通过强烈的视觉符号，引导用户同特定元素互动。

避免打断用户操作流：微博的中断设计就是一个很好的例子。应用的新消息列表显示了最新的内容。只要用户还停留在这个页面，应用就不会自动更新列表，只会在顶部显示一个N条新消息。这可以使用户在被中断后，重新使用时不丢失当前位置。右边in的这种小的气泡式的提醒也使用了比较轻量的设计形式，不会打断用户的操作。

适当的动效：在Readme的登陆页面上，输入框上面有只猫头鹰，当你输入密码时，上面这只猫头鹰会遮住自己的眼睛。在用户输入密码时，抓住用户注意力，也向用户传递了安全感。

（5）提升控制感

让用户在使用产品的过程中，不断获得成功体验，能够提升其自我的效能感，保持用户使用的满足感。

符合预期：用户可以凭借自己的本能，不需要过多思考，就能清楚预知和掌控接下来发生的事。

善意的欺骗（控制错觉）：设计师们长久以来都是在欺骗用户，很多产品都将欺骗用户（控制错觉）作为一种提升用户体验的工具。例如，当手机无网或弱网的时候，我们在对这个图片点赞后，操作界面上是显示成功的，但看上面还在"loading"（加载中）——事实上系统还没有上传这个信息，他的朋友也看不到这个信息。

容错性：通俗来说尽量防止用户犯错，以及当用户犯错后、依然可以提供解决问题的方法。例如，邮箱为了防止用户错误操作，在用户点击发送后提示"没有输入主题"信息，从而避免用户发送无主题邮件。

第四节　商业设计思维

学习目标

知识目标

1. 了解互联网思维的内涵和体系结构，了解互联网运营与传统运营的差异。
2. 了解4P、4C、4R、4S、4V、4I营销策略的差异。
3. 了解品牌定位的内涵。了解互联网品牌的定位策略、重难点、定位工具。
4. 了解品牌人格化的内涵。
5. 了解黄金圈法则的内涵。
6. 了解设计驱动式创新的内涵。

能力目标

1. 能够运用互联网思维来卖产品。
2. 能够识别三种消费行为AIDMA模型、AISAS模型、SICAS模型的差异。
3. 能够分析竞争格局、制定竞争策略。
4. 能够制定个性化定位策略、使用品牌三角形、品牌光谱等定位工具打造品牌。
5. 能够使用品牌个性5维度量表、品牌12原型理论分析品牌人格，打造优秀品牌原型。
6. 能够运用黄金圈法则分析项目、制定策略。
7. 能够运用设计思维构建创新型的商业模式。

素质目标

1. 具备良好的政治素养和道德素质、健康的身心素质、过硬的职业素质和人文素质。
2. 具备信息素养和团队协作能力，小组能协调分工运用品牌定位、品牌人格、黄金圈法则等商业设计思维的方法和技能完成任务。
3. 具备独立思考和创新能力，能运用品牌定位、品牌人格、黄金圈法则等商业设计思维针对项目特点创新性解决问题。

思政目标

1. 具有深厚的爱国情感和民族自豪感。运用商业设计思维讲好中国品牌故事。
2. 具有社会责任感和社会参与意识。运用商业设计思维凝聚集体的智慧，为人们美好生活的设计贡献力量。
3. 具有质量意识和工匠精神，用商业设计思维进行设计前置，整合创新，以匠心铸精品。
4. 培养严谨治学的科学态度与实事求是的辩证唯物主义思想，形成具有中外比较、开放的视野。

课前自学

案例导入

戴尔公司曾经这样宣传它的笔记本电脑：我们生产最牛的电脑，采用完美的设计和制造工艺以确保最佳用户体验，买一台吗？这个就是常规的宣传思路，告诉别人我们是干嘛的，我们的产品和服务与竞争者有什么不一样，然后我们期待用户采取行动，比如购买，电话咨询、收藏等。

而苹果公司则是这样的：我们一直坚信，我们所做的每一件事情都非同凡响，生而不同。我们一直在挑战传统，打破常规。所以我们在产品设计、工业制造和用户体验上花费了巨大精力，都是为了让我们的用户获得极致体验。我们所有的产品都遵循这一规则。买一台吗？

人们真正感兴趣的是"为什么要做这件事？"做这件事体现出来的信仰和价值观与他的追求一致，才是人们真正愿意付费的。（图1-4-1）

所以最重要的不是把你有的东西卖给那些你认为会对这些东西本身感兴趣的人，而是去卖给那些相信你为什么会做这些东西的人。黄金圈法则的思考

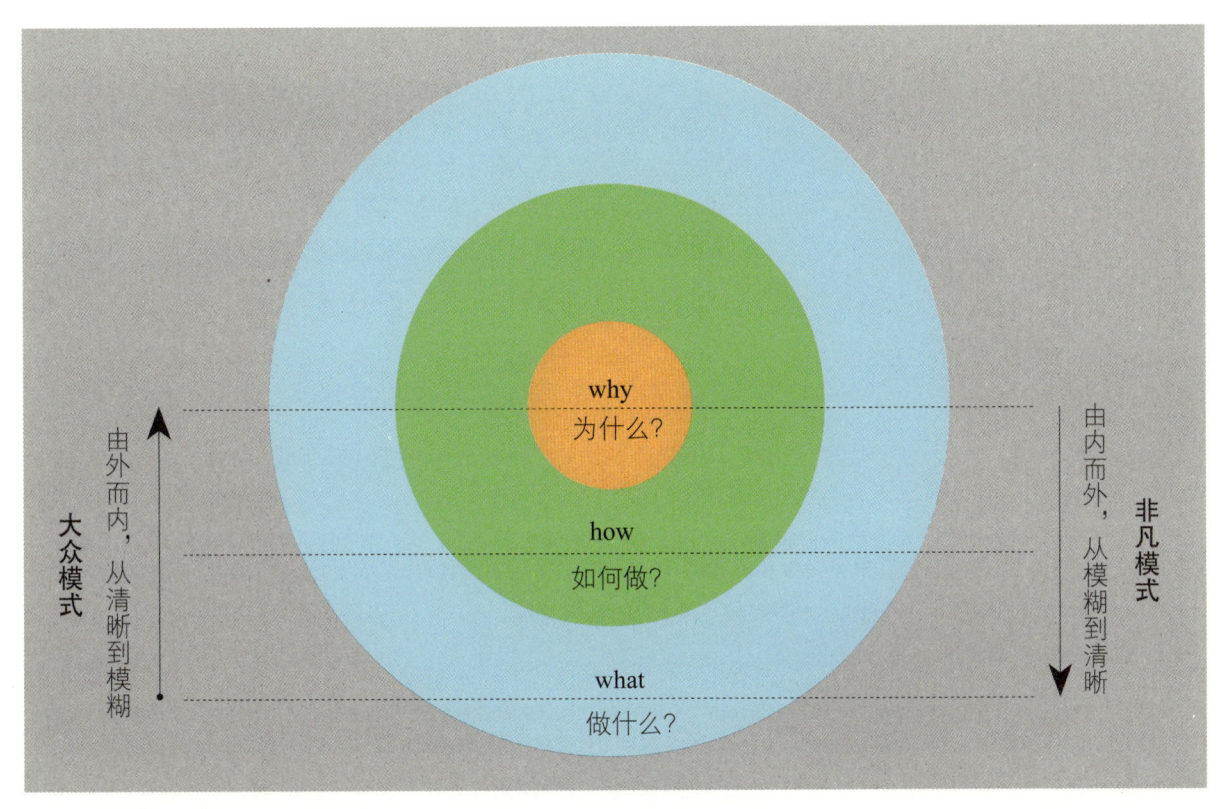

图 1-4-1 黄金圈法则

顺序是"从内向外",也就是按 why→how→what 的顺序思考。从原因出发,找到最优的产品和运营的逻辑。黄金圈法则中的 why 是指能激励用户的行动,这是做任何事情的底层逻辑,人们只会为了 why 行动。所以我们需要用愿景、价值观、信任来打动用户,能使得企业突破产品的限制并获得成功。

一、互联网运营

(一)互联网思维

互联网思维是指在(移动)互联网、大数据、云计算等科技不断发展的背景下,对市场、对用户、对产品、对企业价值链乃至对整个商业生态进行重新审视的思考方式。互联网思维的本质是商业回归人性。不是因为有了互联网,才有互联网思维,而是因为互联网的出现和发展,这些思维才得以集中性爆发。

人类社会每次经历的大飞跃,最关键的并不是物质催化,甚至不是技术催化,本质是思维工具的迭代。一种技术从工具属性到社会生活,再到群体价值观的变化,往往需要经历很长的过程。(图1-4-2)

(二)互联网思维的体系结构

互联网思维的本质是解决信息不对称问题,极大地提高了效率,消灭中间环节的方式重构商业价值链。随着互联网的快速迭代发展,互联网思维的体系结构可分为9类20法则。(图1-4-3)

现在的很多传统企业都患上了"互联网焦虑症",它们眼看着互联网公司做得风生水起,自己却无计可施,或者花了一大堆人力、物力、财力,也没能起到什么效果。

传统企业的互联网转型是一项系统工程,绝非

服务设计思维工具手册

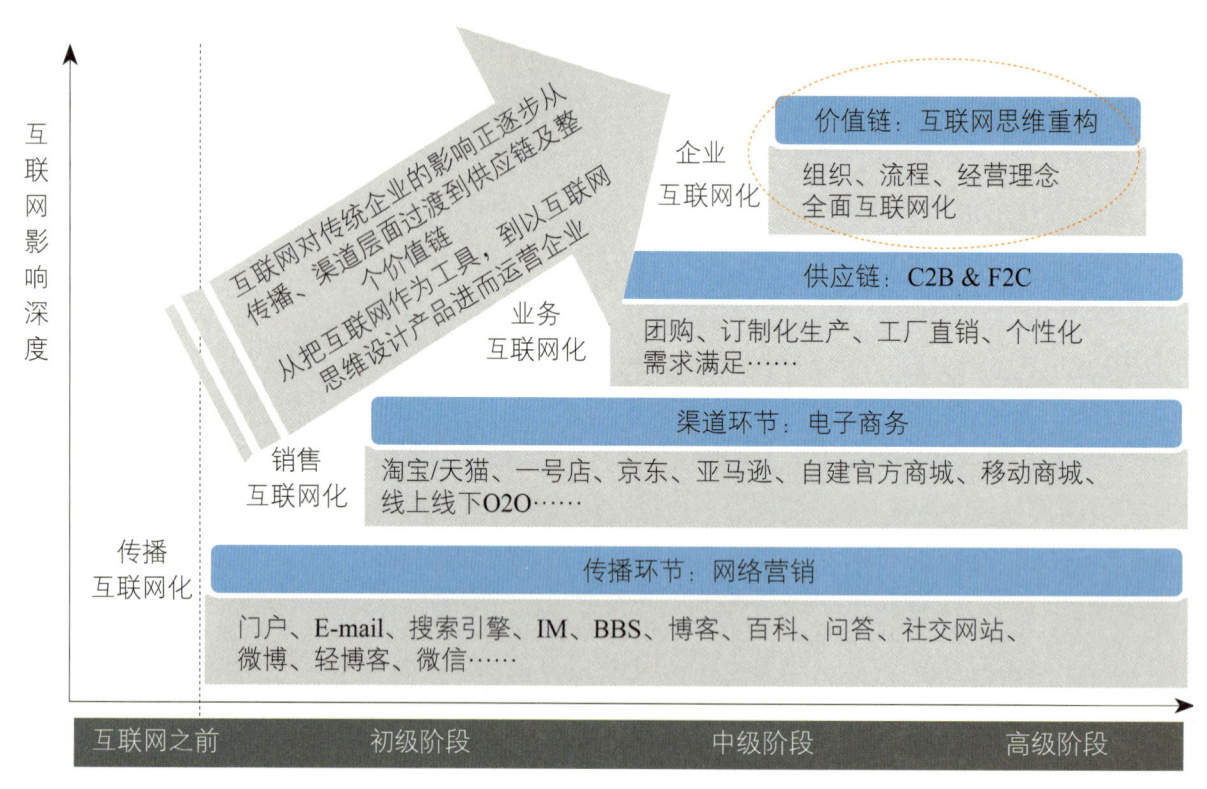

图 1-4-2 互联网对行业的影响程度

纵轴：互联网影响深度
横轴：互联网之前 / 初级阶段 / 中级阶段 / 高级阶段

互联网对传统企业的影响正逐步从传播、渠道层面过渡到供应链及整个价值链，从把互联网作为工具，到以互联网思维设计产品进而运营企业

- 传播互联网化 —— 传播环节：网络营销
  门户、E-mail、搜索引擎、IM、BBS、博客、百科、问答、社交网站、微博、轻博客、微信……
- 销售互联网化 —— 渠道环节：电子商务
  淘宝/天猫、一号店、京东、亚马逊、自建官方商城、移动商城、线上线下O2O……
- 业务互联网化 —— 供应链：C2B & F2C
  团购、订制化生产、工厂直销、个性化需求满足……
- 企业互联网化 —— 价值链：互联网思维重构
  组织、流程、经营理念全面互联网化

互联网思维

1. 用户思维
- 法则1：得"大众"者得天下
- 法则2：兜售参与感
- 法则3：体验至上

2. 简约思维
- 法则4：专注，少即是多
- 法则5：简约即是美

3. 极致思维
- 法则6：打造让用户尖叫的产品
- 法则7：服务即营销

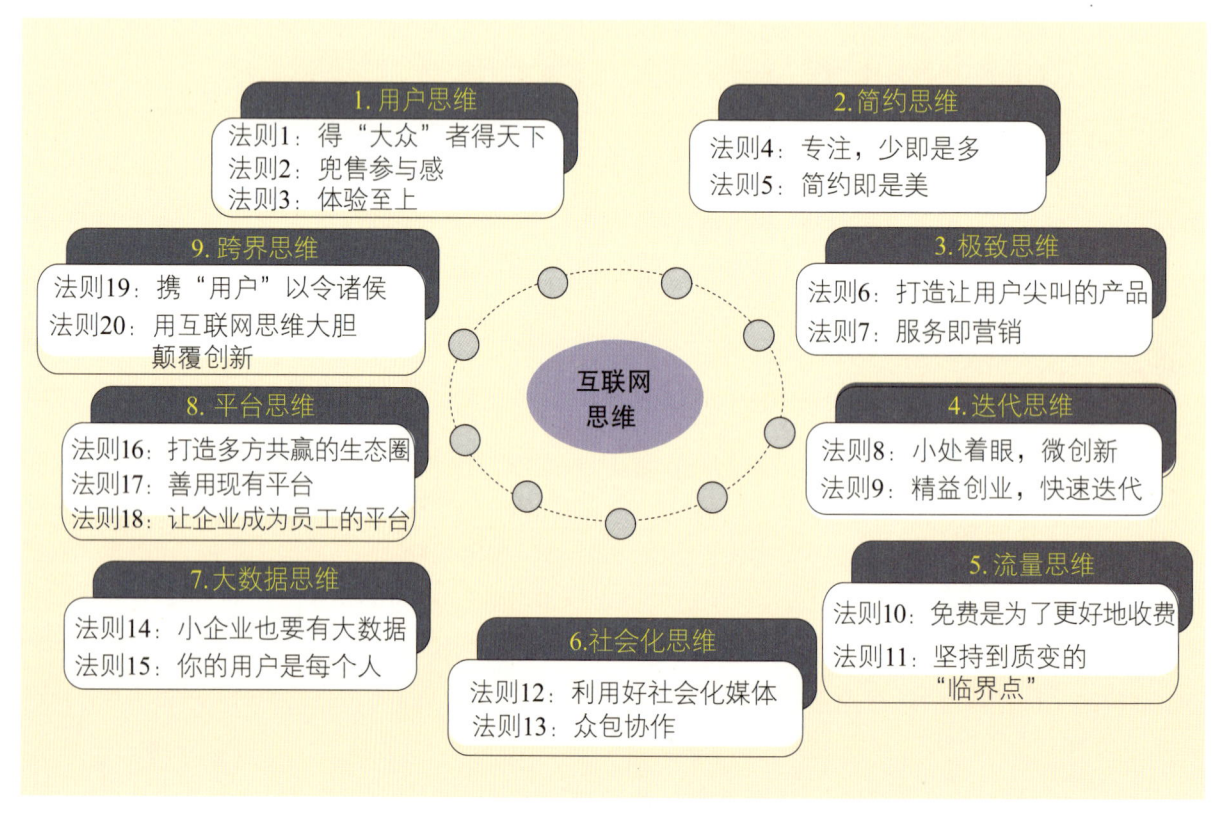

4. 迭代思维
- 法则8：小处着眼，微创新
- 法则9：精益创业，快速迭代

5. 流量思维
- 法则10：免费是为了更好地收费
- 法则11：坚持到质变的"临界点"

6. 社会化思维
- 法则12：利用好社会化媒体
- 法则13：众包协作

7. 大数据思维
- 法则14：小企业也要有大数据
- 法则15：你的用户是每个人

8. 平台思维
- 法则16：打造多方共赢的生态圈
- 法则17：善用现有平台
- 法则18：让企业成为员工的平台

9. 跨界思维
- 法则19：携"用户"以令诸侯
- 法则20：用互联网思维大胆颠覆创新

图 1-4-3 互联网思维 9 类 20 法则

表面的开个抖音、公众号、微博，或者开个网店这么简单。拥有系统的互联网思维才是转型的制胜关键。（图1-4-4）

1. 用户思维

用户思维是互联网思维的核心，指在价值链各个环节都要"以用户为核心"去考虑问题。互联网时代的到来，使人成为核心。互联网消除信息不对称，使得消费者主权时代真正到来。用户思维的三个法则：

（1）你的目标用户是谁？从市场定位来看，要找到并聚焦我们的目标消费者，互联网是典型的长尾经济，那么我们就一定要服务好互联网时代的"长尾人群"。

（2）目标用户要什么？从品牌和产品规划来看，需要找到目标消费者的需求。不仅仅是功能的需求，更重要的是情感的诉求，要清楚地洞察他们到底想要什么，做到感同身受。

（3）怎样满足目标用户的需求？全程"用户体验至上"，贯穿品牌与消费者沟通的整个链条。传统企业要用互联网的思维进行颠覆式创新，其中最为核心的就是对用户体验的颠覆：把复杂的变得简单，把昂贵的变得便宜，把收费的变为免费。

2. 简约思维

简约思维，简单来说就是：看起来简洁，用起来简化，说起来简单。少即是多，简约就是美。这在互联网产品的打造中，这个思维是非常重要的。

3. 极致思维

要打造让用户尖叫的产品。尖叫，就必须把产品做到极致；极致，就是超越用户想象！需求要抓得准，自己要逼得狠，管理要盯得紧。好产品会说话，一切产业皆媒体，人人都是媒体人。

4. 迭代思维

迭代思维包括两个方面：一是要快，产品开发要快，发展用户要快；二是要迭代，要快速地改进产品和体验，从小处着眼不断微创新。这样才能立足于市场，赢得竞争。从用户出发，从细节入手，贴近用户心理；在用户参与和反馈中逐步改进；可能你觉得是一个不起眼的点，但是用户可能觉得很重要。

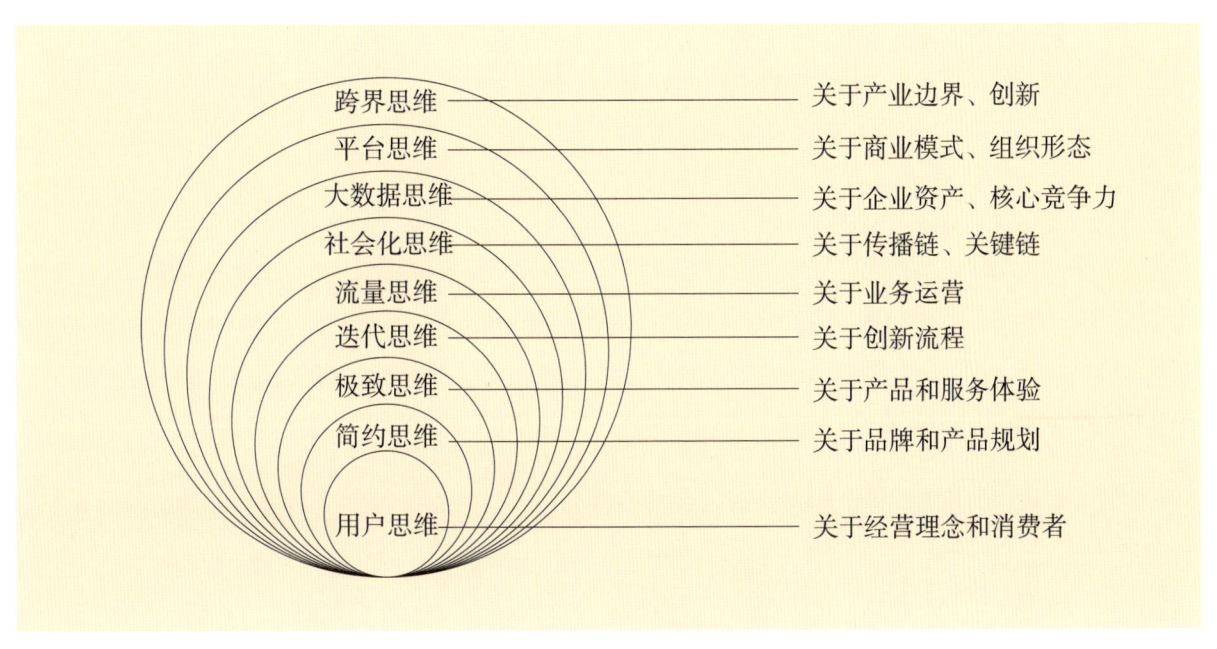

跨界思维	关于产业边界、创新
平台思维	关于商业模式、组织形态
大数据思维	关于企业资产、核心竞争力
社会化思维	关于传播链、关键链
流量思维	关于业务运营
迭代思维	关于创新流程
极致思维	关于产品和服务体验
简约思维	关于品牌和产品规划
用户思维	关于经营理念和消费者

图1-4-4　互联网思维体系

5. 流量思维

流量的本质就是用户关注度。如何获取更多流量是摆在所有企业面前的一大难题。要获取流量就必须颠覆原有的商业模式，在别人收费的地方免费；不直接向用户收费，转嫁费用承担者；不赚硬件的钱，通过软件和其他增值服务来收费。例如，免费使用社交软件聊天，替代短信的功能，免费看新闻文章，替代报纸、杂志，但是社交平台与信息平台是怎么赚钱的呢？通过免费的产品获取大量流量后，广告主成了费用承担者，平台向投放广告的个人和企业收费，用户免费。再如，不赚硬件的钱，通讯运营商提供充话费送手机的服务，基本相当于免费使用硬件。基础免费，增值收费；短期免费，长期收费；此处免费，他处收费等。

6. 社会化思维

所谓社会化思维是指组织利用社会化工具、社会化媒体和社会化网络重塑企业和用户的沟通关系，以及组织管理和商业运作模式的思维方式。微信、微博、抖音、小红书等，都是社会化媒体，也是现在大部分企业的必争之地。

对于企业来说，如果能"像自然人一样与用户沟通交流"是初级阶段，那么中级阶段就是"做一个有个性的人"了。以企业独有的"人格"魅力来保持粉丝对企业品牌持久的关注，如果同时还会发现机会，懂得借势，借热点事件扩大自己的影响，那就锦上添花了。（图1-4-5）

内容即广告，互动即传播。传统媒体的控制权逐渐消解，新媒体时代内容为王，消费者用转发、分享和点赞来投票。企业要善于制造话题，借势话题。

图1-4-5 "痛点→笑点→泪点→热点"

7. 大数据思维

亚马逊集团董事会执行主席杰夫·贝索斯说过：如果我的网站上有一百万个顾客，我就应该有一百万个商店。要明确的是你的用户不是一类人，而是每个人。每个人在网站上看到的内容是不一样的。大数据思维有三个法则：

（1）数据资产成为核心竞争力；
（2）大数据的价值不在大，而在于挖掘能力；
（3）大数据驱动运营管理。

8. 平台思维

平台是指在平等的基础上，由多主体共建的、资源共享，并能够实现共赢的、开放的一种商业生态系统。构建平台是一种思维，一种战略选择。平台模式的精髓在于打造一个多主体共赢、互利的生态圈。未来平台之间的竞争就是生态圈间的竞争。开放是平台成长的必由之路。生态圈的构建一定是各方参与共同完成的，不可能凭企业一家之力。平台成长"有投入期"，当投入到达一个阈值后，突然核裂变，快速成长。平台的参与者越多，平台越具有价值。

9. 跨界思维

主动拥抱变化，大胆颠覆式创新。未来，一个有价值的人是要具有跨学科背景的人，能够同时在科技和人文的交汇点上找到自己的坐标；而一个具有价值的企业，一定是手握用户和数据资源，能够纵横捭阖敢于跨界创新的组织。互联网发展带来的跨界现象，可以从三个方面去理解：第一，产业层面，虚拟经济和实体经济的融合，平台型生态系统的商业模式的发展，使得很多产业的边界变得模糊，即产业无边界；第二，组织层面，互联网的发展使得专业化分工日益明显，"虚拟化组织"的增多给传统的组织管理带来了挑战，组织的边界不再那么明显，即组织无边界；第三，在互联网时代，信息总量的爆炸式增长以及信息传播方式的便捷和迅速，大大消除了信息不对称。这使得我们每个人都主动或被动地进行跨界的知识储备，产品经理之类的跨界人才成为各大企业竞相追逐的对象，尤其是能够跨越传统产业和互联网的两栖人才，更是不可多得。

（三）传统运营与互联网运营的差异

互联网改变了渠道的地位，互联网赋予了个体更大的话语权。在互联网环境下，整个商业世界发生了变化：营销策略、营销产品、营销目标、营销场景、营销方式、销售渠道、商业模式上与传统运营都有了很大差异。（图1-4-6）

传统的推广营销更多地依赖于渠道，打广告，找代理商。但是互联网场景下并不是单一依赖于渠道的，更多的是依赖用户的参与、互动、认可。

传统的客户关系管理（Customer Relationship Management，CRM）目的是销售。CRM是点对点的，企业数据库，然后发短信，打电话，重点的线下拜访。互联网下的用户维系有更多的数据，互联网运营重视用户的转化漏斗，活跃度、留存率。互联网环境下，用户与用户之间是非常方便结成关系的。所以用户的口碑就更重要了，用户不是有好口碑，就是有坏口碑，没有中间，所以对企业端的要求更高了。

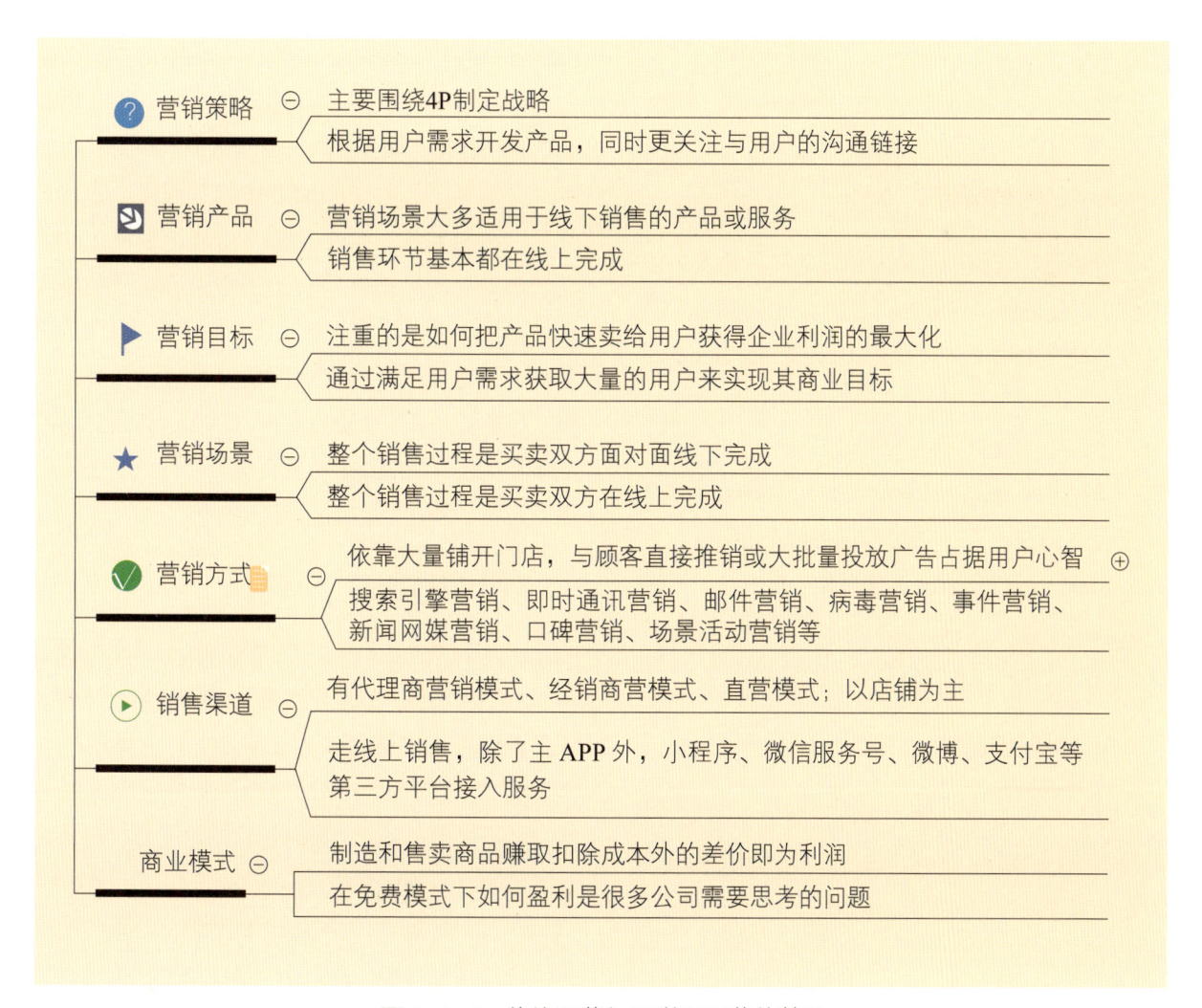

- 营销策略
  - 主要围绕4P制定战略
  - 根据用户需求开发产品，同时更关注与用户的沟通链接
- 营销产品
  - 营销场景大多适用于线下销售的产品或服务
  - 销售环节基本都在线上完成
- 营销目标
  - 注重的是如何把产品快速卖给用户获得企业利润的最大化
  - 通过满足用户需求获取大量的用户来实现其商业目标
- 营销场景
  - 整个销售过程是买卖双方面对面线下完成
  - 整个销售过程是买卖双方在线上完成
- 营销方式
  - 依靠大量铺开门店，与顾客直接推销或大批量投放广告占据用户心智
  - 搜索引擎营销、即时通讯营销、邮件营销、病毒营销、事件营销、新闻网媒营销、口碑营销、场景活动营销等
- 销售渠道
  - 有代理商营销模式、经销商营销模式、直营模式；以店铺为主
  - 走线上销售，除了主APP外，小程序、微信服务号、微博、支付宝等第三方平台接入服务
- 商业模式
  - 制造和售卖商品赚取扣除成本外的差价即为利润
  - 在免费模式下如何盈利是很多公司需要思考的问题

图1-4-6 传统运营与互联网运营的差异

（四）从4P、4C、4R到4I的营销策略

1. 4P营销策略

20世纪60年代，美国营销学学者密西根大学教授杰罗姆·麦肯锡提出了著名的4P营销策略：

①产品（product），产品的实体、服务、品牌、包装；

②价格（price），基本价格、折扣价格、付款时间、借贷条件等；

③渠道（place），分销渠道、储存设施、运输设施、存货控制等；

④促销（promotion），利用信息载体与目标市场进行沟通的传播活动，包括广告、人员推销等。

但4P理论没能把消费者的行为和态度变化作为思考市场营销战略的重点，不能完全适应市场的变化，使得这一理论只能是一种静态的营销理论。

2. 4C营销策略

1990年，美国学者劳特朋从消费者角度出发，提出了与传统营销的4P理论相对应的4C理论：

①消费者的需求与欲望（consumer need and wants）；

②消费者愿意付出的成本（cost）；

③消费者购买商品时的便利性（conveniece）；

④与消费者互动沟通（communication）。

4C理论的提出引起了营销传播界的极大反响，也成为后来整合营销传播的核心。但4C理论没有体现既赢得客户又长期拥有客户的营销思想。

3. 4R营销策略

21世纪初，美国营销学者艾略特·艾登伯格提出4R营销理论。它是以关系营销为核心4c营销理论，重在建立顾客忠诚，阐述了四个全新的营销组合要素：

①关系（relationship），通过沟通互动与顾客建立长期而稳固的关系，把交易转变成一种责任；

②节省（retrenchment），提高对市场的反应速度，及时做出反应来满足顾客的需求；

③关联（relativity），企业与顾客建立互助、互求、互需的关系，以此提高顾客的忠诚度；

④回报（retribution），企业在营销中不单要为客户提供价值，并需追求给企业带来短期或长期的收入。

4R理论强调企业与顾客在市场变化的动态中应建立长久互动的关系，以防止顾客流失，赢得长期而稳定的市场，但4R的关系营销仍是粗放型的。

4. 4S营销策略

4S营销是满意（satisfaction）、服务（service）、速度（speed）、诚意（sincerity）。

4S理论在严格意义上来说并不是一项针对市场的营销理论，更多的是对营销人的一种要求和标准。营销人在通晓4P、4C、4R营销理论之后，随经验和技能加深，而进一步以4S理论来深化自己营销思维及相关知识。4S市场营销策略则主要强调从消费者需求出发，建立起一种"消费者占有"的导向。它要求企业针对消费者的满意程度对产品、服务、品牌不断进行改进，从而达到企业服务品质最优化，使消费者满意度最大化，进而使消费者对企业产品产生相当的忠诚度。

5. 4V营销策略

进入21世纪以来，高科技企业、高技术产品与服务不断涌现，互联网、移动通讯工具、发达交通工具和先进的信息技术使整个世界面貌焕然一新。企业和消费者之间信息不对称的状态得到改善，沟通渠道多元化，越来越多的跨国公司开始在全球范围进行资源整合。

在这种背景下，4V营销组合论应运而生。培育、保持和提高核心竞争能力是企业经营管理活动的中心，也成为企业市场营销活动的着眼点。所谓

4V是指差异化（variation）、功能化（versatility）、附加价值（value）、共鸣（vibration）的营销组合理论。4V营销理论首先强调企业要实施差异化营销：一方面使自己与竞争对手区别开来，树立自己的独特形象；另一方面也使消费者相互区别，满足消费者个性化的需求。其次，4V理论要求产品或服务有更大的柔性，能够针对消费者具体需求进行组合。最后，4V理论更加重视产品或服务中无形要素，通过品牌、文化等以满足消费者的情感需求。

6. 网络整合营销4I原则

"整合营销"理论产生和流行于20世纪90年代，是由美国西北大学市场营销学教授唐·舒尔茨（Don Schultz）提出的。整合营销就是"根据企业的目标设计战略，并支配企业各种资源以达到战略目标"。传媒整合营销作为"整合营销"的分支应用理论，是近年兴起的。我国当代大众传媒呈现出一种新的传播形式，简言之，就是从"以传者为中心"到"以受众为中心"的传播模式的战略转移。整合营销倡导更加明确的消费者导向理念，因而，对我国传媒业的发展应该具有重要指导意义和实用价值。

在传统媒体时代，信息传播是"教堂式"，信息自上而下，单向线性流动，消费者们只能被动接受；而在网络媒体时代，信息传播是"集市式"，信息多向、互动式流动。声音多元，互不相同。网络媒体带来了"自媒体"的爆炸性增长，普通消费者也有了自己的"嘴巴"和"耳朵"。为了应对这些变化，传统营销方式像"狩猎"要变成"垂钓"：营销人需要学会运用"创意真火"煨炖出诱人的"香饵"，而品牌信息作为"鱼钩"巧妙包裹在其中。如何才能完成这一转变？网络整合营销4I原则给出了最好的指引。

（1）趣味原则（interesting）

互联网的本质是娱乐性的。在互联网这个"娱乐圈"中混，广告、营销也必须是娱乐化、趣味性的。制造一些趣味、娱乐的"糖衣"的香饵，将营销信息的鱼钩巧妙包裹在趣味的情节当中，是吸引鱼儿们上钩的有效方式。"伟大的网络营销，它身上流淌着趣味的血液！它不是一则生硬的广告，娱乐因此在它身上灵魂附体！"其中包括的情绪有幽默、煽情、庄严，无论哪一点做到极致都可以称为"interesting"。

（2）利益原则（interests）

天下熙熙，皆为利来；天下攘攘，皆为利往。网络是一个信息与服务泛滥的江湖。营销活动不能为目标受众提供利益，必然寸步难行。将自己变身一个消费者，设身处地、扪心自问，"我为什么参加这个营销活动呢？"这里需要强调的是，网络营销提供给消费者的"利益"外延更加广泛，我们头脑中的第一映射物质实利只是其中的一部分，还可能包括以下五个方面。

①信息、咨讯。广告的最高境界是没有广告，只有资讯。消费者抗拒广告，但消费者需要相关产品的相关信息与资讯。直接推销类的广告吃到闭门羹的几率很大，但是化身成为消费者提供的资讯则会好得多；面对免费利益，消费者接受度自然会大增。

②功能或服务。

③心理满足者荣誉。

④实际物质/金钱利益。

⑤……等待你来填写，相信你能发现更多！

（3）互动原则（interaction）

网络媒体区别于传统媒体的另一个重要的特征是其互动性，如果不能充分地挖掘运用这个"独特的销售主张"（Unique Selling Proposition，USP），还是沿用传统广告的手法，无异于新瓶装旧酒。必须充分挖掘网络的交互性，充分地利用网络的特性与消费者交流，才能扬长避短，让网络营销的功能发挥至极致。

数字媒体技术的进步已经能够实现以极低的成

本与极大的便捷性在营销平台互动。消费者完全可以参与到网络营销的互动与创造中。在陶艺吧中亲手捏制的陶器弥足珍贵，因为器物中已融入作者的汗水。同样，消费者亲自参与互动与创造的过程，会在大脑中留下深刻的品牌印记。把消费者作为一个主体，发起其与品牌之间的平等互动交流，可以为营销带来独特的竞争优势。未来的品牌将是半成品，一半由消费者体验、参与来确定。当然，探寻出两者间融洽的互动方式很重要。

（4）个性原则（individuality）

"个性"——individuality在网络营销中被无限放大。"大街上人人都在穿"与"全网独此一件，专属于你！"相比之下，专属、个性显然更容易俘获消费者的心。个性化营销，让消费者心理产生"焦点关注"的满足感，个性化营销更能投消费者所好，更容易引发互动与购买行动。在传统营销环境中，做到"个性化营销"成本非常之高，因此很难推而广之，是极少数高端品牌的奢侈品。但在网络媒体中，大数据让这一切变得简单易行，细分出一小类人，甚至一个人，做到一对一行销都成为可能，这一点在线上营销中尤为突出。（图1-4-7）

	4P+2P	4C	4R	4S	4V	4I
时代背景	经济短缺时代	经济饱和时代	新经济时代	品牌时代	品牌时代	体验时代
目标及导向	生产者导向，满足市场需求	追求顾客满意为目标	建立顾客忠诚为导向	消费者占有为导向	核心竞争能力为导向	顾客成长为导向
彼此排序及关系	我你	你我	我们的关系	为你的升级	自我的升级	顾客成就
内容	产品（product）	消费者的需求和期望（consumer）	顾客关联（relativity）	满意（satisfaction）	差异化（variation）服务、市场、形象	趣味原则（interesting）
	价格（price）	成本（cost）	市场反应速度（retrenchment）	服务（service）	功能化（versatility）核心、延伸、美学	利益原则（interests）
	渠道（place）	便利（conveniece）	关系营销（relationship）	速度（speed）	附加价值（value）技术创新、文化、品牌	互动原则（interaction）
	促销（promotion）	沟通（communication）	利益回报（retribution）	诚意（sincerity）	共鸣（vibration）	个性原则（individuality）
	政治力量（politicalpower）					
	公共关系（publicrelations）					

图1-4-7　4P+2P、4C、4R、4S、4V、4I营销策略的对比

（五）如何用互联网思维来卖产品？

一家拥有互联网思维的企业，首先要有个好名字。因为有话题才有互联网，正所谓酒香也怕巷子深。那么，如何把产品卖出高价？从产品开发的角度来看一下，要有使产品卖出高价的多维策略。（图1-4-8）

其次，我们再看一下从产业链的角度，如何用互联网思维进行转型升级？（图1-4-9）

从产品开发的角度卖产品

1. 卖产品本身的使用价值，只能卖3元/个	放在普通的商店，用普通的销售方法
2. 卖产品的文化价值，可以卖5元/个	设计成今年最流行款式的杯子
3. 卖产品的品牌价值，就能卖7元/个	将它贴上著名品牌的标签
4. 卖产品的组合价值，卖15元/个没问题	将三个杯子全部做成卡通造型，组合成一个套装杯。用温馨、精美的家庭包装，起名叫"我爱我家"，一只叫父爱杯，一只叫母爱杯，一只叫童心杯
5. 卖产品的延伸功能价值，卖80元/个不成问题	这只杯子的材料竟然是磁性材料做的，挖掘出它的磁疗、保健功能，将杯子与健康、养生建立概念联系
6. 卖产品的细分市场价值，卖188元/对也不是不可以	将那个具有磁疗保健功能的杯子印上十二生肖，并且准备好时尚的情侣套装礼盒，取名"成双成对"或"天长地久"，针对过生日的情侣
7. 卖产品的包装价值，卖288元/对卖得可能更火	把具有保健功能的情侣生肖套装做成三种包装：一种是实惠装，188元/对；第二种是精美装，卖238元/对；第三种是豪华装，卖288元/对
8. 卖产品的纪念价值，卖2000元/个	这个杯子被某名人用过，后来又被某航天员带到了太空。这样的同款杯子，卖2000元/个也很正常。这就是产品的纪念价值创新。
消费者往往购买产品时，除了产品本身的使用价值外，更多的是购买一种感觉、文化、期望、圈子、尊严、尊重、身份、社会地位等象征性的意义。	

图 1-4-8　从产品开发的角度卖产品

从产业链延伸的角度转型升级

	小陈馒头店出品的正宗大白馒头，纯手工制造，完美无瑕无懈可击。1元钱1个，10元钱可以买12个。生意好的时候一天能卖2000多个，生意不好的时候，也能卖500多个。
1.关联营销	只要你在店里买豆浆，馒头只需要5毛钱一个。豆浆成本3毛，卖1块钱一杯；这下他每天能卖3000个馒头+3000杯豆浆
2.免费战略	馒头不要钱免费送，只需要你买豆浆就行
3.UGC	来的人越来越多，馒头做不过来了。小陈买了台馒头机，只要买豆浆，就可以自己做馒头
4.增值服务	来的人更多了，只要你是老顾客，小陈提供小板凳遮阳伞，让排队变得更舒适
5.会员体系	对于订购一年豆浆的忠实客户，小陈开辟了会员通道，无需排队买豆浆
6.平台战略	人越来越多，小陈决定把隔壁的铺子也租下来打通
7.丰富产品线	隔壁的铺子不卖馒头、豆浆，只卖油条、稀饭
8.软文推广	小陈找人写了篇软文《人间自有真情在，白送馒头20年》，宣传覆盖面极大
9.融资、P2P、众筹	客人越来越多，小陈决定开连锁店 找银行贷款——融资 找亲戚、朋友借一圈——P2P 找客人借一圈——众筹
10.差异化服务	连锁店开起来，一家只有桌子、板凳，另一家全是真皮沙发，当然，高级的就餐环境中，产品也要贵5毛
11.补贴	看到馒头十分受客户欢迎，一条街上开了七八家馒头店。于是小陈店的馒头不仅随便拿，拿一个馒头还白送你2毛钱
12.流量变现	隔壁街的商场要来小陈门口发传单，小陈收一天2万

　　最后，小陈卖着豆浆、油条、稀饭，收着广告费，连锁店开遍了全城，在他的店里除了馒头不要钱，其他都要钱。这叫"互联网+馒头店"。

图 1-4-9 从产业链延伸的角度转型升级

二、品牌定位设计

（一）品牌现状分析

1.行业发展趋势研究

一个行业的发展趋势往往决定了该行业未来的前景，夕阳产业的利润远不及朝阳产业。研究行业发展趋势，是为了了解一定时间内行业发展的规律和轨迹，再进行行业发展方向预判，帮助企业充分发挥自身优势，顺应发展大势。直接购买行业数据报告，是了解行业发展趋势最简单的方法。也可以通过艾瑞网等行业数据平台，搜集相关已有的研究报告。

2.消费者需求与消费者行为研究

（1）用户画像

企业通过调研与数据的收集，分析得出消费者的自然特征、心理特征、行为特征等主要信息后，综合描绘出该品牌的消费者形态，这就是品牌的目标用户画像，从而指导该品牌有针对性地开展营销策略的制定与执行。

（2）消费需求探测

①显性需求

顾客有明显的购物倾向，比如进店就问奶粉、奶瓶、纸尿裤、辅食、玩具等，或者进店就表示自己为新生儿准备东西，或者告知宝宝缺钙、铁、锌，怎么办等，或者咨询宝宝厌奶怎么办等。一般而言，显性需求需要探寻即可，是最容易匹配的需求，也容易促成成交的需求。销售功夫不在需求本身，而在进一步的需求挖掘以及后期服务延伸的可能。

②隐性需求

顾客没有明显的购物意向，但确实有需要的产品；或者有显性的购物需求，但对具体细分需求等不了解。比如，顾客进店时小宝宝额头上有刚刚输过液的"痕迹"，顾客在食品区盲目地逛；顾客是孕妇，自称只是来看看、随便逛逛；顾客来买奶粉，但不知道选什么品牌；顾客有诸如奶粉、辅食等的品类需求，但没有品牌需求等。一般而言，隐性需求需要探寻和挖掘，甚至是激发和引导。这种需求往往是最普遍的一种，销售功夫在于良好地沟通，进一步地挖掘需求和匹配，促进彼此的了解。

（3）消费行为研究

研究消费者在消费行为过程中的表现，即他们如何决策，何种关键因素最终能触发他们的消费行为。（图1-4-10）

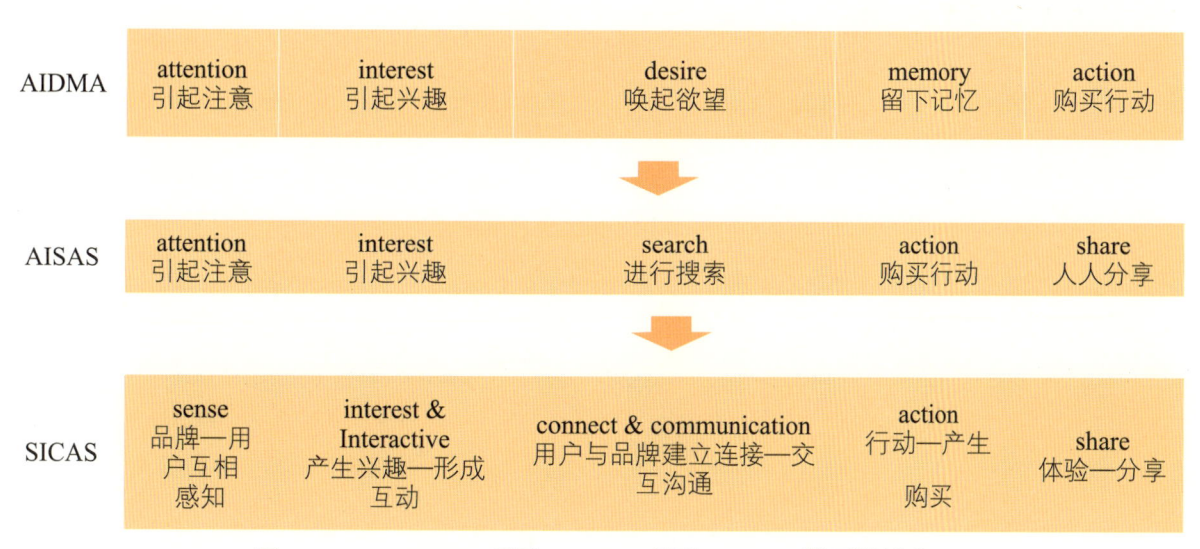

AIDMA	attention 引起注意	interest 引起兴趣	desire 唤起欲望	memory 留下记忆	action 购买行动
AISAS	attention 引起注意	interest 引起兴趣	search 进行搜索	action 购买行动	share 人人分享
SICAS	sense 品牌—用户互相感知	interest & Interactive 产生兴趣—形成互动	connect & communication 用户与品牌建立连接—交互沟通	action 行动—产生购买	share 体验—分享

图1-4-10 AIDMA模型、AISAS模型、SICAS模型的进化

服务设计思维工具手册

SICAS模型是全景模型，用户行为、消费轨迹在这样一个生态里是多维互动的过程，而非单向递进的过程。它由五个阶段组成：品牌—用户互相感知，产生兴趣形成互动，用户与品牌—商家建立连接—交互沟通，行动—产生购买，体验—分享。

3.竞争格局分析与竞争策略制定

分析竞争对手是巩固企业在行业中的战略地位的重要方法。

（1）竞争信息维度（图1-4-11）
（2）品牌竞争维度（图1-4-12）

信息维度	信息解读	自身决策
品牌知名度	品牌知名度一般能够反映市场占有率，它是决定自身品牌应以何种姿态进入市场的最重要的指标之一	一般来讲如果不是第一梯队，就要考虑顺延第一品牌的产品发展方向，进行自身产品开发，但要突出产品差异性
渠道布设	包括销售渠道质量与网点数量两个关键指标	根据自身企业的资源及战略目标，选择具体战术。例如：快速铺货占领空白网点，或者精耕某一区域市场
产品造型	吸引消费者的首要因素之一	技术成熟性行业，产品造型要新颖特别，富有创意
产品概念	吸引消费者的重要因素之一	对于技术型/功能型产品，或者同质化严重的产业，产品的核心概念是重要的决策依据
产品定价	成交环节的核心因素之一	定价就是对标策略，要根据竞争对手的价格进行定价和调价

图1-4-11 竞争信息维度结构

品牌地位	竞争姿态	竞争宗旨	核心动作
第一品牌	领导者	扛大旗、树标杆	要占据品类核心价值 要引领品类发展方向 保持唯一、坐稳第一
第一阵营二三位品牌	挑战者	顺大势、某小局	要顺应领导品牌的主导方向 要跟随领导品牌的品类方向 要打价格战/促销战/渠道战 伺机超越、取代第一
第二阵营品牌	颠覆者	小创新、划地盘	要进行品类分化/再造/小创新 要主导区域/特通渠道战 产品小创新、渠道做隔离
第三阵营品牌	跟随者	模仿秀、游击战	要跟随模仿品类核心利益 看准出击、随时调转

图1-4-12 品牌竞争维度结构

第一章 基础理论与概念

（二）品牌定位

1. 什么是品牌定位

定位是将产品能满足消费者需求的某个具体的属性或功效放置在客户心中，当消费者产生这类需求时，就会联想起这个品牌的产品。定位理论是杰克·特劳特和阿尔·里斯在1969年提出，早期用于广告和传播领域，后来延展到品牌创建，并进一步拓展到战略层面。虽然历经多次演变和发展，但定位的核心始终是从消费者心智出发，建立消费者对品牌的差异化认知。或者说，定位就是让产品在潜在顾客的心智中与众不同。到了战略层面，定位理论迎来最重要的方法论——分化（《品牌之源》2004）——"物种（品类）之间的竞争推动品类日趋分裂"，并由此提出了这一引领时代的概念——品类创新。

定位的目的是寻找自己的目标市场，只不过是从消费者心智之中寻找，方法是分化，并且进行品类创新，核心是不同和区隔形成差异化。默认两个基础假设，一是消费者的差异化和需求差异化，二是品牌或者某个产品不可能同时满足所有顾客。要以产品为出发点进行创新，根据已有的产品/服务进行人群细分、品类创新等。

以手机市场为例，手机的进化史就是细分史，或者是差异化史。早期，根据价格，手机市场细分出了高端机、中端机、低端机。后来，为了抢占更多市场，诺基亚、摩托罗拉、三星等根据阶层细分出了商务机、白领机、学生机，根据使用习惯细分出了翻盖、滑盖等。再后来，新入局者的步步高（vivo）和小米，一个以音乐手机定位，形成差异化。时至今日，尽管手机功能大同小异，但是不同人群需求不同，所以主打拍照、轻薄、续航、网络社交等各种定位的手机层出不穷。

2. 打造品牌个性化定位的策略

（1）功能定位策略

功能，即产品自身带有的各种属性：原材料、质量、性能、用途、包装、尺寸、价格、技术、外观、安装、维护等。如今，大多数产品功能都大同小异，要想从功能方面入手打造品牌个性，必须提炼产品最有特色、最具优势的利益点，使之与主要竞争对手或者其他同类的产品进行区分，让消费者形成独家记忆。

①直接采用新概念或新技术打造个性化定位

这是一种创新型的定位手段，着眼于市面上从没有过的、独一无二的属性，往往伴随着产品更新换代或者新技术研发，使得某个概念、功能点从无到有。这带有首创性特征，能够满足用户全新的需求。

比如：无线充电装备、折叠屏手机、自动驾驶汽车、新型加热剃须刀……这些技术有些尚未得到大范围推广，有些还处在研发测试阶段，甚至只是概念，前卫、新颖和稀少。再比如：某感冒药，率先提出"日夜分开服药"新概念，给用户提供了一个独特的功能：白天服用白色药片，既可以缓解感冒症状又保证精力充沛；夜晚服用黑色药片，则更有助睡眠。以此类新技术或新概念来做产品的定位，个性鲜明，能迅速占领用户心中的特定位置。

②从单一的产品功效打造个性化定位

产品能够为用户解决什么样的需求？带来怎样的使用效果？以此出发，寻找产品定位点。功效性定位策略，往往取决于产品的原材料。单个产品里面通常包含了不止一种使用效果，因此需要根据市场、用户、产品自身等情况，提炼出最具竞争优势的一个功效点进行定位。

比如，某凉茶饮品，以功效性定位方法，宣传其清凉祛火、清热解毒的作用。当炎炎夏日，或者食用火锅、烧烤时，来一罐佐饮，消暑、下火。再比如，功能性饮料，其功效强调是快速补充能量，

—77—

消除疲劳。以产品功效作为定位策略的，还应该为用户设定一个使用场景，带有强烈的画面感，使得定位更加清晰可辨。

（2）竞争者定位策略

以竞争品牌作参考对象，明确自己所处的市场地位（领导者、追随者、挑战者、补缺者）。然后对竞品的功能点、知名度、消费者忠诚度等进行深度分析，找到自身产品的独特优势或最突出的个性，作为定位的入手点。例如，价格上有优势时，以"同样的品质，价格更低"进行定位，满足用户追求性价比的心理。如果品牌起源时间足够长，以"正宗""老字号"等定位，展现品牌的历史传承，品质保证。除此之外，还有两个反其道而行之的竞争者定位策略，它们把个性化表现得淋漓尽致。

①对立式定位

以某一个或一类品牌产品为对象，借助其已有的定位、名气、声望、品质等，直接站在它们的对立面，进行反向定位。换句话说，就是要表达"大有不同"，以此把自己的品牌完全区分开，与竞争品牌泾渭分明，形成鲜明对比。

比如，1968年，七喜汽水提出"非可乐"的定位，使得它在当时可口可乐与百事可乐两分天下的饮料市场站稳脚跟，并分了一杯羹。七喜汽水也是一种碳酸饮料，如果挤在可乐的既有模式上将永无出头之日。于是借"非可乐"的定位，十分巧妙地把自己与市场领导者区分开来。也等于告诉消费者：碳酸饮料有两种类型，一种是"可乐"，另一种是"非可乐"，当你不想喝可乐时，"非可乐"七喜汽水是你的另一种选择。需要注意的是，对立式定位选取的对比品牌必须是知名的，甚至是要处在行业领导者的地位，知名度越高效果越明显。与对比品牌之间必须有一定的相关性，能让用户产生合理联想，比如同类竞品、互补产品等。

②不做第一，甘居第二

当品牌占有较大的市场份额，或是独占鳌头时，在定位策略上，通常会尽可能地凸显自己领导者的地位，采用"十大品牌""三大企业之一"这样的方式。当用户习惯了品牌强势定位的套路，突然看到"不做第一，甘居第二"这种反向操作，其新鲜感和好奇心也一同被勾起，并打下深刻烙印。明确承认同类中最富盛名的品牌，自己只不过是第二而已，这足够使人们对品牌产生一种谦虚诚恳的印象。

比如：艾维斯（Avis）租车的经典定位：我们是第二，所以我们更努力。在这个竞争激烈的时代，蜂拥而上的企业要么第一，要么争当第一。Avis租车完全不按套路出牌，它坦诚了自己某些方面的不足，而这又将自己的劣势转化为与市场第一品牌相关联的优势。有时候，在品牌定位上，放下骄傲和攀比，给自己留有空间和余地，可能会带来出其不意的收获。

（3）用户定位策略

用户定位策略即从品牌的目标消费者角度挖掘定位点。这涉及到消费趋势、购买动机、消费需求、消费习惯、消费者人口属性等方面。用户是品牌传播的对象，也是产品的购买者和使用者。用户定位策略将有助于品牌的进一步细分，触达更加精准的用户群。具体可以从使用者、使用场合、使用时间、消费者购买目的、用户生活方式、人口特征……这些方面入手进行相关定位。

①性别方面

顾名思义，就是以男性或者女性为细分的品牌定位，并在日常宣传推广中不断强化这样的定位。对某些产品或品牌而言，奠定一种性别形象将有利于稳定顾客群。比如，将市场定位于成功、成熟男士的某男装品牌，广告语即"男人的世界"。这便是把性别定位深深烙印在消费者心中，借此圈住了男性忠实用户。

②年龄层方面

对大多数品牌来说，年龄是极好的市场细分因素。利用这种方式去定位，找到产品中最具优势的、被同类产品所忽视或未发现的年龄层，这将明确标注出用户群体。比如，某产品将其定位为"新一代的选择"，显然是将富有激情、活力的年轻人作为定位对象。

3.互联网品牌定位策略

①定位以功能为基点

产品功能是产品的核心。产品之所以被消费，主要是因为它具有一定的功能，能够给消费者带来所需的使用价值和利益，满足消费者需求。如果某一产品具有特别的功能，满足消费者其他产品无法满足的需求，那么标定在该产品上的品牌价值就与其他同类产品差异化了。以产品独特的功能为依据来进行品牌定位，是能够显现品牌个性与独特形象的定位方式。

②定位以价格为基点

价格是厂商与消费者之间利益分配的最直接最显见的指标，也是许多竞争对手在市场竞争中乐于采用的竞争手段。由此推理，价格是品牌定位的有效工具。以价格为基点进行品牌定位，就是借价格高低给消费者留下一个产品高价或产品低价的形象。一般而言，高价显示拥有者的成功、地位与实力，比较为消费阶层的上层所青睐；低价才易获得普通大众的芳心。市场经济就是优胜劣汰，强者生存。没有竞争就没有发展，甚至威胁到企业的生存。进行价格定位，打价格战也是企业发展的一种策略。

③比附定位

比附定位是企业以消费者所熟知的品牌形象作衬托（或对照），反衬出企业自身品牌的特殊地位与形象的做法。就其实质而言，这也是一种借势定位，是借背景作参照物或比附对象的品牌之势，烘托自身品牌形象。

以比附定位方式进行品牌定位，会涉及比附对象问题。与谁比？这是问题的关键。如果与一个知名度较低的品牌比，不仅不利于提高自身品牌的知名度，反而有可能使被比的对方提高身价。因此，一般而言，比附对象主要是那些有较好的市场反响的知名度高的品牌。

比附定位能够成功的关键之处在于在"比附"之中明确了自己的市场地位与形象，便于消费者识别，同时借助比附对象，提升自己。

④定位以情感为切入点

情感是维系品牌的纽带，它能激起消费者的联想和共鸣。情感定位就是利用品牌带给消费者的情感体验而进行定位。有效的品牌建设需要与人建立恰当、稳固的情感联系。伟大的品牌都非常重视顾客的物质与情感需求。

然而，同数量庞大的顾客群体建立情感纽带，很难保证万无一失。正如美国品牌专家斯科特·德伯里所说："消极的情感反应后果严重，即便是只有一小部分顾客有这种反应，也可能产生强烈的影响。"这就要求企业在情感定位时，一定要走正能量路线。

⑤自我表现定位

自我表现定位是通过勾画独特的品牌形象，宣扬独特的品牌个性，使品牌成为消费者表达个人价值与审美情趣的载体。

⑥文化定位

品牌的内涵是文化。具有良好文化底蕴的品牌具有独特的魅力，能给消费者带来精神上的满足和享受。文化定位就是突出品牌的文化内涵，以形成品牌的个性化差异。文化定位可以凸显品牌的文化价值，进而转化为品牌价值，把文化财富转化为差异化的竞争优势，使产品在激烈的市场竞争中保持强大的生命力。

品牌定位的目的，是针对竞争对手确定有利位置，从而赢得消费者的选择。这个定义有两个非常重要的点：第一，找到你的竞争对手：任何阻拦消费者购买你产品的，都是竞争对手；第二，确定有利位置：在竞争对手的优势中探寻可再提升的空间。举个例子：智能扫地机器人定位的五道工序。（图1-4-13）

1.产品位置聚焦：我只卖扫地机器人	本着"宁精一丈路，不踏万里桥"的原则，在一个产品领域深耕。至少一旦踏入扫地机器人，我们的扫地机器人一定比别人的好。因为，我们只卖扫地机器人。
2.消费者位置聚焦：我只卖智能的扫地机器人	在这个信息碎片化时代，认清楚谁是自己的客户很重要。占有全部市场在现在这个时代基本上是个梦，只需要把握好那一小撮需要智能扫地机器人的客户，就已经很不容易了。
3.体验位置聚焦：你买到的每一个智能扫地机器人，都是最后一个智能扫地机器人	每个智能扫地机器人都有唯一的编号和云端档案，这传递给消费者一种独一无二的专属情怀，让消费者感到这个智能扫地机器人的唯一性。最大程度地让消费者感觉到自己被尊重与被重视。极致的体验系统通过细节塑造，让消费者如沐春风。 对于客户来说，想要的不仅是产品，而是一种独一无二的极致体验。
4.性格位置聚焦：好男人，会干家务	从这个角度出发，这个普通的智能扫地机器人不仅是工具，还彰显了丈夫对妻子的关爱、对家庭的呵护。 优秀的品牌一定是有情绪的，在人性化营销的时代，品牌与消费者之间的关系应该更具备情感化。开发出自己品牌的独特性格，就等于找到了市场上可以跟品牌产生强烈共鸣的受众群体。
5.价值位置聚焦：智能扫地机器人领域，我们最贵	价格的确定往往决定了一个产品价值的位置。 每一个固定价格下，至少要包含5个核心的价值支撑点。如唯一编号专属定制；从设计到成品，一个智能扫地机器人需要3个月的匠心打造；产品定期升级，终生保养维护等，都是价值位置聚焦的一些表现。 营销的体验是让消费者从出乎意料到恍然大悟的过程。从产品定位到性格定位再到价值定位，意外无处不在，最主要的在于要有足够的支撑点去弥补这种意外。

图1-4-13 智能扫地机器人定位的五道工序

4.互联网品牌定位的五个重难点

每个品牌都有自身产品，但不是所有产品都可以成为品牌，也不是有了产品、名字或标识就等于有了品牌。

首先要建立区隔性，让企业跳出完全竞争市场。我们常说品牌要有鲜明的识别，而识别主要包含两种意义——自明性和认同感。自明性，有别于他者的鲜明特征；认同感，和某些事物关联在一起。

第二要承载某些意义，让消费者降低决策的时间和风险。这是品牌在经济体系中另外一个巨大作用。品牌绝不仅仅是产品，而是消费者经验的总和。小到一句广告语、一句行销词，大到雇员关系与企业口碑，甚至是政府的认可和社会责任，这些都是消费者脑海中对品牌的认知，是消费者生活中各种经验的累加，（图1-4-14）是互联网品牌定位的五个重难点。

差异化利益点	设计必须与市场、竞争存在相对性,对消费者才有意义,定位是确立跟竞争对手的差异。
学会取舍	当你说你是给所有人用,其实对任何人都不适用。消费者要凭定位对号入座,定位本身就是一种取舍。
各元素相互支持	定位就是给品牌找一个独特的位置,主要是指品牌给目标消费群的一种感觉,是消费者感受到的一种结果。
消费者为核心	定位是存在于消费者脑海中,是消费者说了算数,是他们决定品牌/产品的位置,定位必须以消费者为核心,创造跟消费者的相关性。
不被产品局限	定位不一定是要在产品上动心思,而是要在潜在顾客脑海里动脑筋,把产品放进他们心中。

图 1-4-14　互联网品牌定位的五个重难点

5. 品牌定位的工具

下面介绍几个常用的品牌定位工具,用于初入行者练习品牌定位。

工具一:品牌三角形(图 1-4-15)

用一个简单句式来陈述品牌定位:我(xx 品牌)是_____,为了什么样的人,提供什么的服务。

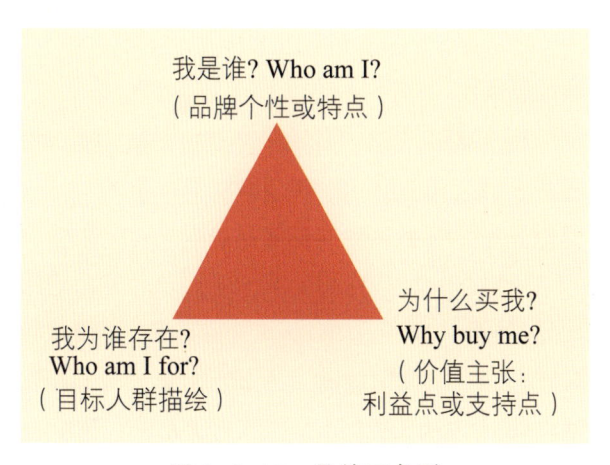

图 1-4-15　品牌三角形

品牌三角形的另外一种用法:自己的品牌(产品)可以为消费者提供其他竞品不能提供的有意义的利益,这就形象了品牌的独特销售主张(Unique Selling Proposition,USP)。(图 1-4-16)

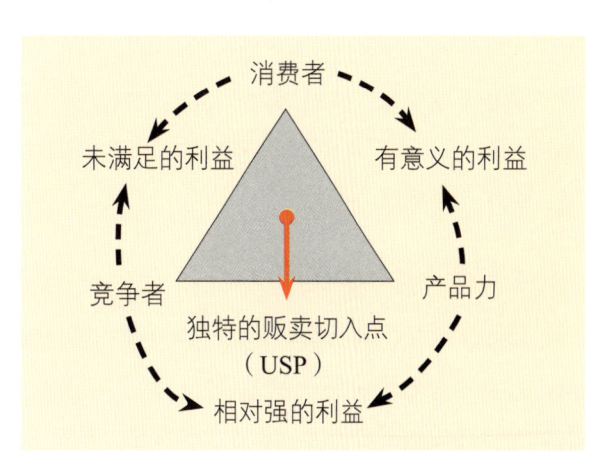

图 1-4-16　品牌的独特销售主张

工具二:品牌光谱

品牌光谱是品牌从具象向抽象演化的过程,即定位陈述在随外在环境变化而移动。(图 1-4-17)

CITI The Citi Never Sleeps	Google 搜索	HSBC 环球金融 地方智慧	FedEx 使命必达	Dove Real Beauty
7-ELEVEN 方便的好邻居	Gillette The best a man can get	SIEMENS Answers That Last	Nike Just Do It	LEXUS 追求完美 矢志不渝
基础设施/网络	产品/服务	专业/方法	提供者/主张	动机/价值观
我们在哪里？	我们做什么？	我们如何做到？	我们是谁？	我们为什么做？
愈趋具象				愈趋抽象

图 1-4-17　品牌光谱

（三）品牌人格化

1.什么是品牌人格化

品牌如人，一个品牌会是一个怎么样的人？我们可以把它的性别、性格、特长、偏好等，分别按照人的角度来设定。人格化并不等于单一的人物化，还要把品牌的价值观等精神层面的特质一并赋予品牌，让品牌的人格更加饱满，这就是品牌人格化。

品牌人格化可以唤起用户的情绪，并且拉近品牌与用户之间的距离，以此与客群间构建情感价值，继而产生情感共鸣。

2.品牌人格化适用的行业

品牌人格化一般用于产品同质化严重、决策简单、信息不复杂的行业，比如餐饮、服装等行业。这类产品往往感性价值要比理性价值要高，因此更需要进行品牌人格化。

3.品牌人格化的工具

（1）品牌个性五维体系

最早用归纳法研究品牌个性维度的学者是美国著名学者珍妮弗·阿克尔（Jennifer Aaker）。1997年，阿克尔第一次根据西方人格理论的"五大维度"，以个性心理学维度的研究方法为基础，以西方著名品牌为研究对象，发展了一个系统的品牌个性维度量表（Brand Dimensions Scales, BDS）。（图1-4-18）

在这套量表中，品牌个性一共可以分为五大维度——纯真、刺激、时尚称职、成功教养、迷人强壮，18个层面，51种人格。

（2）品牌12原型理论

工具三：品牌12原型理论塑造品牌个性

品牌原型是消费者对品牌的一般性稳定知识结构，是消费者产品类别化时运用的一组相关的产品特征或属性。（图1-4-19）

"品牌原型"这一理论最早是由美国学者玛格丽特·马克和卡罗·S·皮尔森共同提出的。这一理论认为，有生命力的长寿品牌是具有人格原型的。玛格丽特·马克和卡罗·S·皮尔森将品牌原型分为4类共12种，向往天堂（天真者、探险家和智者）、刻下存在的痕迹（英雄、亡命之徒和魔法师）、没有人是孤独的（平常人、情人和小丑）、立下秩序（照顾者、创造者和统治者）。每个人都在

5大维度	18个层面	51种人格
纯真	务实	务实，顾家，传统
	诚实	诚实，直率，真实
	健康	健康，原生态
	快乐	快乐，感性，友好
刺激	大胆	大胆，时尚，兴奋
	活泼	活力，酷，年轻
	想象	富有想象力，独特
	现代	追求最新，独立，当代
称职	可靠	可靠，勤奋，安全
	智能	智能，富有技术，团队协作
	成功	成功，领导，自信
	责任	责任，绿色，充满爱心
教养	高贵	高贵，魅力，漂亮
	迷人	迷人，女性，柔滑
	精致	精致，含蓄，南方
	平和	平和，有礼貌的，天真
强壮	户外	户外，男性，北方
	强壮	强壮，粗犷

图 1-4-18 品牌个性五维度量表

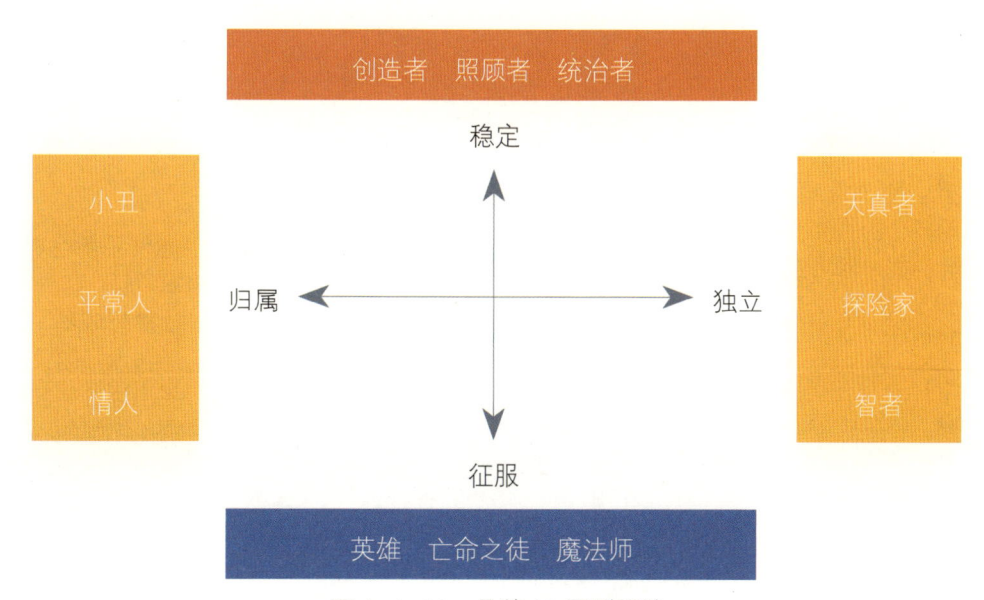

图 1-4-19 品牌 12 原型理论

一生中追求四个因素——稳定、独立、归属和征服的平衡。品牌原型理论就是以这四个动机为决定的原型。（图1-4-20至图1-4-23）

要运用原型打造品牌形象。越是简单的事物越有风格、个性，也越容易被人们记住。所以，企业应尽可能选择一个具有市场潜力的原型，以一种简单、充满个性的方式打造出一个迷人的品牌形象。

原型说到底仍是对"人性"的研究。要打造一个成功的品牌形象，就要求我们能更充分地理解人：需求、动机、喜怒哀乐，以及深层次的欲望，以便于打造一个有着丰满个性、积极向上的品牌人格。

建立品牌原型远比表面上看起来复杂。很多企业在原始积累过程中，在品牌建设、品牌推广中走过不少弯路，品牌形象不够集中，没有最终反馈到品牌原型，因此对品牌资产的积累效果往往不理想。

原型	天真者	探险家	智者
分析	渴望：体验天堂 目标：得到幸福 恐惧：做错事或坏事而招致惩罚 策略：正正当当做人 天赋：信心与乐观	渴望：自由地探索世界来找到自己 目标：体验更美好、更真实、更令人满足的 恐惧：受困、服从、内在空虚、虚无 策略：旅行、追寻和体验新事物、逃离枷锁与无聊 陷阱：漫无目地流浪，与社会格格不入 天赋：自主、企图心强、能忠于自己的灵魂	渴望：发现真理 目标：运用智能和分析来了解世界 恐惧：被骗、被误导、无知 策略：寻求资讯与知识、培养自我观察的能力、了解思考的过程 陷阱：可能会一直研究而不采取行动 天赋：智慧与聪明

图1-4-20 属于独立动机的三个原型

原型	英雄	亡命之徒	魔法师
分析	渴望：靠勇敢艰难的行动来证明自己的价值 目标：凭一己之力改造世界 恐惧：软弱、脆弱、任人宰割 策略：伺机变得强壮、干练、有力 陷阱：傲慢、没有敌人就活不下去 天赋：才干与勇气	渴望：复仇或革命 目标：摧毁（对亡命之徒或社会）没有用的东西 恐惧：软弱无能、平凡无奇 策略：颠覆、摧毁或震动 陷阱：投靠黑社会、以身试法 天赋：疾恶如仇、极端自由	渴望：能够了解世界或宇宙运转的基本原理 目标：让梦想成真 恐惧：无法预知的负面结果 策略：提出远景并加以实现 陷阱：产生宰制的心理 天赋：发现双赢的结果

图1-4-21 属于征服动机的三个原型

第一章 基础理论与概念

原型	平常人	情人	小丑
分析	渴望：和别人建立关系 目标：归属、融入 恐惧：与众不同、摆架子、到最后遭到驱逐或拒绝 策略：培养平凡的固有美德与平易近人的个性、打成一片 陷阱：为求融入群体而放弃了自我、却只换来表面上的关系 天赋：脚踏实地、容易感同身受、不虚伪	渴望：获得亲密感、感官享乐 目标：与所爱的人、工作、经验和环境维系关系 恐惧：孤独、没人要、没人爱 策略：在身体、心灵与其他各方面变得更具吸引力 陷阱：尽一切力量去吸引、取悦他人而丧失了自我认同 天赋：热情、感激、鉴赏力、承诺	渴望：快乐地活在当下 目标：玩得快乐、照亮全世界 恐惧：无聊、变得无趣的自己 策略：玩闹、搞笑、创造乐子 陷阱：浪费生命 天赋：欢乐

图 1-4-22 属于归属动机的三个原型

原型	照顾者	创造者	统治者
分析	渴望：保护他人免受伤害 目标：助人 恐惧：自私、不知感恩 策略：为他人尽心尽力 陷阱：牺牲自己，牵挂他人 天赋：热情、慷慨	渴望：创造者具有永久价值的东西 目标：让愿景具体 恐惧：愿景或执行结果平凡无奇 策略：培养艺术控制和技巧 陷阱：完美主义、误创 天赋：创造力和想象力	渴望：控制 目标：创造繁荣，成功的家庭、公司或社区 策略：发挥领导力 恐惧：混乱、被推翻 陷阱：摆老板架子、独裁 天赋：负责、领导力

图 1-4-23 属于稳定动机的三个原型

（3）优秀品牌原型的建立方法

①寻找品牌灵魂

把自己当成品牌的"传记作家"，提出以下这类问题：谁创立的？为什么？当时的文化大环境是什么？一开始的定位如何？这个品牌曾经最棒、最让人津津乐道的宣传是什么？多年来，消费者对这个品牌有什么联想？现在又有什么联想？品牌的内涵或价值中，有什么能赢过对手？通常，发掘一个品牌深层的内涵或灵魂——尤其是当这样的内涵与组织的价值一致时——会引导出一个非常真实、正确的原型定位，看起来好像不必再探究下去。

②寻找品牌内涵

第二步是分析，可以确保借由"挖掘"所得到的原型定位，也具备和产品或服务有关的事实基础——理论上，最好是实际的、现代的事实。当产品的特色并不能明确指出是哪一种原型定位时，仔细、深入的消费者调查就有其必要性，以发掘产品在日常真实生活中"产品固有剧本"的真相。这一类的调查不只是提供资料或资讯，而是要运用技巧、观点和分析能力去引导出真正的认识。

有些问题可能会进一步探索消费者和品牌间的关系，这些问题包括：这个品牌的主要功能或价值，能够清楚地传达出来，让使用者都明白吗？这个品牌属于高度参与，还是低度参与的产品类别？使用者是偶尔，还是会固定使用到这个品牌？消费者是不是会专门选择，或主要使用这个品牌，还是说，这个品牌只是消费者可以接受的众多品牌之一？消费者对这个品牌有什么感情？你是否想抓紧目前的生意，或吸引原本喜欢别家品牌的使用者转移到你这边来？或者你尝试以吸引他们认识你的品牌为手段，扩大此一产品类别的整体使用率？你是不是只想针对那些已经使用你的品牌的人，增加他们使用的频率？

③寻找竞争施力点

在今天这个喧闹的市场上，让人看不出特点的品牌将落入平庸之流，也难怪价格变成消费者选择的主要依据。例如，当咖啡品牌都在玩"照顾者"的各种变化时，某品牌的欧洲风味即溶咖啡就提供了一个"探险家"的定位，展现享受咖啡的刺激新方法给消费者。

④认识你的顾客

分析的最后一步，就是要确保该原型对你的目标对象，是真的贴切、真的有意义。虽然我们有些人对每一种原型都会有所反应，但特别的内容、情境或人生的转折点会凸显某一个原型特别有威力。

⑤保持正轨——管理你的"品牌银行"

等到品牌在市场上的原型地位已经厘清后，培养这一定位的过程，以及从中获利，必须小心加以管理。一个品牌就是对消费者丰富意义和善意的宝库。任何以品牌为名的行动或"提案"——不管是短期降价以吸引新用户，或是顾客关系文案、产品线的扩张——都是对这个品牌基本原型的培养、强化，或者是加以利用。

（四）品牌广告语

1.广告语的本质

品牌名称、品牌Logo、品牌广告语三者并称为品牌的核心传播符号。品牌广告语是品牌记忆的内容之一，承担着品牌建设与推广的重要作用。广告语字面意思是指用于广告传播的语言，包含标题和正文广告内容。广告语本质是消费利益，是消费行为指令。

2.广告语创作的技巧

（1）直接陈述切身利益；

（2）直接采用定位陈述；

（3）强调情感，强调感受，强调社会属性；

（4）放弃高度总结性语言；

（5）广告语最好包含品牌名；

（6）采用谐音使其顺口；

（7）采用比喻描述。

（五）品牌故事

1.什么是品牌故事

品牌故事，从商业化的角度来看，就是将品牌的价值观，通过品牌创始人经营理念、企业重大发展节点等情节的描述，串联成完整的故事链，是一种商业传播工具。要选择符合企业价值观、具有亲和力的故事，以增加消费者对品牌的认同。

2.品牌故事的主要形式

（1）创始人初心故事

创始人初心故事一般主要阐述创始人创立品牌的初衷，弘扬企业文化。它以情感为纽带贯穿企业经营模式和管理理念，将品牌愿景作为点睛，勾画出梦想蓝图，大多作为静态的品牌核心故事进行传播。

（2）事件型传播故事

事件型传播故事主要以品牌在发展过程中所发生的典型事件为原型，用以展现品牌价值观。适合诠释产品开发理念、品质控制理念、服务理念，一般作为动态的品牌故事进行多维度传播，尤其适合各种传媒进行互动。

3.品牌故事的写作技巧

首先品牌故事需要紧扣品牌定位，明确这个故事须要表达什么，要让消费者获取什么。其次可读性要强，有人物、有情节、有冲突、有情感。再次结构要清晰，叙事要到位，可借助5W2H方法（what、when、who、why、where、how、how much）。

（1）让人心动的文案套路

爆款文章的布局：故事＋道理＋鸡汤。爆款文章不等于纯粹的文学性作品，爆款文章是积极向上、广泛传播、有影响的文章。从故事代入，循序渐进带入一些哲理思考，最后再鼓舞激发。

（2）如何讲故事

讲故事，首先要有人听、有人愿意听，会被你感动。

①戏剧冲突

基于事实基础上的夸张，这样才能打动别人、打动读者，最终引发共鸣。

②细节满满

一定要有大量的形容词、动词和专有名词。细节决定成败，让内容更饱满、丰富、耐人寻味。

③丰富多样

当你描述一个道理的时候要用多个故事，举例子最好用三个不同的故事不同类型的人发生的事情来讲述一个道理。

三、价值观设计：黄金圈法则

（一）从"为什么"开始

某品牌产品的广告说"容量5G的MP3播放器"。这句话与"把1000首歌装进口袋"其实是一个意思，而差别在于前者告诉我们这个产品"是什么"，而后者告诉我们"为什么"需要它。

人类大脑最外层的新皮层，也就是我们的大脑，它对应的是"做什么"，负责的是理性思维、分析和语言。中间两层叫作边缘脑。这个区负责的是情感，比如信任和忠诚。它也负责所有人的行为和决策过程，但没有语言能力。（图1-4-24）

"做决策"和"解释决策的动机"是发生在两个脑核区的。当从外到内做沟通的时候，也就是先说"做什么"的时候，大脑能够理解大量的复杂信息，比如事实和特征，但这并不会是促使人采取行动。但是当从内到外沟通的时候，这直接对着控制决策的脑区说话，而负责语言的新皮层允许为这些决定找理由。

决策是大脑从内到外的过程，这些决策是从

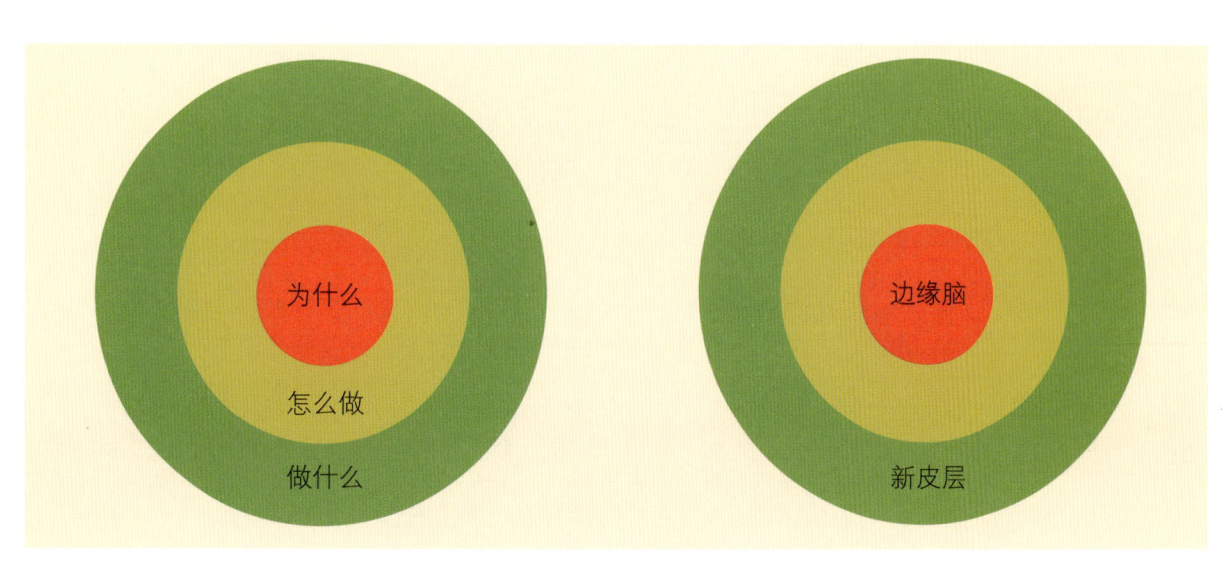

图1-4-24 黄金圈与大脑分析示意图

"为什么"开始的,也就是决策的情感部分。之后,理智的部分让买家讲出原因,或是找出理由。因此,对于那些没能直接传达"为什么"的品牌,大脑的决策时间更长、更困难,让不确定感更强烈。

以MP3为例,"梯子理论"匹配产品与用户需求:从产品属性、用户利益、用户心理利益、价值观匹配可信度和动机,越往下就越容易唤起动机。(图1-4-25)

能够清晰体现出"为什么"的产品给了用户一个表达机会,并以此告诉外部世界他们是谁、他们有什么理念。吸引人们购买的不是"你是做什么的",而是"你为什么这么做"。如果一家公司对"为什么"没有清晰的认识,外界就只能从"做什么"的方面了解,除此之外不会有更深入的看法。一旦出现这种情况,对价格、性能、服务或质量等因素的操纵,就成了差异化的主要手段。(图1-4-26)

当一个组织用"我是做什么的"来定义自己的

属性	"体积小,容量很大"
利益	"把1000首歌装进口袋"
心理利益	"随时随地,想听就听"
价值观	"我就是我,不受束缚"

图 1-4-25 "梯子理论"中的 MP3

产品性能梯子

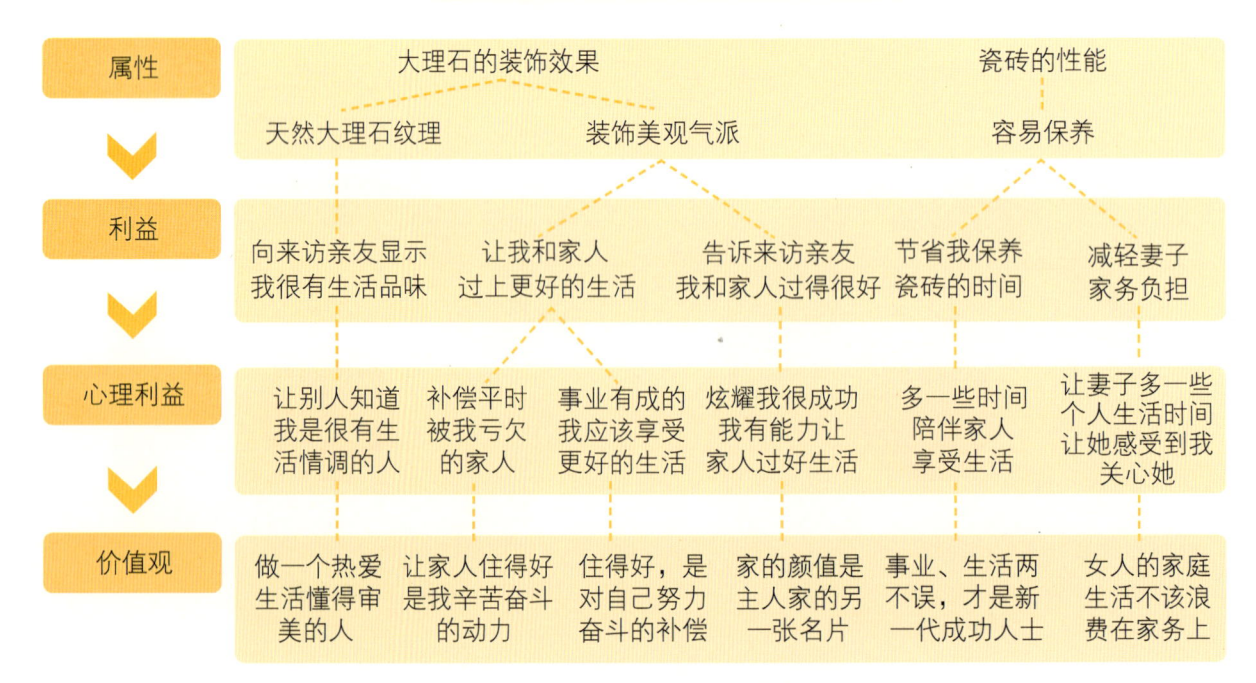

属性	大理石的装饰效果			瓷砖的性能	
	天然大理石纹理	装饰美观气派		容易保养	
利益	向来访亲友显示我很有生活品味	让我和家人过上更好的生活	告诉来访亲友我和家人过得很好	节省我保养瓷砖的时间	减轻妻子家务负担
心理利益	让别人知道我是很有生活情调的人	补偿平时被我亏欠的家人	事业有成的我应该享受更好的生活	炫耀我很成功我有能力让家人过好生活	多一些时间陪伴家人享受生活	让妻子多一些个人生活时间让她感受到我关心她
价值观	做一个热爱生活懂得审美的人	让家人住得好是我辛苦奋斗的动力	住得好,是对自己努力奋斗的补偿	家的颜值是主人家的另一张名片	事业、生活两不误,才是新一代成功人士	女人的家庭生活不该浪费在家务上

图 1-4-26 产品性能梯子

时候，就把自己限制死了，他只能做这个，不管他们的"差异化价值主张"如何定义，我们可以借鉴阶梯法和梯子理论来定义产品。（图1-4-27）

（二）神奇的黄金圈法则

黄金圈法则是美国营销顾问西蒙·斯涅克（Simon Sinek）在TED演讲中提出的一个用来阐释激励人心的领袖力的模型。它是一种以目标为中心的思维方式，强调要按照目标→方法→行动（why→how→what）的顺序思考问题。（图1-4-28）

why：为什么做一件事，是目标和信念
how：怎么做，是实现目标的途径
what：事情的表象，具体实施的动作

	阶梯法 科特勒：洞察用户动机	梯子理论 李靖：用户访谈模板
属性	表现属性（内在属性、外在属性） 抽象属性	对于这个产品，你最在乎什么功能？
利益	实用利益、功能利益、体验利益、财务利益、心理社会利益	为什么这个功能重要，能帮你实现什么目标/给你带来什么利益？
价值观	个人价值	你为什么在乎这个目标？

图1-4-27　阶梯法和梯子理论

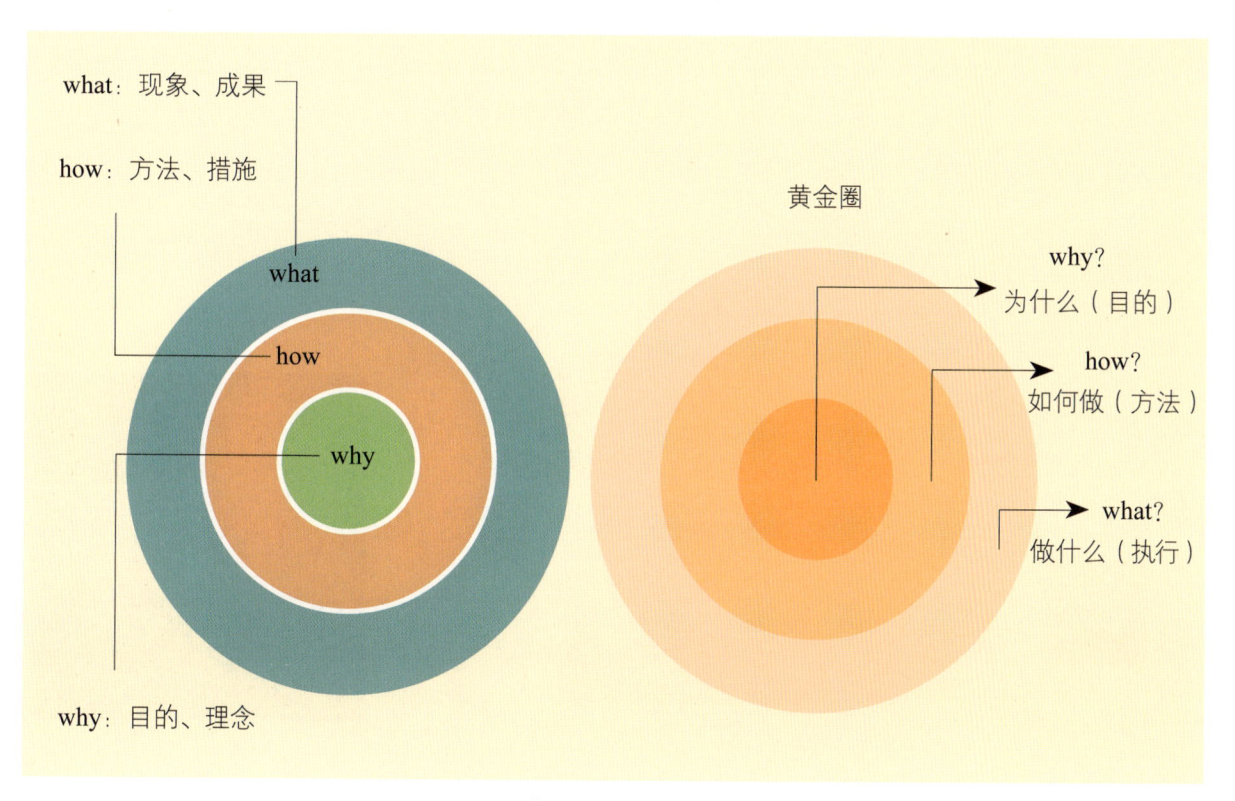

图1-4-28　黄金圈理论：why-how-what

服务设计思维工具手册

绝大多数人的思考、行动和交流的方式，都是在最外面的 what 圈层，也就是从做什么的圈层开始。而创造了伟大作品、引领了伟大变革的人，其思维习惯则恰恰相反。（图1-4-29）

（三）如何在工作和生活中使用"黄金圈"法则？

当你构思的时候，使用"what→why→how"。

拿到一个需求不要立刻动手画原型，先思考可能的本质（为什么有这个需求），想清楚每一个"0.1"，最终再汇总为"1"，形成方案。（图1-4-30）

策划产品功能时，一开始是不知道最终的形态是什么样的，所以你需要从零开始一点点地深入，积累每一个0.1，最终才能形成一个完整的1。

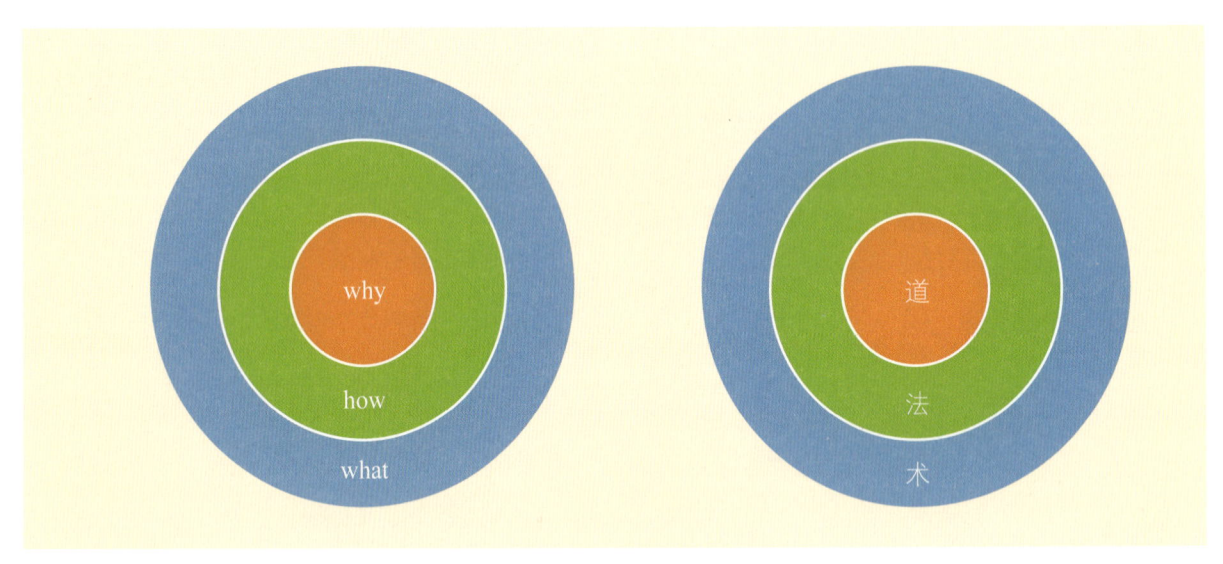

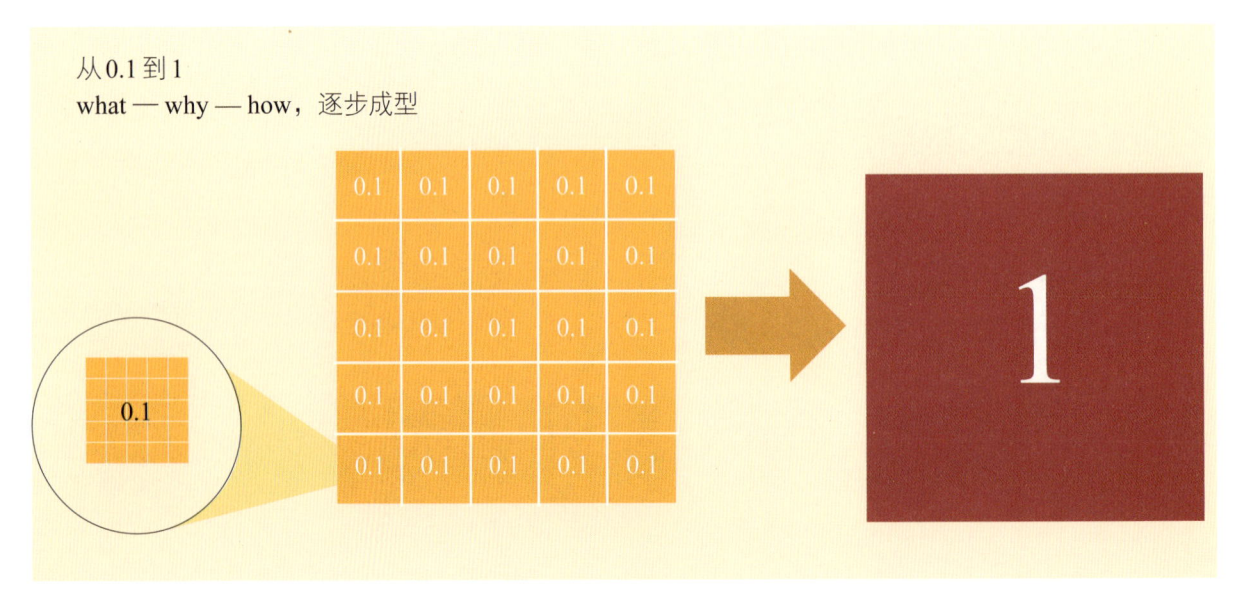

图 1-4-29　东西方的理解对应

图 1-4-30　"what → why → how"模式图1（图片来源于网络）

1.案例一：一个用户反馈功能的策划思考过程

（1）what

用户说需要一个反馈功能，但如果直接开发，可能并没有挖到用户真实的需求。

（2）why

我们继续去探索下，为什么用户会有这个需求？问用户为什么需要这个功能时，其实用户想要的并不是一个用户反馈的功能，而是一个帮助中心的功能，因为他不知道怎么去完成退货，APP里又不存在帮助中心。

（3）how

开始思考如何实现帮助中心，用Visio（微软的一款流程图软件工具和画图软件）梳理清楚，当有了清晰流程后，再用Auxre（一款专业的快速原型设计工具，是产品经理必备的工具）画原型。

在做产品过程中，问题会比上述的更为复杂，而且要规划的是整套产品的所有功能。将整套产品拆散给一个个的业务流，在每一个业务流里面去使用"what→why→how"。

2.案例二

老板说要做一个介绍公司的PPT，明天上午就要用！

如果你没有任何的思考，直接去做，即使你熬夜通宵，做出了一份"公司简史"，描述过公司从创立到现今取得的种种成就，公司的愿景、使命、价值观等，但第二天老板可能大发雷霆，因为你写的东西并不是他想要的。

你可以使用如下的方式思考：

what——做一个什么样的的PPT？

why——为什么需要做一个PPT？

老板说"明天上午有投资人过来，需要你写个PPT，介绍一下我们公司"，价值、愿景、使命这些带过就可以了，着重描述一下我们的产品。

需求明确了，老板是想通过介绍我们公司的产品来获得投资人的青睐，所以你应该思考投资人希望看到什么。例如产品的市场占有率、增长率、日活跃等，展现产品在市面上蒸蒸日上的感觉。

how——将上述你思考的需要给投资人看的点通过PPT描述出来。

3.总结

当设计一个东西的时候，东西不存在，是"0.1→1"的过程，用"what→why→how"（图1-4-31）去思考整体流程。而当去探寻一个已知的事物的时候，实现"0.1→0.01"逐步拆解的过程，用"what→how→why"的方式。

案例一中用了"what→why→how"的过程；而"why"这一步去探寻用户的需求的时候，是站在"用户的视角"，用"what→how→why"去深挖。

案例二这个PPT，当不明确要写什么内容的时候，你要去创造它，我们用了"what→why→how"的流程；当你在思考"why"时，是去思考"投资人"想要看什么，使用"what→how→why"的方式去深挖，讲解PPT，展示公司的实力。

所以，当你在创造时，从"0.1→1"，用"what→why→how"的大流程（图1-4-32），逐渐地将每个0.1拼接起来，成为1；但当你要深挖需求的时候，实际就是要深入的每一个"0.1"，你要切换视角，将自己作为需求方去思考"what→how→why"，去深挖。两种思维方式实际在使用过程中是不断切换使用，不断地将每一个"0.1"思考透彻，最终逐步汇聚成"1"。

（四）黄金圈加持，人生无极限

1.从"为什么出发"

马克·吐温说过："人生中最重要的两天是你出生的那天，以及你找到人生目的的那天。"找到

策划［用户反馈］功能case

产品人员角度　　　　用户角度

what　　　　　　　　what　　2.1 我（用户）需要用户反馈

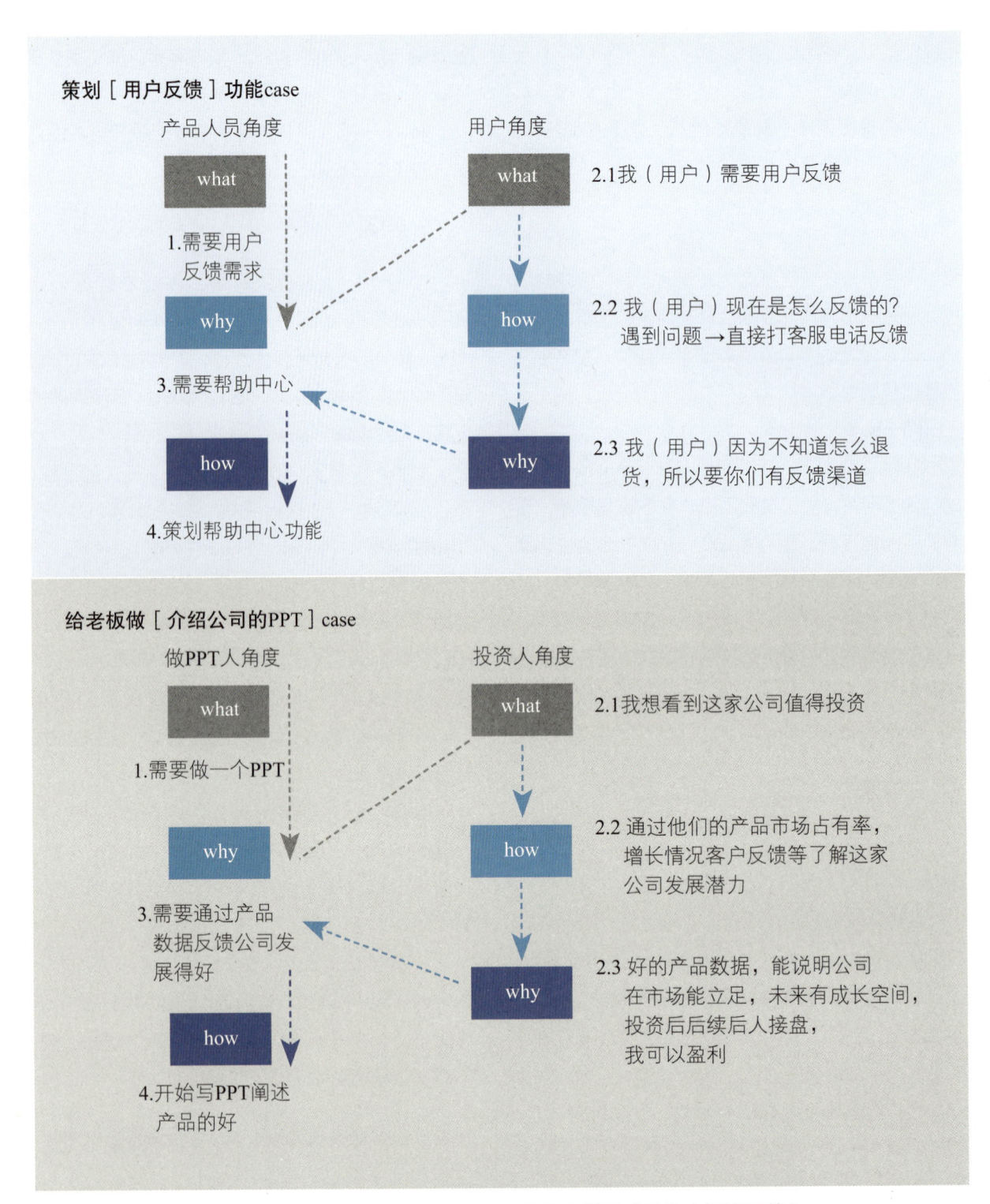

1.需要用户反馈需求

why　　　　　　　　how　　2.2 我（用户）现在是怎么反馈的？遇到问题→直接打客服电话反馈

3.需要帮助中心

how　　　　　　　　why　　2.3 我（用户）因为不知道怎么退货，所以要你们有反馈渠道

4.策划帮助中心功能

给老板做［介绍公司的PPT］case

做PPT人角度　　　　投资人角度

what　　　　　　　　what　　2.1 我想看到这家公司值得投资

1.需要做一个PPT

why　　　　　　　　how　　2.2 通过他们的产品市场占有率，增长情况客户反馈等了解这家公司发展潜力

3.需要通过产品数据反馈公司发展得好

how　　　　　　　　why　　2.3 好的产品数据，能说明公司在市场能立足，未来有成长空间，投资后后续后人接盘，我可以盈利

4.开始写PPT阐述产品的好

图 1-4-31　"what → why → how" 思维流程图（图片来源于网络）

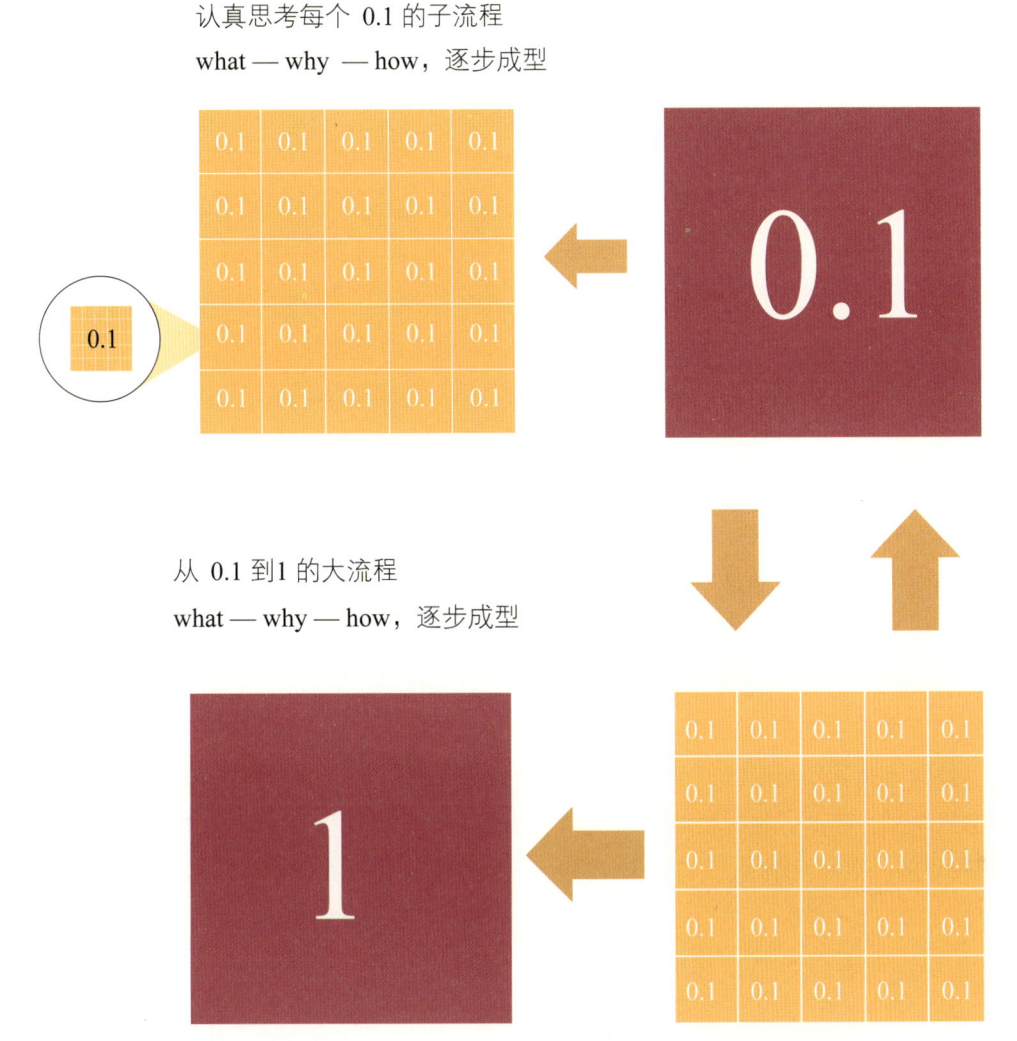

认真思考每个 0.1 的子流程
what — why — how，逐步成型

从 0.1 到 1 的大流程
what — why — how，逐步成型

图1-4-32 "what→why→how"模式图2（图片来源于网络）

人生目的，其实就是想清楚：你的目的是什么，你的动机是什么，你的信念是什么？

人生如此，工作也是一样。准备开始一个项目时，先问自己why：开始做这个内在动机是什么？符合你的价值观吗？完成它对你有什么深远的影响？why的思考就是要牢牢把握住事物的大方向。

接下来再问自己how如何来做，设定正确的方法或路径；最后问what具体做什么，把任务分解到具体的步骤，从而确保目标的有效实现。

2.利用黄金圈法则，转变工作心态

在职场上，普通员工只能听吩咐，永远都做在完成what任务的状态。优秀员工能经常思考why：领导对这个任务的态度是什么？我要如何去把这个任务完成得更加出色？完成这个任务的我仅仅是为了可以向老板交差吗，对我来说有什么意义？当我们学会先花五分钟把这几个问题想清楚时，我们对待工作任务的心态也会得到彻底改变。

3.利用黄金圈法则来影响和激励他人

《小王子》中有这么一句话：如果你想造一条

船，不要急着找人来收集物料，不要给他们分配任务和工作，而是要激发他们对大海的渴望。在职场上，一个普通管理者只能每天不断地分配任务（what），一个优秀的领导则能让下属明白我们为什么要这么做（why）。

四、基于设计思维的商业模式创新

（一）颠覆传统挖掘产品内在意义

以往传统的设计创新方式是根据用户的诉求及痛点，由设计团队进行访谈、调研、分析得到用户核心需求和设计机会点，在此基础上确定设计定位和设计方向，解决的大多是一些普遍存在的表面性问题。究其根本，并不能为用户带来颠覆式的体验和完全行之有效的解决方案。当然，在以"产品经济"为主导的批量化生产状况下，产品同质化现象繁多，导致用户对产品的创新要求往往也不会太苛刻。因此，设计团队大多都采用类似的创新方法，引导和输出这样一种创新成果。

马斯洛将人的需求分为生理需求（phy-siological needs）、安全需求（safety needs）、归属需求（social needs）、尊重需求（respect needs）、自我实现（self actualization）五类（图1-4-33）。随着社会经济和消费规模的增长，用户的消费需求也由物质需求向精神需求和情感需求的层面上升。如马斯洛需求层次理论所示，在设计创新过程中，要关注的不仅是产品和用户的基本需求或者说是需求表象，更要关注用户隐性的情感需要，打造更加卓越的用户体验。

基于这样的发展趋势，在消费市场中商业模式和产品研发也在不断寻求新的发展方向，各领域专家学者也都提出了各自的见解。其中，由学者Verganti教授提出的设计驱动式创新，是一种在技术革命驱动式创新和市场需求推动的渐进式创新外的第三种创新模式。

设计驱动式创新要求企业先要勾勒出未来发展的蓝图，描绘出全新的经营理念，然后通过产品将品牌理念传递给消费者。设计驱动式创新理论要求设计工作者跳出自己的设计领域，破除设计中经常提到的以人为本设计理念的枷锁去做设计。（图1-4-34）

图1-4-33 马斯洛需求层次理论

第一章
基础理论与概念

三种创新模式比较

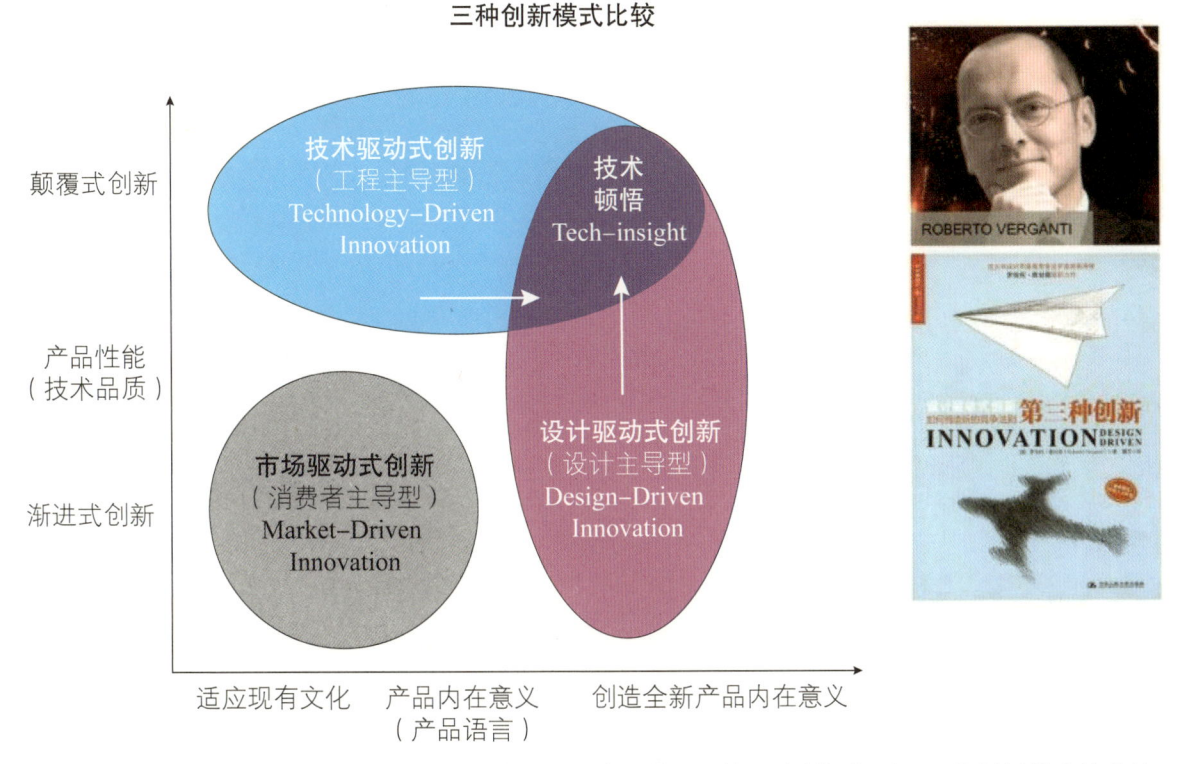

图1-4-34 罗伯特·维甘蒂教授著作《设计驱动式创新：第三种创新》以及三种创新模式的比较

（二）设计思维与商业模式创新方法

1.商业模式创新方法趋势分析

设计思维是一种以人为本的解决复杂问题的创新方法，它利用设计者的理解和方法，将技术可行性、商业策略与用户需求相匹配，从而转化为客户价值和市场机会。它要求设计师"以人为中心"，观察用户在心理、环境双重作用下的行为，以团队合作形式解决问题，获得创新，以此持续让无形灵感变成可视化创意，从而不断设计出能打动用户的产品。设计思维不仅是产品、服务和体验发展的重要因素，同时也是商业、组织和管理中的重要组成部分。设计思维作为一种战略创新工具，通过作用于企业文化及战略、业务流程等各个层面，给予企业可持续的竞争优势。（图1-4-35）

2.传统商业模式制订和创新

传统商业模式制订和创新主要依赖"技术驱动"：一是通过新技术、新材料的发明来创造新产品，在此基础上开拓其应用空间将其市场化；二是依赖新技术，通过产品成本最小化、产品性能和可用性最大化来减少输入、扩大输出，从而增加产品竞争力。（图1-4-36）

以上两种模式就是早期商业模式的代表。考虑问题从"企业能提供什么"出发，针对商业增值做出的改变也往往局限在产品领域，缺少对人的考虑以及系统化的思考。这种商业模式本质上是"先果后因"的逆向过程，虽保障了产品生产，却难以避免市场调控风险；其对技术的依赖还存在很大的偶发性（技术革新的不确定性）。曾经的手机界霸主诺基亚就是这样一家专注于技术研发的企业，它曾在全球设有12个分支研究院，申请了3000余项专

-95-

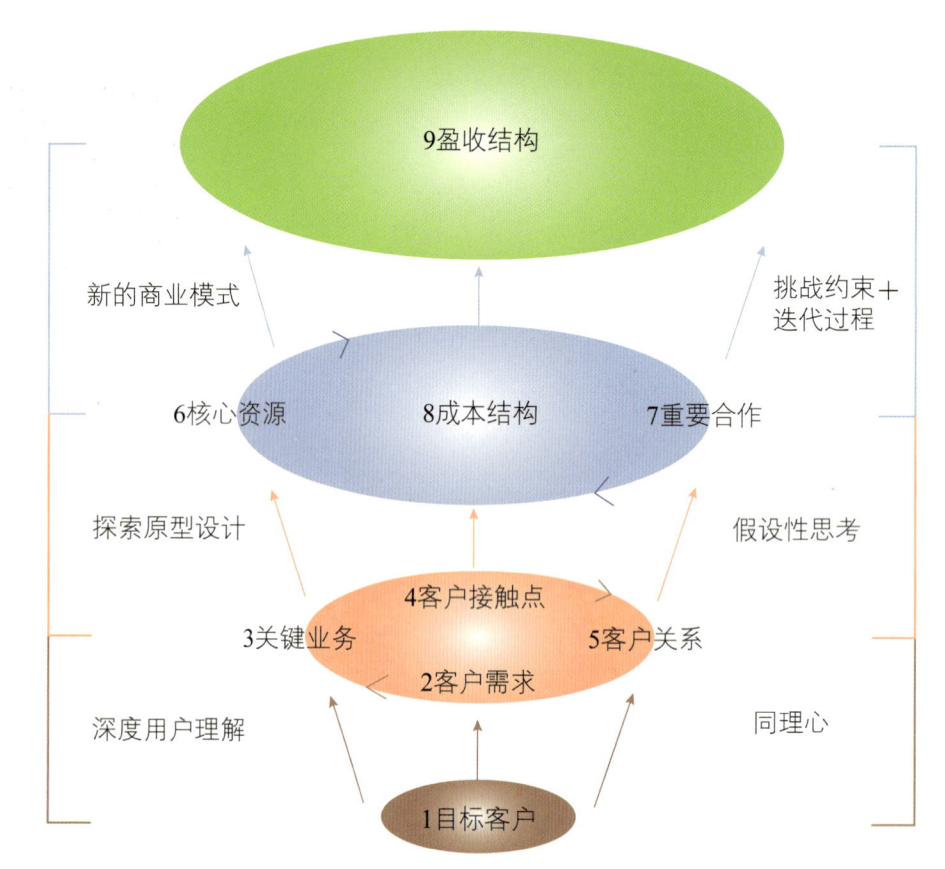

图 1-4-35　以客户为中心的商业模式结构

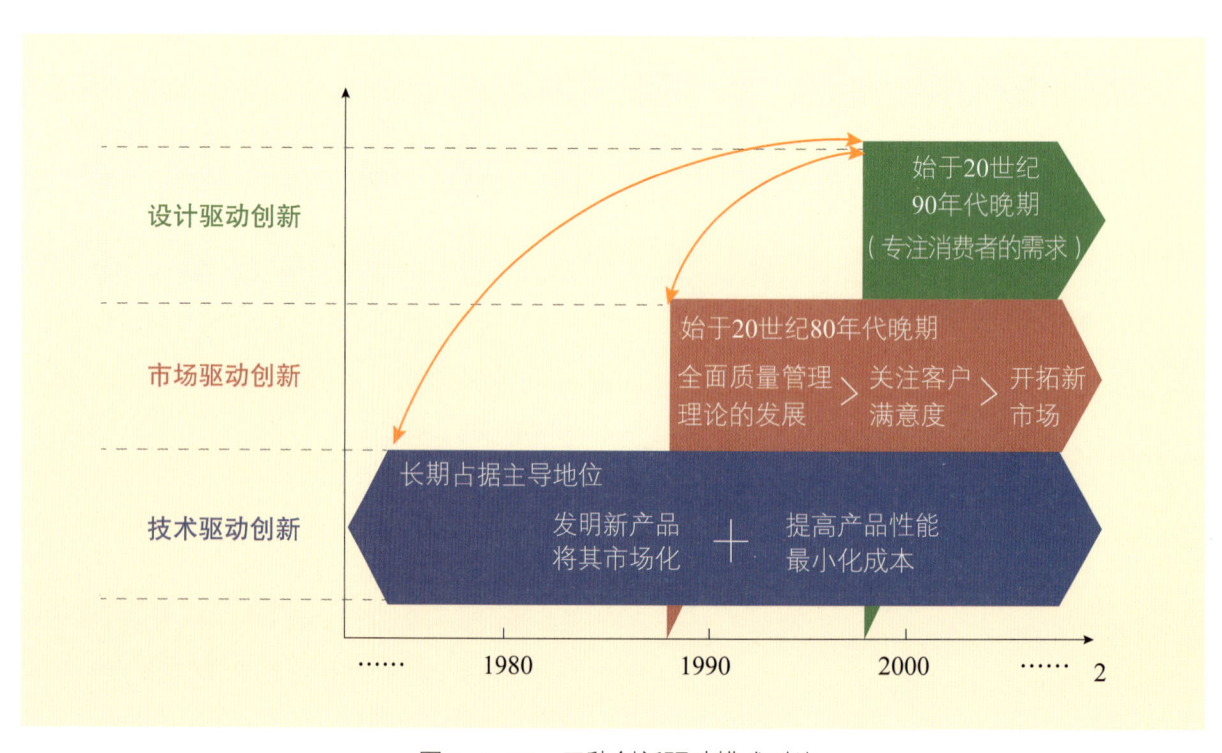

图 1-4-36　三种创新驱动模式对比

利，但这些技术却没有充分实现其价值。在智能手机横空出世、瓜分市场份额之际，诺基亚固守传统思维，忽略了互联网时代给手机行业带来的颠覆，放弃了安卓市场，最终在与智能手机的对弈中惨败，于2013年被微软收购。

3. 市场驱动创新

20世纪80年代晚期，随着全面质量管理理论的发展，企业开始关注客户满意度，以市场为导向（"市场驱动创新"的方法）强调对新市场的发展。上述商业模式创新方法大多是从营销学的盈利角度和管理学的价值网络角度展开的，都缺乏系统性，在当前和未来的商业环境中已不能完全实现企业期望的商业目标。

4. 设计驱动创新

从20世纪90年代晚期开始，由于资源的短缺，产品和技术周期的缩短以及全球化进程的发展，设计驱动创新的方法逐渐成长起来，企业开始转而专注消费者的需求。企业针对消费者的价值创造正变成未来企业维持竞争优势的关键内容。

此外，设计驱动创新可以与技术和市场驱动的创新形成互补，既可以通过满足新市场需求得到发挥，也可以通过将新技术整合到一个现有的产品中得以实现。

（三）基于设计思维的创新商业模式构建"五步法"

基于设计思维构建创新商业模式的过程可归纳为五步：用户锁定——价值提炼——方案提出——模型测试——迭代评估。（图1-4-37）

1. 市场细分与用户锁定

通过市场细分锁定目标用户，即：了解社会背景，确定目标客户，寻找真实痛点。制订一个合理的商业模式首先要理解其背景，找准用户需求。社会背景是企业生存的环境，好的社会背景能给商业模式运行提供经济、舆论的支持。客户是企业服务

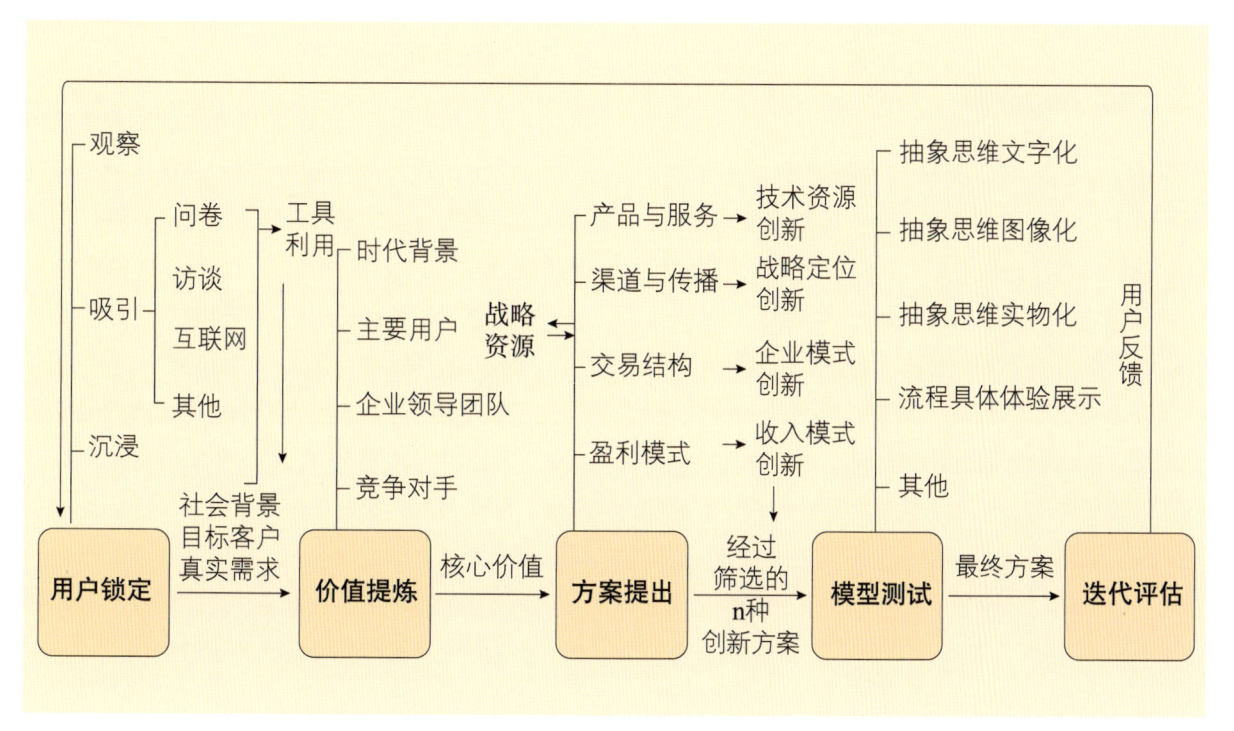

图1-4-37 基于设计思维构建创新商业模式"5步法"（叶梦蝶，2018）

的目标对象，明确的客户细分能让商业模式定位更加准确。客户需求更是商业模式制订和发展的主要依据，准确的需求定义会使企业发展空间更加广阔。这要求设计者从"人"的角度出发思考企业行为，只有针对具体人群、具体需求而提供的服务才不会"空"。参考设计思维中的"同理心思考"，可得出能确定用户真实需求的方案。

（1）观察

设计者观察各类相关人员，弄清楚他们能做什么、做的目的、怎样去做、做完的后果。

（2）吸引

设计者与相关人员沟通，获取其真实想法。可通过问卷、访谈、网络大数据调查等形式展开。

（3）沉浸

设计者与相关人员亲身体验用户所体验的内容与完整过程。收集完用户需求后，设计者需要确认需求来源，弄清其真实性与局限性。合理利用需求分析工具［最简可行产品（Minimum viable product，MVP）、用户画像等］，分析已有需求的层级和可操作性。最终，实现客户细分，剔除伪需求，提炼有发展空间的真实需求的目的。

2. 核心价值提炼

基于以上用户和市场分析提出具有企业特征的核心价值。商业模式重在创造价值而不仅是盈利，利益获得只是商业模式输出的形式之一，合理的价值驱动才是一个商业模式被肯定并得以扩展的动力。共享单车就是典型案例，共享单车之所以能够吸引众多投资，是因其"共享""环保"的核心价值以及"解决出行最后一公里问题"的理念蕴含着巨大的价值空间。当共享单车由于相关不足导致其基本理念背离时（损坏率大，资源浪费严重），品牌就开始被质疑和舍弃了。所以，企业的价值主张往往代表着企业的形象和承诺，是商业模式的根本。它可以被扩展和完善，但不可被背离和遗忘。以下是"提炼具有企业特征的核心价值"的主要参考依据。

（1）时代背景

时代背景是企业生存发展的社会基础。只有分析国家政策、行业发展趋势后制定出的符合时代精神的企业价值，方能得到社会各层面支持，具有较高溢价能力。

（2）主要用户

对于任何商业模式而言，用户就是其根本出发点，只有能引发消费者共鸣的企业价值才具有发展潜力。

（3）企业构成团队

团队是企业资源与能力的载体，是该企业运营的基本保证。

（4）竞争对手

合理利用工具（SWOT理论 S：Strengths 优势，W：Weaknesses 劣势，O：Opportunities 机会，T：Threats 威胁），分析被已有企业挖掘的不可摒弃要素，找出尚未被开发的潜力要素，使提出的新价值拥有广阔包容性和长远的前瞻力，又不乏企业个性避开蓝海竞争。

3. 解决方案提出

解决方案就是针对用户需求提出的，能体现企业核心价值的具体问题解决方式，是商业模式构建的核心。提出解决方案的过程也是发散思维、头脑风暴的过程。它主要包含产品与服务、渠道与传播、交易结构、盈利模式、战略资源五方面。

（1）产品与服务

产品与服务可以理解为企业提供给客户的业务主体，通过给用户提供符合企业价值的优秀产品或服务，能够很好地解决用户痛点。

（2）渠道与传播

渠道与传播是指企业与客户之间建立的具体关系，以及企业接触客户并建立关系的主要途径。

（3）交易结构

交易结构是企业为有效满足客户需求、实现价值而与其他机构之间形成的合作关系网络。

（4）盈利模式

盈利是一个企业能稳定存在的原因和保障，是企业创造价值、获取收益的方式。这里盈利模式可初步对应商业模式要素中的"成本结构"和"收入来源"两个部分。

（5）战略资源

战略资源=技术实现资源+营销实现资源+企业特有资源："技术实现资源"确保"产品与服务"的实现，"营销实现资源"为客户渠道建立、信息传播、交易结构建立和盈利实现提供途径，"企业特有资源"则保证了方案的独特性。解决方案中其他因素的确立也会反过来影响到战略资源的定位。战略资源与其他板块内容的相互约束、相互影响、不可分割。

4.商业模式解决方案可从以下角度进行创新

（1）技术资源创新（从产品与服务上考虑）

技术资源创新是通过特殊资源的获取、前沿技术的研发，开发新产品、提供新型服务从而实现创新商业模式的制订。武汉理工大学学生创建的某珠宝品牌，利用互联网3D珠宝打印技术构建的创新商业模式就是典型案例。

（2）战略定位创新（从渠道与传播上考虑）

战略定位创新要求创业者从更具体的消费群体出发，发现不被重视的市场机会，更有针对性地为该特殊群体服务，如：某航空公司把目光聚焦至大公司不屑一顾的短程航运市场，为该国中等城市和各大城市的次要机场间提供短程、廉价的点对点空运服务。

（3）企业模式创新（从交易结构上考虑）

企业模式创新是对企业在产业链中位置进行深入思考，将企业及相关产业视为整体，通过对企业自身角色的重新定义改变工作内容，打造出可持续发展的共赢商业环境，如：某电脑品牌在全球建立以自己的网络直销平台为中心，众多供应商环绕其周围的共赢商业生态经营环境，迅速发展为电脑行业佼佼者。

（4）收入模式创新（从盈利模式上考虑）

收入模式创新要求企业跳出已有商业模式限制，从宏观角度重新定义用户需求，即深刻理解用户购买产品、服务的最终目标，从而创造新的解决方案和产品。共享单车就是其团队洞察到人们需要的并非单车，而是能方便短途出行的工具从而出现的。该创新模式往往能重新定义一个产业，甚至创造出新产业。

5.可视化模型测试

设计者需要把模糊的理论通过草图、模型等方式实体化，把大理论分解为小要点，可视化描绘隐形假设的商业信息。然后再针对具体模型的测试进行讨论、调查和概念验证，从而获取新方向。在此过程中，研发部门和服务对象都可参与测试，保证测试结果的科学性。

在不同的设计阶段，根据不同的侧重点，原型也有不同的展示深度和测试方法，常用的模型测试方法包括抽象思维文字化、抽象思维图像化、抽象思维实物化、流程具体体验展示。此处模型通常是独体化的，即通过排列组合、添加或移除某原型的相关元素改变整体内容，设计者可借此探索新构想。

6.迭代发展与评估

企业需要在商业模式运行中，不断进行"测试→反馈→分析→更新"的循环，并在每一轮循环中获得有效信息、完成系统局部迭代进化，不断丰富企业本身的资源实力，更好地解决用户痛点，提升用户体验。只有在市场测试下，企业才可挖掘出系统漏洞，获得模式创新的新需求；只有经过持续回馈改进，系统才能长久保持市场活性，应对瞬息万变的市场格局。

第二章　设计与实训

第一节　项目实训一——探索发现与了解问题

第二节　项目实训二——移情观察与问题定义

第三节　项目实训三——创意开发与设计构想

第四节　原型设计

第五节　项目测试

第六节　岗课赛证

第二章 设计与实训

第一节 项目实训一——探索发现与了解问题

一、实训概况

（一）实训内容

用户画像、价值主张画布、商业模式画布三种服务设计工具训练。

（二）实训目的

掌握用户画像、价值主张画布、商业模式画布三种服务设计工具的内涵，能够合理运用三种服务设计工具探索发现与了解问题，创新解决方案。

（三）教学重点

掌握用户画像、价值主张画布、商业模式画布的内涵。

（四）教学难点

能够运用用户画像、价值主张画布、商业模式画布创新解决方案。

（五）教学方法

1. 教学理念

以"学习金字塔"的理论为指导，提倡让学生主动学习，培养学生智力输出的能力。以学生为本，个性化引导学生学习。

2. 教学方法

确立"共创工坊"的教学模式。以教师为主导，实施情景教学、任务驱动、问题导向的教学方法。以学生为主体，实施体验式学习、自主式学习、探究式学习。

3. 教学资源

优质硬件和软件资源是教学环境的有效支撑；智慧教室可帮助实现教与学的强交互；课程资源库如平台、抖音、微信、超星学习通等助力线上线下混合式学习；扫描下方二维码可以观看用户画像、价值主张画布、商业模式画布的教学视频。

客户特征：
用户画像

解决痛点：
价值主张画布

企业运营：
商业模式画布

（六）作业要求

突出操作性，重点培养学生运用服务设计工具的操作技能。利用工具进行流程梳理的项目文案为70分，小组展示陈述为30分。

（七）作业评价

教师评价占比为70%，学生小组之间评价为30%。

二、设计案例（企业）——中国运动健康类移动应用Keep

（一）产品概述

Keep是致力于提供健身教学、跑步、骑行、交友及健身饮食指导、装备购买等一站式运动解决方案的APP。它从上线到收获100万粉丝，只用了105天，用户数量从100万到1亿，只用了921天。这一爆款APP改变了一代人的健身理念。其创始人是一个追求极致产品设计和用户体验的偏执者。他是一位运动爱好者，也是减肥成功者，希望通过Keep帮助更多的人爱上运动，科学运动，改善人们的运动生活方式。其产品口号是"自律给我自由"。

（二）产品定位

Keep App的官方定位：基于健身教学视频的运动健康类APP，并融合运动社区、商城等功能模块，通过提供用户互动及运动装备购买，力求打造线上健身平台的闭环。

（三）用户需求分析

图2-1-1是Keep的用户画像。用户使用时间会集中在空闲时间段，如周末、一天中的中午、晚饭后。使用的地点通常是家中、健身房、办公空地等。使用的目的是锻炼身体、塑形。

（四）功能体验分析

健身指导模块主要满足运动健身的需求，以及了解运动行为的需求，同时需求获得自律的成就感、满足感、认同感。健身指导是Keep最重要的模块，也是最基本的功能模块。对于新用户，Keep会在用户登陆后进行基础测试和兴趣了解，Keep根据用户的运动目标和兴趣项目为其推荐训

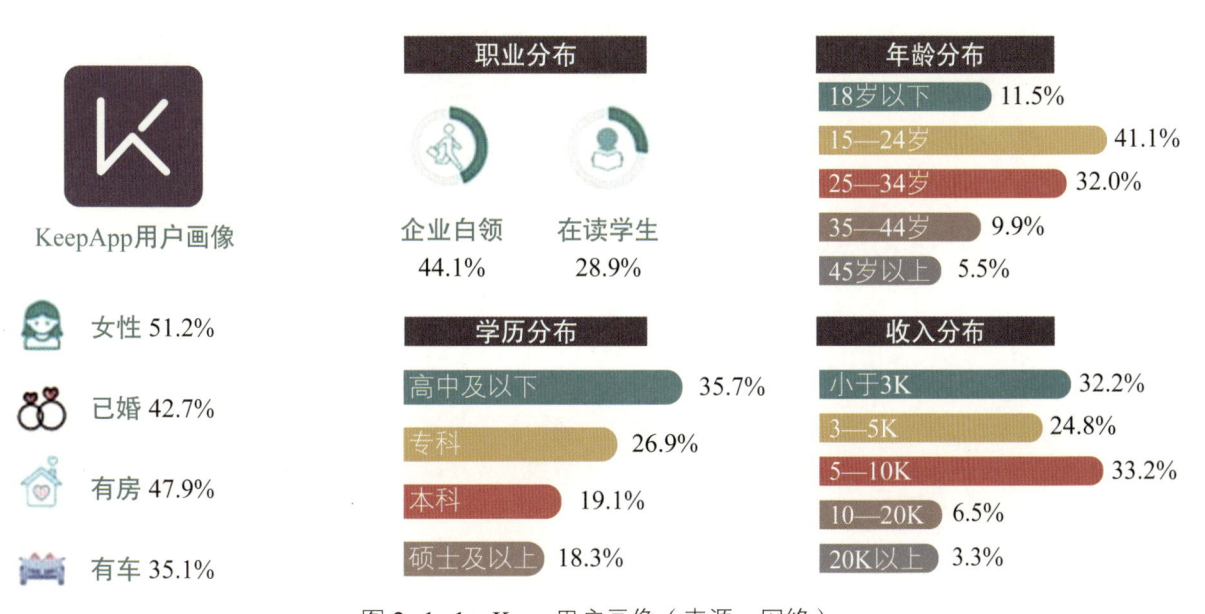

KeepApp用户画像
- 女性 51.2%
- 已婚 42.7%
- 有房 47.9%
- 有车 35.1%

职业分布
- 企业白领 44.1%
- 在读学生 28.9%

学历分布
- 高中及以下 35.7%
- 专科 26.9%
- 本科 19.1%
- 硕士及以上 18.3%

年龄分布
- 18岁以下 11.5%
- 15—24岁 41.1%
- 25—34岁 32.0%
- 35—44岁 9.9%
- 45岁以上 5.5%

收入分布
- 小于3K 32.2%
- 3—5K 24.8%
- 5—10K 33.2%
- 10—20K 6.5%
- 20K以上 3.3%

图2-1-1　Keep用户画像（来源：网络）

练课程和新人健身攻略。

针对不同的人群要有不同的方案，高阶的运动达人有进阶的课程，而且Keep的内容库中有大量的课程和健身指导内容可以供用自由选择，分类专业且不失趣味性。目前来说，虽然在进入APP后会用新人使用引导，但是对于大多数的用户来说，他们的健身等级是处于K1到K2之间，也就是说纯小白或者说有一定的基础但是并不系统。Keep里面的运动课程和内容可以说是非常丰富，但是缺乏一个给新用户熟悉和教育的模块，因此建议在运动模块中增加新人模块，如：新人指南或新人入门，推出入门的理论和运动课程内容，帮助用户更快地熟悉运动的过程，让用户在Keep中能更好地找到自己适合和需要的。

人是群体动物，但是在健身这样一个需要坚持的领域中，人的孤独感会更加强烈。而社交功能则为用户提供一个很好的交流的平台，既可以表达自己，也可以看到他人分享的状况，并表达自己的态度和看法。在Keep社区的交流更多地包括对他人认可、鼓励、加油等正面信息，用户也更愿意参与其中。为了更好更快地达到健身的目的，良好的饮食习惯对健身者来说是必不可少的，但由于网上信息的杂乱性、非专业性，大量健身者缺少获得专业信息的渠道。

Keep在饮食模块的内容非常丰富，并且可以针对用户的个体情况推荐每日的食谱，也可以考虑增加上线商城食材、免加工食物售卖，还可以与线下餐饮行业合作。Keep用户的年龄偏年轻化，很大一部分是上班族。对于用户来说即使有了饮食指南，但因食材获取、做饭场地和时间的限制，也会影响饮食指南应有的实际效果。因此，大量用户希望能够直接从Keep上获取已做好的健康食物，或者只需要自己简单加工就能食用的健康食物。如果Keep商城上线这一服务，就能更好地帮助用户选择所需食材，节省他们的时间成本，提升他们的使用体验。其次，对在一线城市工作的上班族，Keep还可以与线下餐饮商合作，委托定制健康营养餐，并在APP中通过一键下单，直接将早、中、晚餐送达给用户。这样更加人性化。

（五）商业价值创新

Keep创始人王宁从用户视角向变现思维转变。他在尝试打造"科技运动的闭环"，覆盖到用户的吃、穿、用、练。"我们围绕家庭，做了Keepkit，并做了跑步机、家庭化的体脂秤等产品；围绕城市场景创造了Keekland，我们希望KeepLand可以成为城市的基础设施，像邮局、银行、便利店一样；我们围绕年轻人的生活方式，打造了Keep APP这样一个运动品牌，希望通过Keep的服饰、周边渗透到所有的年轻人中，通过这些展现Keep的品牌价值。"

在与线上的内容生态形成闭环、促进自身商业正循环的过程中，Keep还不断尝试线下健身生意。然而，从线下门店Keepland最初的火爆到黯然退市，再到推出并立志建立100家门店的"Keep优选健身馆"，Keep的线下优势似乎并不明显。随着商业布局的多元化，高速发展之下的一些问题和挑战也逐渐显露出来。

对于商业变现，Keep的思路还是相对明确的：目前Keep有一套多元的商业模式，包括会员订阅及线上付费内容、自有品牌产品（主要指智能健身设备、健身装备、服饰和食品）以及广告和其他服务。这些业务模式相辅相成，为商业变现提供路径。（图2-1-2）

从招股书来看，Keep的自有品牌产品包括服饰和健身装备、家用跑步机、智能单车等器械以及手环、智能秤等硬件以及轻食在内的产品。

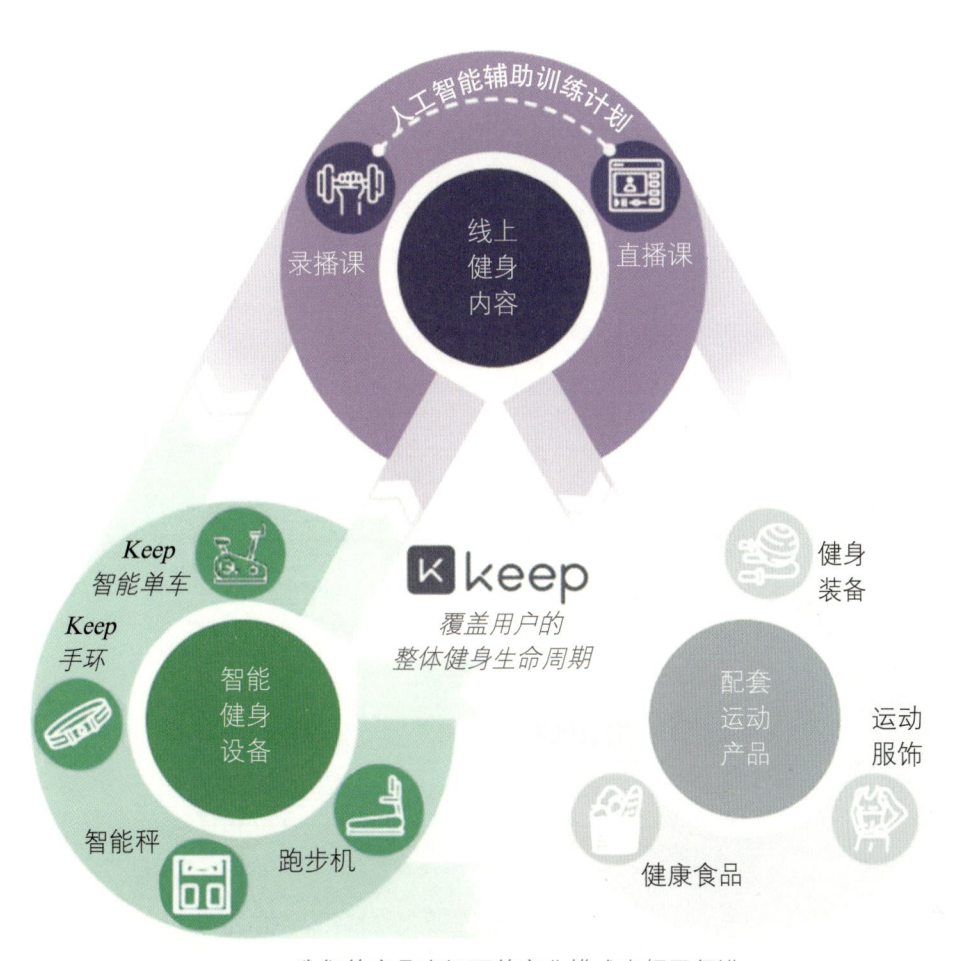

图 2-1-2　公司招股书（来源：网络）

三、设计案例（院校）——基于数字化保护与产业化应用的羌绣服务设计

（一）背景

羌族拥有悠久的历史和丰富的文化，羌绣作为羌文化的典型代表，是整个民族民俗文化、劳动文化的缩影，有着鲜明的地域特色和民族风格。羌绣现在的发展面临重重困境：第一，传承人的断层；第二，传承方式单一、创新意识淡薄；第三，产业化程度低，绣娘收入微薄。

用户调研：用户调研阶段，针对普通消费者和专业羌绣手艺人设计了两套访谈问卷（图2-1-3）。通过调查问卷数据可见：在接受调查的人群中，92.69%的用户在日常生活中接触到羌绣的可能性极低，说明在接触认知、宣传平台方面，羌绣的宣传推广十分薄弱。

在渠道购买、设计需求方面，85.71%的用户认知方式倾向于线上了解新事物，能实现个性DIY设计定制、售卖是用户的需求点。

在深入体验方面，如果能得到及时的疑问解答和详尽的同步操作教学视频，45.36%的用户愿意进行羌绣学习。

在羌绣发展的过程中，年轻人接触羌绣文化少，且羌绣属于手工艺品，很难在短期内实现有效收益，成为阻碍羌绣传承和发展的主要障碍，解决固定可靠的销售渠道是关键。

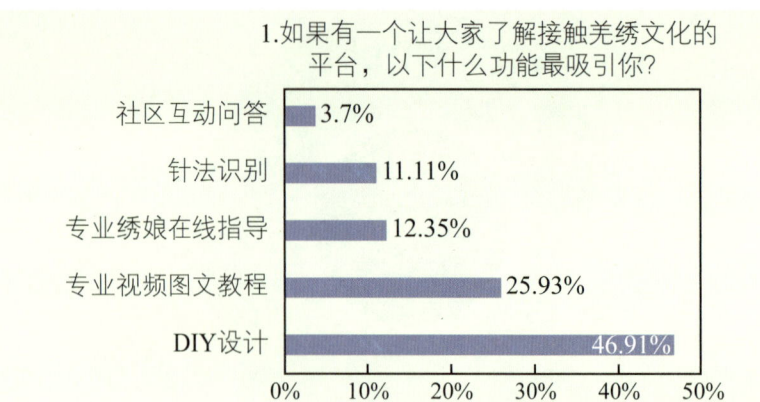

1.如果有一个让大家了解接触羌绣文化的平台，以下什么功能最吸引你？

- 社区互动问答　3.7%
- 针法识别　11.11%
- 专业绣娘在线指导　12.35%
- 专业视频图文教程　25.93%
- DIY设计　46.91%

2.在购买羌绣产品时，你认为什么因素最重要？

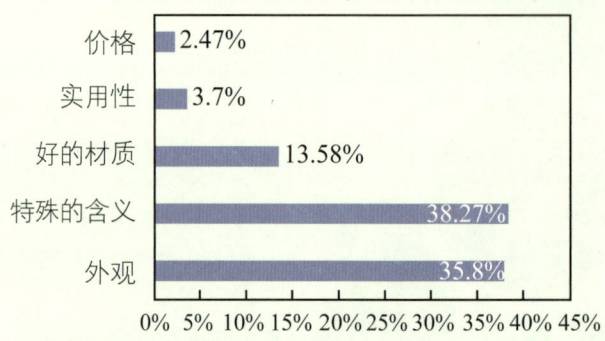

- 价格　2.47%
- 实用性　3.7%
- 好的材质　13.58%
- 特殊的含义　38.27%
- 外观　35.8%

3.在羌绣学习制度的过程中，什么最困扰你的学习计划？

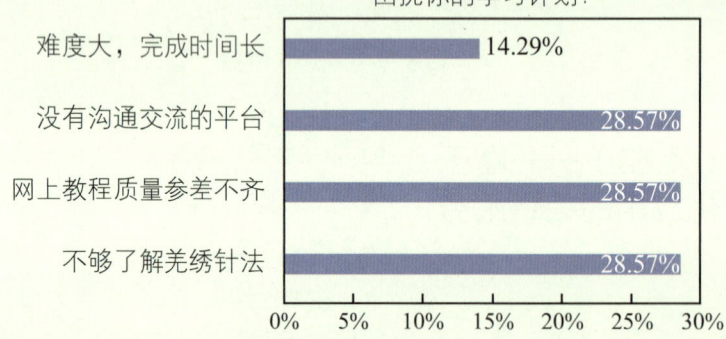

- 难度大，完成时间长　14.29%
- 没有沟通交流的平台　28.57%
- 网上教程质量参差不齐　28.57%
- 不够了解羌绣针法　28.57%

4.你认为现在羌绣在设计这方面有什么问题？

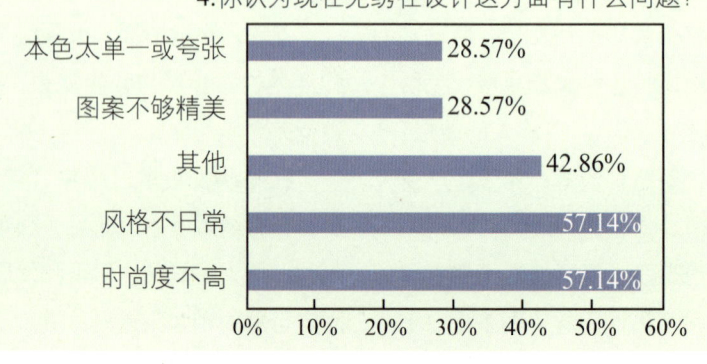

- 本色太单一或夸张　28.57%
- 图案不够精美　28.57%
- 其他　42.86%
- 风格不日常　57.14%
- 时尚度不高　57.14%

图 2-1-3　问卷数据图

（二）用户角色模型与功能转换

建立用户角色模型（图2-1-4）：通过相关利益关系人分析，将目标用户分为绣娘与羌绣爱好者。羌绣爱好者又细分为对羌绣有学习需求者和购买需求者。

需求分析与功能转换（图2-1-5）：针对不同目标用户进行需求分析，结合调研数据，提炼并将其转化为架构羌绣APP的具体功能。

（三）羌绣服务设计方案

方案描述与商业模式：为完善羌绣传承模

用户	基本信息	需求
绣娘	年龄：52岁 职业：普通家庭妇女 绣龄：41年	希望能有一个集中售卖羌绣的平台利于自己销售； 希望能够见识并学习到更多的纹样，学习方便； 设计出好看新颖的纹样，制作更多样的绣品
学习需求者	年龄：28岁 城市：上海 职业：CMF设计师 绣龄：0	希望能有一个平台可以系统地学习羌绣相关的知识； 有老师解答自己在绣制过程中的一些疑问； 希望自己所设计的纹样能为绣娘提供参考，让现在市面上的羌绣作品在保有自己特色的同时，更符合现在大众的审美
购买需求者	年龄：25岁 城市：苏州 职业：自由职业者 绣龄：0	希望能有一个可购买羌绣的平台，不用再耗费大量的精力在绣品的搜索阶段； 购买平台中能有精准的羌绣分类标签，自己能高效地找到所需要的绣品

图2-1-4　用户角色模型

用户	绣娘	学习需求者	购买需求者
用户定义	希望通过售卖羌绣制品获得一定收入	对羌绣相关设计有想法	对绣品有需求，想要方便快捷购买羌绣产品
用户特征	只会传统的羌绣设计；对售卖绣品有强烈需求	绣文化爱好者；想要一个整合性的专业平台学习羌绣	对羌绣成品有明确购买需求，不方便实地采购
用户痛点	线上售卖方式太复杂，线下专卖店抽成太多且竞争大；设计纹样的能力有限，绣制的图样固定	没有一个系统性专业的平台学习羌绣；实地学习成本太大；学习过程中疑问得不到及时解答；纹样设计没有实体化的机会	购买羌绣的渠道有限；寻找绣品耗时耗力，无法高效快捷找到期望类型的绣品
功能转换	基于大数据构建的纹样库，包含传统纹样以及用户DIY纹样；提供绣品售卖平台	基于纹样库的纹样个性DIY功能，AI针法识别功能，答疑、交流论坛	线上实物预览和纹样DIY预览功能，标签筛选功能，联系绣娘、机绣厂定制绣品功能

图2-1-5　目标用户需求分析与功能转换

-107-

式，稳定羌绣售卖渠道，结合互联网大数据、5G、人工智能算法、图形图像处理等技术，融合服务设计理念，提出基于数字化保护与产业化应用的羌绣服务设计系统，打造可靠的羌绣设计学习交流社区，建立与机绣厂、绣娘、设计师、第三方平台以及政府合作平台，打通羌绣文化商品上下游产业链，完善羌绣的产业化模式。该平台能满足绣娘与羌绣爱好者使用过程中不同的用户需求，梳理平台可落地的服务设计商业画布，（图2-1-6）。

重要伙伴	羌绣老师，绣娘，纹样设计师，机绣厂，第三方购买平台，当地政府。
关键业务	羌绣商品贩卖，视频教学，智能针法识别，智能纹样生成设计。
价值主张	让羌绣打破空间时间限制；绣娘：让你的羌绣从这里走向更广阔的天地；羌绣爱好者：绣色就是你的私人羌绣老师与设计小助手。
核心资源	AI针法识别技术，专业羌绣老师教程及答疑，海量创新纹样，大型机绣厂合作。
客户关系	绣娘：在这里学习新的羌绣技法与纹样，并且可以在这里售卖自己的羌绣绣品；羌绣爱好者：在这里深入了解羌绣或购买羌绣。
客户细分	学习型：想系统学习羌绣技法或寻找新纹样；售卖型：想寻找一种稳定的羌绣售卖渠道；创作型：想寻找一个快捷简便的方法；购买型：希望能快捷购买有品质货源保证的羌绣。
渠道通路	线上新媒体平台定向投放广告，线下当地政府推广使用定期活动推送。
成本结构	网站、APP管理维护成本，宣传推广成本，团队运营成本，羌绣老师和纹样设计师合作费用。
收入来源	机绣厂信息推广合作费用，第三方平台引流费用，纹样库高级纹样收费，高级教学视频收费，抽取绣娘售卖商品的部分成交额，本平台植入其他平台或品牌广告收费，会员充值收入，通过现金池进行其他业务增加收入。

图2-1-6 商业画布

（四）打造产品服务设计系统

该系统以绣娘和羌绣爱好者为中心，协同机绣厂、设计师、第三方平台、政府部门等多方利益相关者，实现服务设计价值共创，以线下体验吸引游客对羌绣的关注，体验刺绣过程，打造专属羌绣作品。通过将体验时长转化为线上会员积分，为线上平台引流，结合快闪店形式，实现羌绣文化的普及和推广，打造羌绣数字化纹样保护、扩大羌绣文化输出、改善羌绣学习体验、促进产业化转变和实现绣娘价值提升的多功能服务系统，并绘制系统图（图2-1-7）。

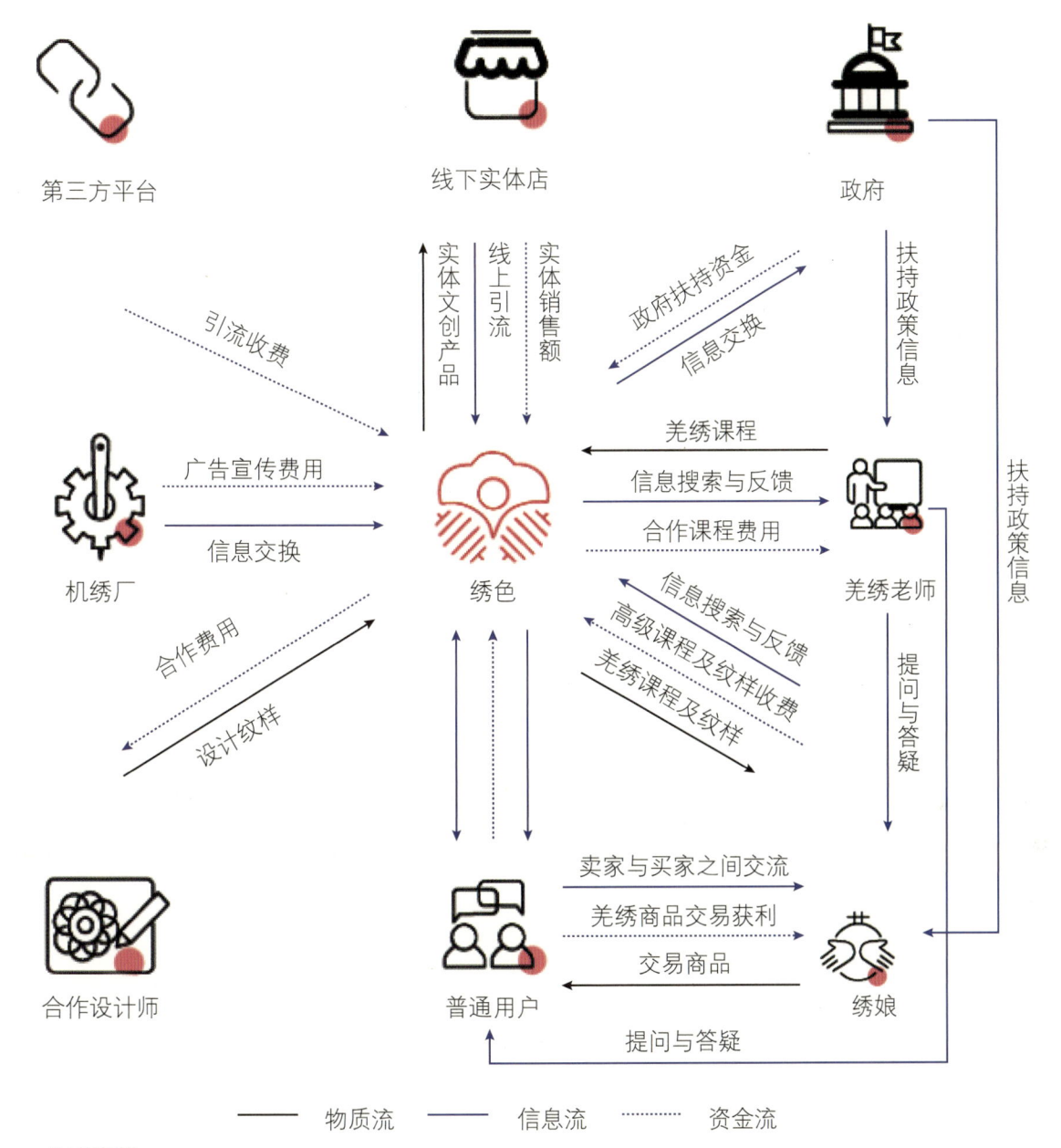

第二章 设计与实训

[系统图：第三方平台、线下实体店、政府、机绣厂、绣色、羌绣老师、合作设计师、普通用户、绣娘之间的物质流、信息流、资金流关系]

主要关系标注包括：
- 第三方平台 → 绣色：引流收费
- 线下实体店 ↔ 绣色：实体文创产品、线上引流、实体销售额
- 政府 ↔ 绣色：政府扶持资金、信息交换
- 政府 → 羌绣老师：扶持政策信息
- 政府 → 绣娘：扶持政策信息
- 机绣厂 ↔ 绣色：广告宣传费用、信息交换
- 机绣厂 ↔ 合作设计师：合作费用、设计纹样
- 绣色 ↔ 羌绣老师：羌绣课程、信息搜索与反馈、合作课程费用
- 绣色 ↔ 绣娘：信息搜索与反馈、高级课程及纹样收费、羌绣课程及纹样
- 羌绣老师 ↔ 普通用户：提问与答疑
- 普通用户 ↔ 绣娘：卖家与买家之间交流、羌绣商品交易获利、交易商品、提问与答疑

图例：—— 物质流　—— 信息流　······ 资金流

参考资料：
杨蕾、张欣、胡慧、邱雁，《基于数字化保护与产业化应用的羌绣服务设计》

图 2-1-7　系统图

四、知识点

（一）客户特征：用户画像

用户画像又称用户角色，作为一种勾画目标用户、联系用户诉求与设计方向的有效工具。作为实际用户的虚拟代表，用户画像所形成的用户角色并不是脱离产品和市场之外所构建出来的，形成的用户角色需要有代表性，能代表产品的主要受众和目标群体。用户画像可以使产品的服务对象更加聚焦，更加专注。用户画像（图2-1-8）一般分为四个层级。

01 用户基本属性	个人属性：性别、年龄、学历、职业 通讯属性：入网年限、消费层次 社会属性：所属行业、岗位层级、工作年限 价值属性：月收入、财务状态、消费能力 位置属性：常在区域、出行情况
02 基础行为标签	时间偏好：PC端活跃时间、手机端活跃时间 渠道偏好：常用网页、常用APP、PC端/手机端 兴趣偏好：游戏、新闻、社交、阅读、购物、影音、金融、旅游、动漫、摄影、时尚、宠物、收藏、汽车、体育、美食、军事……
03 浅层用户画像	性别、年龄、关键人生阶段、所在城市、有房有车、兴趣偏好、风险偏好、营销敏感度、非金融产品需求、金融产品、需求、社交关系、上网时间……
04 深层用户画像	高价值客户、高风险理财偏好客户，近期境外游需求客户，车险需求客户，近期贷款紧急需求客户，经常使用外卖APP的电子银行客户，潜在家庭人寿保险需求客户，母婴亲子产品需求客户，潜在欺诈客户、潜在高风险客户……

图 2-1-8　用户画像（来源：服务设计思维工坊 2023 版）

（二）发现痛点：价值主张画布

价值主张画布内容如图2-1-9。

（三）企业运营：商业模式画布

商业模式画布（Business Model Canvas）是一种用来描述商业模式、可视化商业模式、评估商业

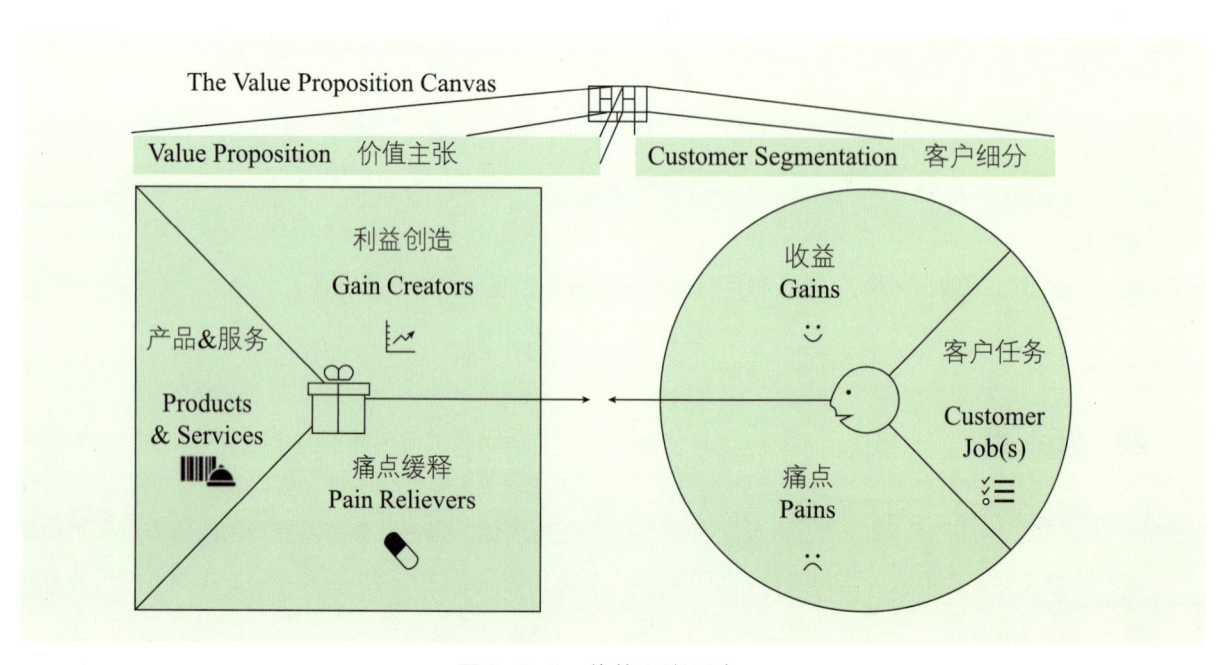

图 2-1-9　价值主张画布

模式以及改变商业模式的通用语言。《商业模式新生代》(Business Model Generation) 是一本讨论商业模式构建的专著，作者是瑞士的亚历山大·奥斯特瓦德。这本指导手册可以帮助那些梦想家、游戏规则改变者和挑战者颠覆陈旧的商业模式，同时设计未来的企业（图2-1-10）。

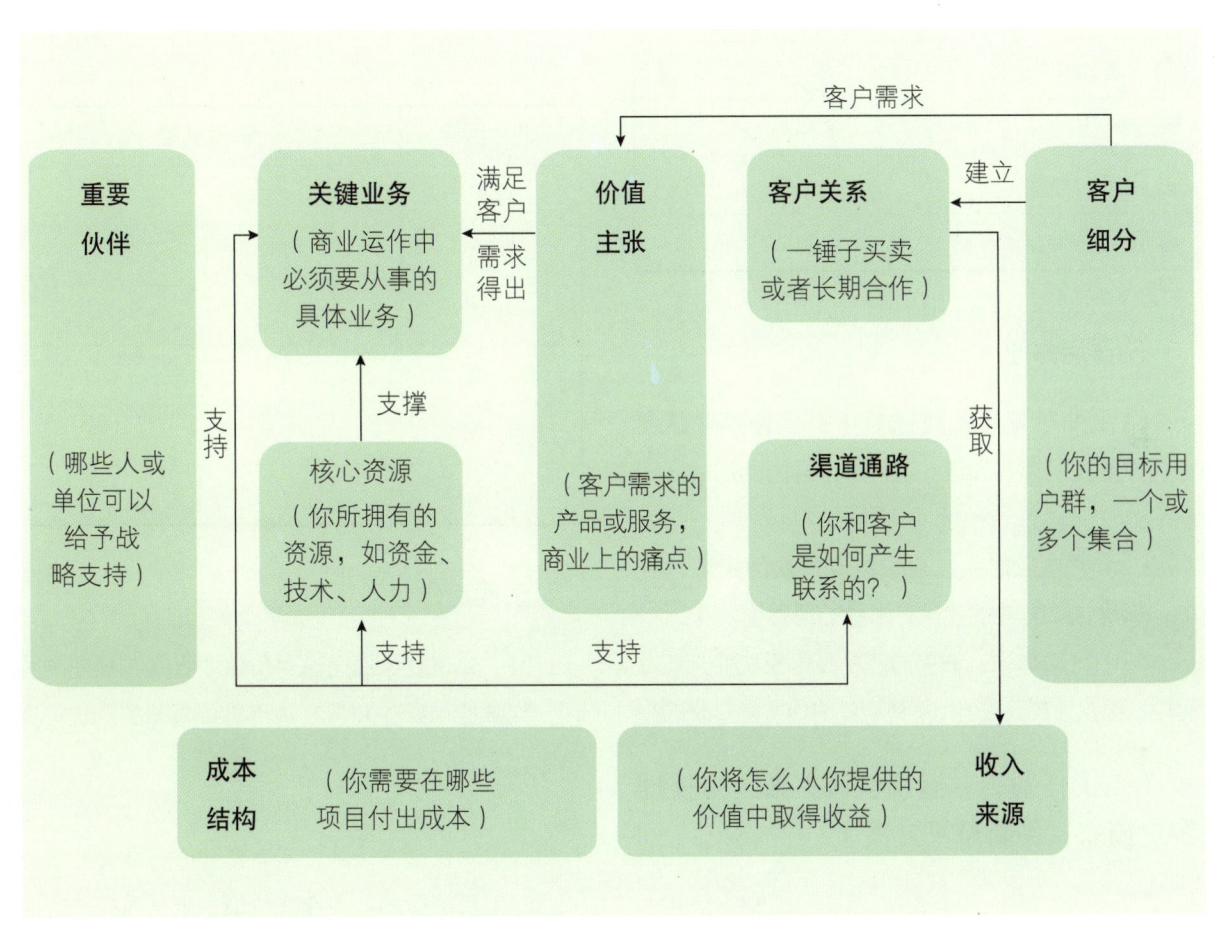

图 2-1-10　商业模式画布（来源：服务设计思维工坊2023版）

五、实训程序

（一）任务一：运用用户画像梳理客户群体的共性和特征

1.任务分析

定位目标客户，运用用户画像梳理客户群体的共性和特征，深入研究用户。

2.任务实施

学生分组选择一个项目或者品牌作为研讨对象，从用户画像的角度着手，搜集整理相关资料，对该品牌或者项目进行分析，并将分析成果做成展示PPT。

3.任务评价

（1）技能评价：分析文案的逻辑性、准确性、合理性、完整性、原创性等。

（2）展示评价：PPT制作水平、演讲能力、信息素养、时间分配、团队合作等。

4.学习步骤

工作坊的各小组可将研讨要点记录在下表中。

研讨目标	研讨结果
用户基本属性	
基础行为标签	
浅层用户画像	
深层用户画像	

5.课后作业

（1）知识复盘：通过对用户画像模块的实训，你掌握了哪些知识？请用思维导图的形式表现出来。

（2）方法反思：在用户画像模块的实训过程中，你对这个方法的使用有哪些心得体会？

（3）行动影响：在完成用户画像模块的实训过程中，你认为自己或者团队还有哪些地方需要改进？

（二）任务二：运用价值主张画布梳理客户痛点，创新解决方案

1.任务分析

探索客户的真正需求，充分了解客户的痛点、渴望、任务，从而设计创新的解决方案。

2.任务实施

学生分组选择一个项目或者品牌作为研讨对象，从价值主张画布的角度着手，搜集整理相关资料，对该品牌或者项目进行分析，并将分析成果做成展示PPT。

3.任务评价

（1）技能评价：分析文案的逻辑性、准确性、合理性、完整性、原创性等。

（2）展示评价：PPT制作水平、演讲能力、信息素养、时间分配、团队合作等。

4.学习步骤

工作坊的各小组可将研讨要点记录在下表中。

研讨目标	研讨结果
痛点	
任务	
获得	
解决痛点	
商品/服务	
创造效益	

5.课后作业

（1）知识复盘：通过对价值主张画布模块的实训，你掌握了哪些知识？请用思维导图的形式表现出来。

（2）方法反思：在价值主张画布模块的实训过程中，你对这个方法的使用有哪些心得体会？

（3）行动影响：在完成价值主张画布模块的实训过程中，你认为自己或者团队还有哪些地方需要改进？

（三）任务三：运用商业模式画布探索企业整体运营模式，持续发展进化

1.任务分析

能够运用商业模式画布，理解、设计、创新企业的产品、服务、运营、成本、利润、合作伙伴等要素的运营模式。

2.任务实施

学生分组选择一个项目或者品牌作为研讨对

象，从商业模式画布的角度着手，搜集整理相关资料，对该品牌或者项目进行分析，并将分析成果做成展示PPT。

3.任务评价

（1）技能评价：分析文案的逻辑性、准确性、合理性、完整性、原创性等。

（2）展示评价：PPT制作水平、演讲能力、信息素养、时间分配、团队合作等。

4.学习步骤

工作坊的各小组可将研讨要点记录在下表中。

5.课后作业

（1）知识复盘：通过对商业模式画布模块的实训，你掌握了哪些知识？请用思维导图的形式表现出来。

（2）方法反思：在商业模式画布模块的实训过程中，你对这个方法的使用有哪些心得体会？

（3）行动影响：在完成商业模式画布模块的实训过程中，你认为自己或者团队还有哪些地方需要改进？

研讨目标	研讨结果	研讨目标	研讨结果
价值主张		收入来源	
客户细分		关键业务	
客户关系		核心资源	
渠道通路		重要伙伴	
成本结构			

第二节 项目实训二——移情观察与问题定义

一、实训概况

（一）实训内容

同理心地图、用户体验地图、5W2H分析法三种服务设计工具训练。

（二）实训目的

掌握同理心地图、用户体验地图、5W2H分析法三种服务设计工具的内涵，能够合理运用三种服务设计工具进行移情观察与问题定义。

（三）教学重点

掌握同理心地图、用户体验地图、5W2H分析法的内涵。

（四）教学难点

能够运用同理心地图、用户体验地图、5W2H分析法创新解决方案。

（五）教学方法

1. 教学理念

以"学习金字塔"的理论为指导，提倡学生主动学习，培养学生智力输出的能力。以学生为本，个性化引导学生学习。

2. 教学方法

确立"共创工坊"的教学模式。以教师为主导，实施情景教学、任务驱动、问题导向的教学方法。以学生为主体，实施体验式学习、自主式学习、探究式学习。

3. 教学资源

优质硬件和软件资源能作为教学环境有效支撑；智慧教室可帮助实现教与学的强交互；课程资源库平台、抖音、微信、超星学习通等助力线上线下混合式学习；扫描右方二维码可以观看同理心地图、用户体验地图、5W2H分析法的教学视频。

（六）作业要求

突出操作性，重点培养学生运用服务设计工具的操作技能。利用工具进行流程梳理的项目文案为70分，小组展示陈述为30分。

（七）作业评价

教师评价占比为70%，学生小组之间评价为30%。

角色扮演：
同理心地图

用户情绪：
用户体验地图

深究因果：
5W2H分析法

二、设计案例（企业）——亚朵酒店的服务设计思维应用

亚朵酒店以"服务设计"推动优秀体验而在业内知名。亚朵酒店的创办者打破传统刻板的酒店服务形象，通过产品、服务、空间、细节等创造了"生活体验馆"的概念，持续吸引消费者入住。在酒店红海竞争的背景和资源有限的情况下，通过有策略的服务规划和卓越的员工绩效管理，优质的服务可持续的完成对民宿的服务体验设计有很大的参考价值。

亚朵酒店在确定了目标群体是"渴望品质生活且拥有强消费能力"的中产阶级，并根据马斯洛的需求层次，通过"营造体验"和"创造共鸣"创造出更大的价值。紧紧抓住人们"我住在什么样的酒店，证明了我是一个什么样的人"的心理，明确了"有品位、有品质、有文化的第4空间"这样的酒店定位。酒店在住宿的场景里增加了很多提升体验的触点并进行整合和串联，创造了一种"理想的生活方式"。有了这样的顶层定位之后，亚朵酒店就从场景、流程、活动、人员几个方面去打磨每一个能够符合这样定位的环境，用细节串联起体验，带给消费者所追求的生活方式的归属感。例如，刚进入大门，服务人员走出柜台，首先递上一杯清凉的酸梅饮。一杯饮料还未饮完，入住已办好，房卡已到手，入住亚朵不需要押金，不需要烦琐的手续。进入房间后可以品尝到送到房间内的美食，随食物会一起附送一张小卡片，卡片上介绍了美食的制作方法和功效。（图2-2-1）

亚朵酒店通过梳理节点利用峰终定律创造关键时刻。峰终定律认为，人们对体验的记忆由两个因素决定：高峰（无论是正向的还是负向的）时与结束时的感觉。亚朵酒店把酒店的服务流程拆解成了"12个体验节点"，梳理了他们的关键服务节点，如图2-2-2。

分析整理好关键服务节点后，就可以进行服务创新的设计，分成售前、售中和售后三大部分。（图2-2-3）

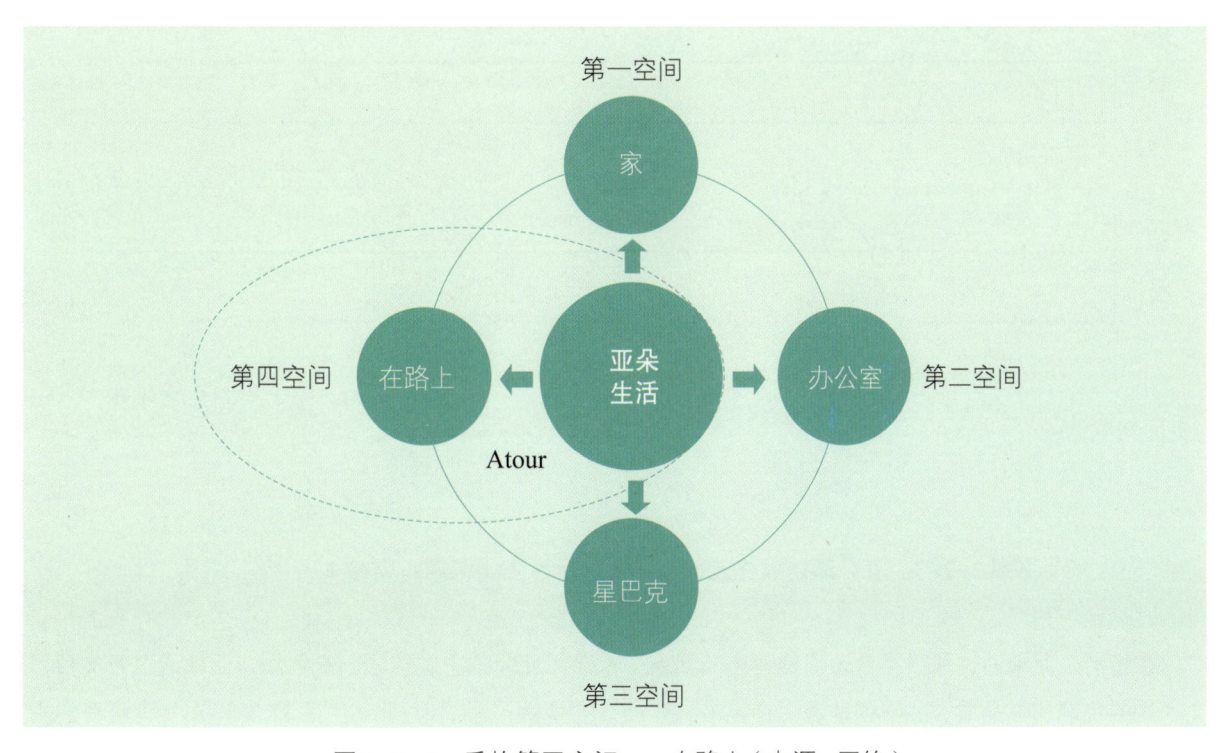

图2-2-1　重构第四空间——在路上（来源：网络）

服务设计思维工具手册

顺序	关键场景节点	顺序	关键场景节点
第一个	预定	第七个	离店的那一刻
第二个	走进大堂的第一面	第八个	中午或晚上想加餐的那一刻
第三个	到房间的第一眼	第九个	离店之后，点评的那一刻
第四个	向酒店进行服务咨询的第一刻	第十个	第二次想起亚朵的那一刻
第五个	吃早餐的那一刻	第十一个	要跟朋友推广介绍的那一刻
第六个	在酒店等人或等车，需要有个地方待一下的那一刻	第十二个	第二次再预定的那一刻

图 2-2-2 亚朵酒店酒店服务流程的"12 个体验节点"

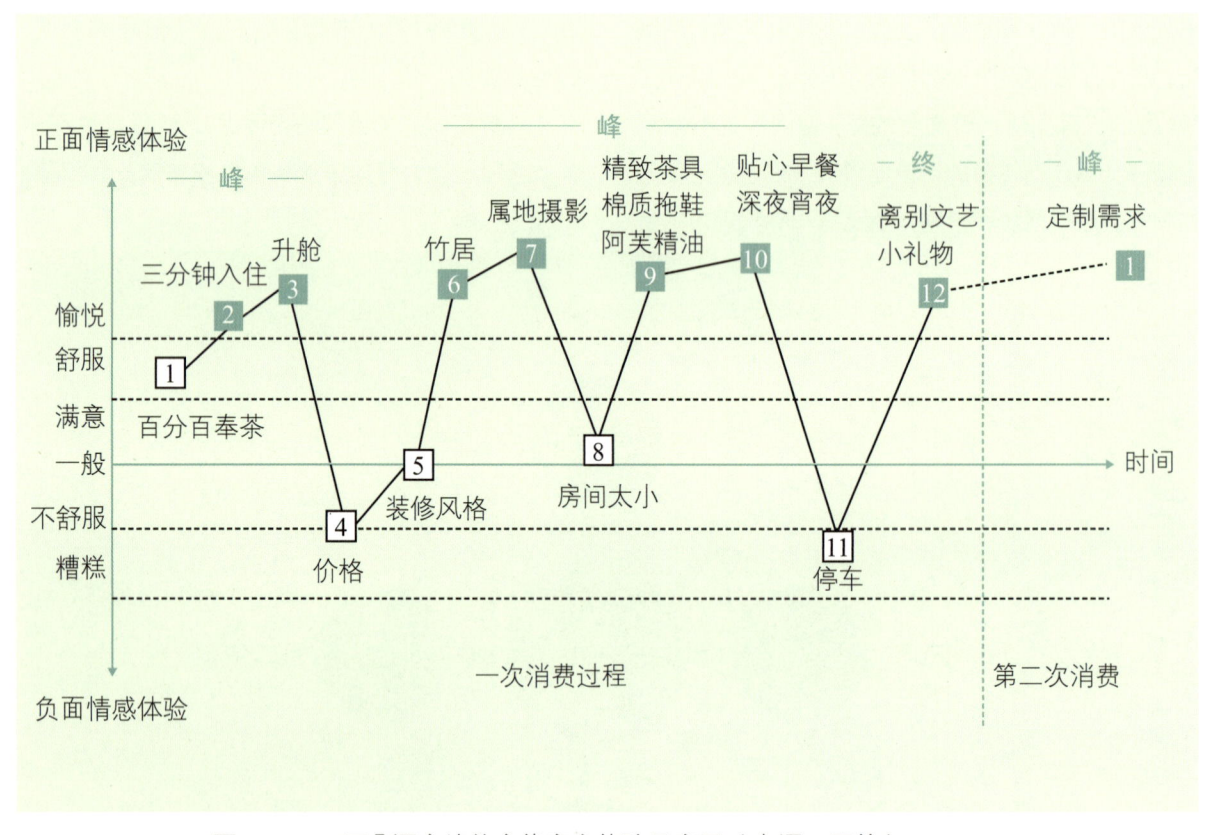

图 2-2-3 亚朵酒店峰终定律客户体验示意图（来源：网络）

在售前，亚朵通过网络平台让消费者感知到人文生活的主题和高品质、品味的基调。在售中，亚朵通过从灯光、气味、色彩、音乐、文字、摆件构建起亚朵的主题氛围。在售后，亚朵通过售卖自己的生活产品，让亚朵生活的理念浸入消费者的生活。在这个过程中，可以使用"基于用户情绪的八

-116-

种方法"进行体验创新。梳理节点的目的是为了找到峰值体验，并能够保证体验的连续性，从而可以进一步加强消费者对于产品定位的感知，提升体验，获得共鸣。（图2-2-4）

三、设计案例（院校）——基于服务设计思维的辽宁非遗品牌化建设

在人民日益增长的精神需求和国家政策的倡导下，辽宁省各地的文化创意工作坊如雨后春笋般出现在市场上：非遗文化、民族文化、传统文化等区域文化内容及手工艺技艺掀起了一股文创浪潮。文化创意产品作为新的民族历史文化传播和非物质文化遗产传承的载体之一，丰富了非遗文化创新途径，使非遗文化的现代化转型成为可能。同时，非遗市场内品牌良莠不齐，没有形成规模发展，非遗传承过程中也出现了原生态技艺失传的问题，加上传统的非遗文化传播方式已经不能满足现在市场发展需求，导致非遗保护、传承、发展出现诸多问题。

（一）辽宁非遗传承发展现状

辽宁省非遗手艺人群多呈现乡村区域化、老龄化特征，加之一些技艺的传承出现了断层现象，导致辽宁省很多非遗文化得不到有效的传播，非遗技艺失传的现象比比皆是。通过问卷和访谈的数据，我们可以看出目标用户的信息获取习惯和对非遗文化的参与形式偏好。数据显示，调研中有56.36%的人是通过微信或微博来获取，在学习方式上有54.55%的人选择主动跟传承人学习非遗技艺，有49.09%的人是被非遗背后古老的历史文化所吸引，有39人愿意选择非遗文化的DIY体验项目（图2-2-5）。

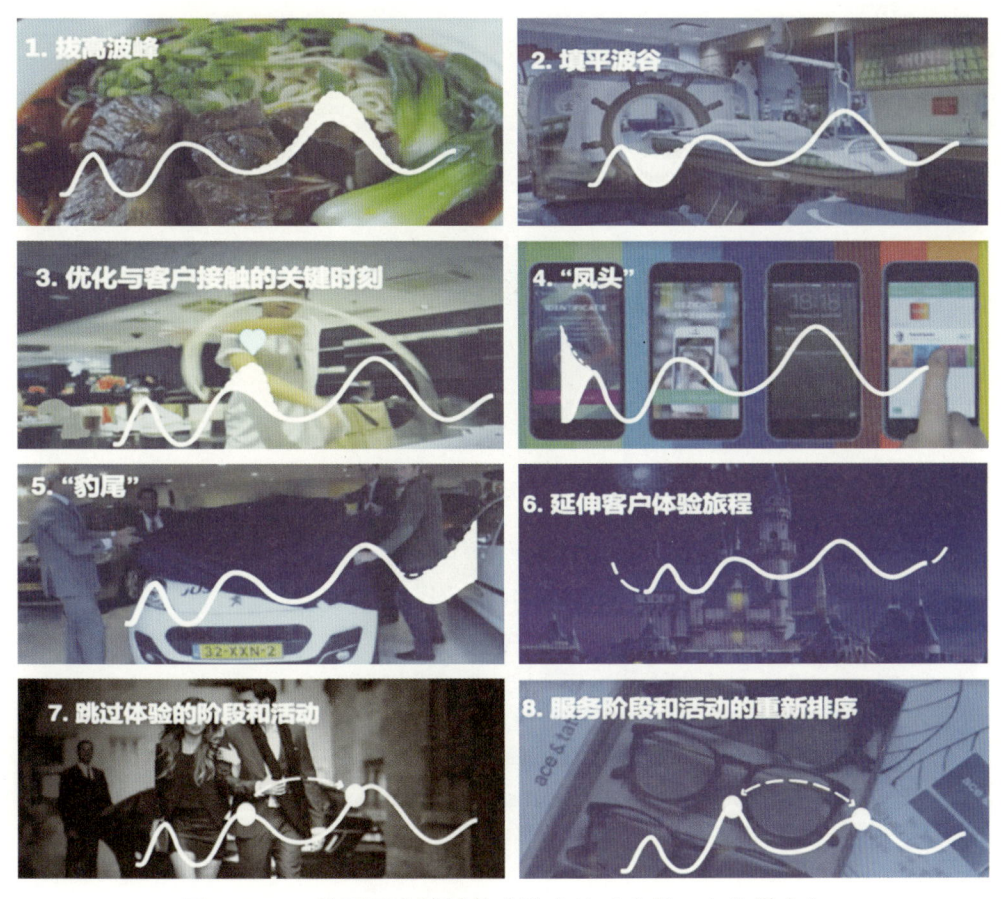

图 2-2-4　基于用户情绪的八种方法（来源：上海桥中）

-117-

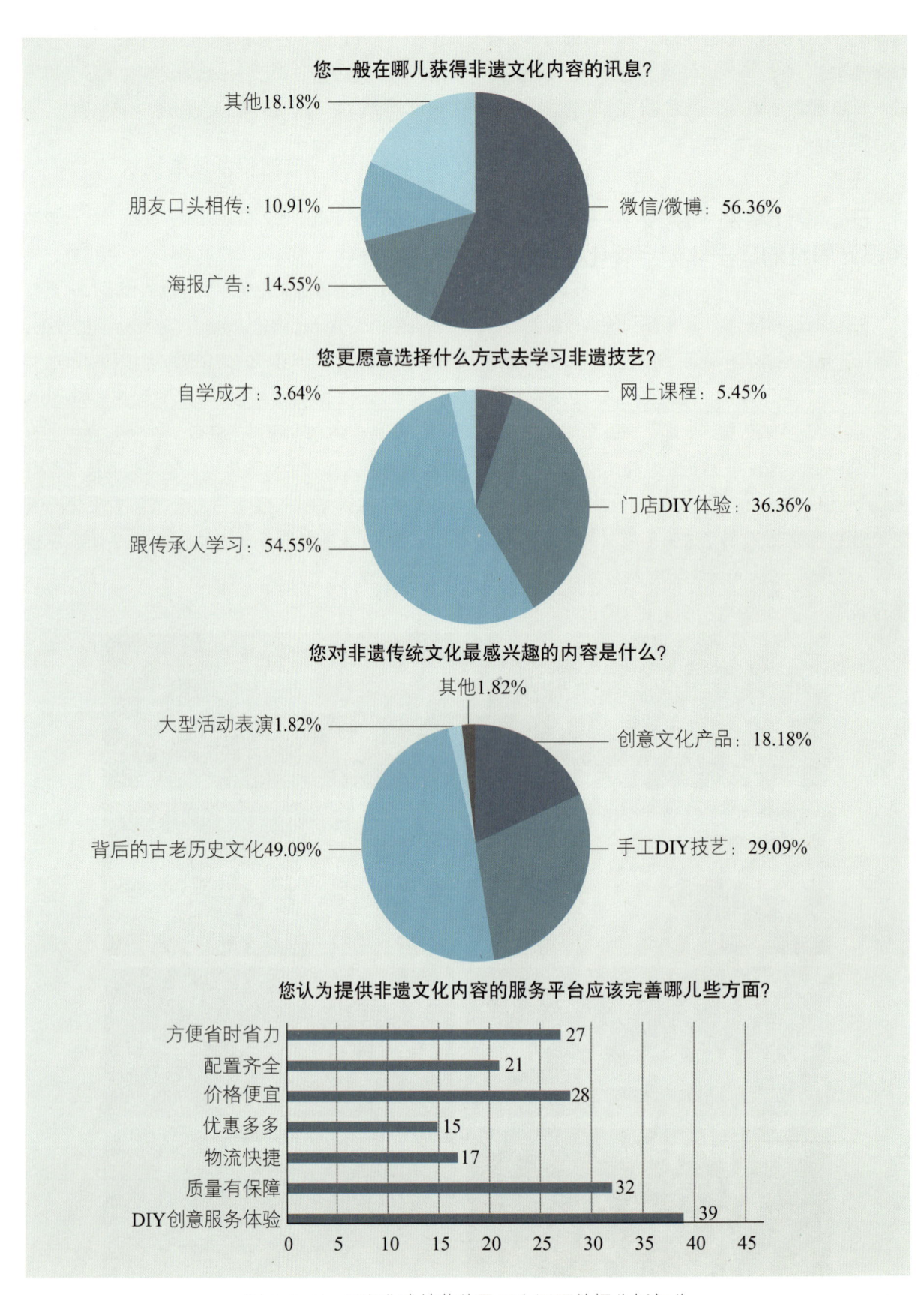

您一般在哪儿获得非遗文化内容的讯息？

- 其他 18.18%
- 朋友口头相传：10.91%
- 海报广告：14.55%
- 微信/微博：56.36%

您更愿意选择什么方式去学习非遗技艺？

- 自学成才：3.64%
- 网上课程：5.45%
- 跟传承人学习：54.55%
- 门店DIY体验：36.36%

您对非遗传统文化最感兴趣的内容是什么？

- 其他 1.82%
- 大型活动表演 1.82%
- 创意文化产品：18.18%
- 背后的古老历史文化 49.09%
- 手工DIY技艺：29.09%

您认为提供非遗文化内容的服务平台应该完善哪儿些方面？

选项	人数
方便省时省力	27
配置齐全	21
价格便宜	28
优惠多多	15
物流快捷	17
质量有保障	32
DIY创意服务体验	39

图 2-2-5　辽宁非遗技艺传承用户调研数据分析部分

从调研结果可以看出，新一代的年轻群体没有系统性了解和学习非遗文化的渠道和平台，辽宁省非物质文化遗产项目建设缺少统一的品牌形象与传播推广途径。

（二）服务设计在品牌构建中的应用

在品牌创建孕育期，首先要对非遗文化环境以及当地传统文化、民族文化和工艺技艺市场进行调研。依据利益相关者关系图和用户体验旅程图，划分品牌的目标用户群体、用户体验流程触点和营销传播的品牌卖点。在品牌创建幼稚期，根据非遗目标消费用户画像和辽非遗品牌定位来挖掘用户需求。在品牌创建成长期，规划非遗文化品牌系统、服务流程和设计品牌形象。在品牌创建成熟期，策划品牌传播方案，依据品牌衰退期的市场情况，制定非遗文化品牌服务流程维护并进行迭代实践。在不断完善的过程中，使用户得到舒适满意的非遗文化体验服务，最后赢得用户对品牌的信任。如果服务设计不合理，用户体验满意度下降，对文化品牌的成长也会造成负面影响（图2-2-6）。

创建并提升非遗品牌形象有完整的生态链条、品牌定位以及服务模式。通过汇聚地方非遗手工艺的社会创新活动，服务设计将手艺人、工作坊和地方文化旅游有机连接。用统一的品牌传播模式，吸引广泛社会参与，迎合市场发展，达到非遗文化的系统化与生态化发展。

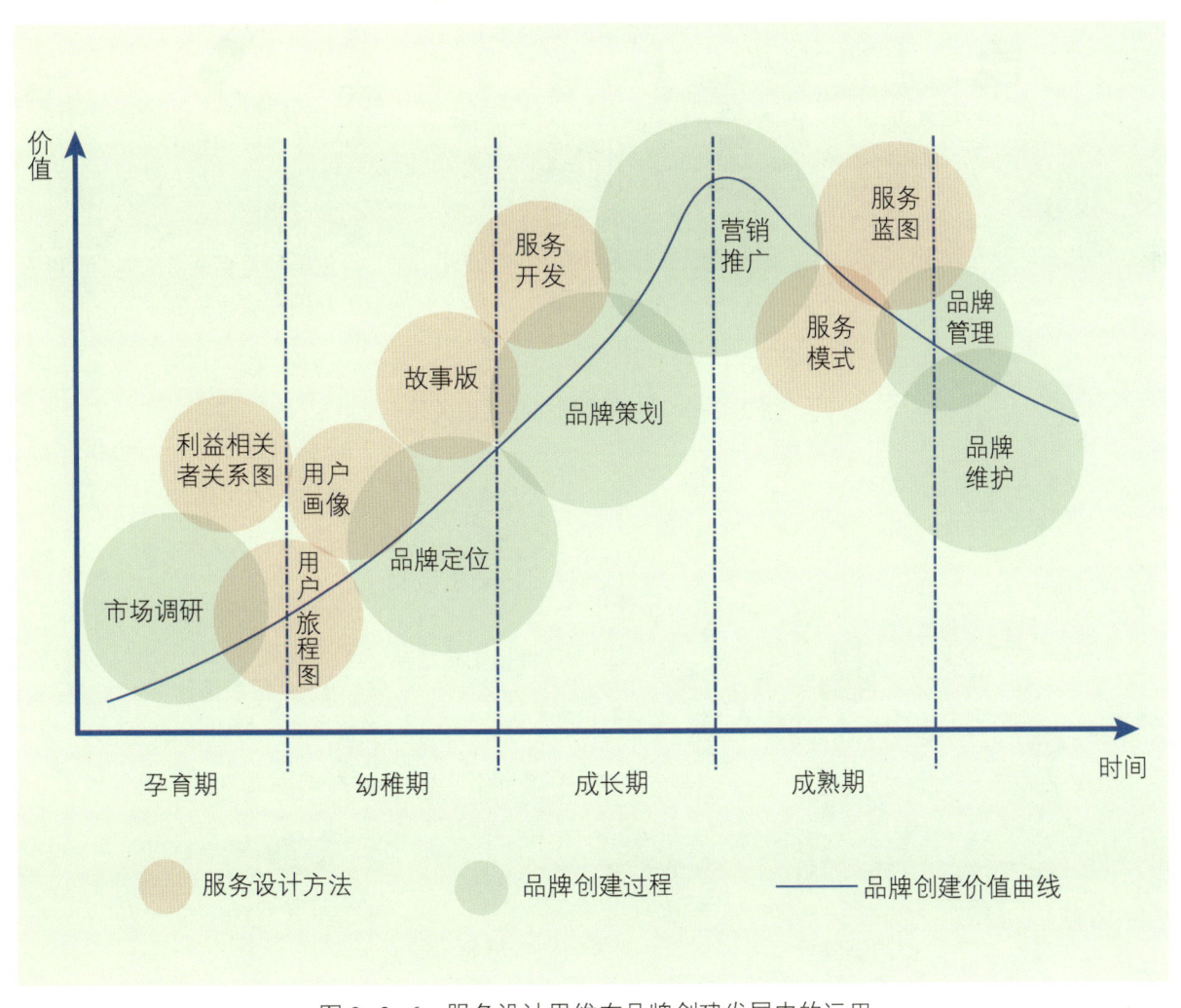

图 2-2-6 服务设计思维在品牌创建发展中的运用

（三）辽宁非遗品牌建设分析

依据服务设计工具的利益相关者关系图，对辽宁非遗的利益相关人进行了划分（图2-2-7）。整合非遗平台的核心利益相关者，对现有目标消费群体进行梳理。非遗目标用户需求主要体现在文化内容获取途径、非遗技艺传承学习渠道、非遗产品购买认证三方面，平台以门店经营+APP运营双向渠道为依托，将实现利益相关者之间的链接。

连接非遗手艺人、线上线下消费者，整合非遗资源，为非遗手艺人和消费者搭建专业的线上线下服务平台。设计辽宁非遗统一的品牌特色形象，融合当地旅游产业进行品牌推广，形成可持续发展的多渠道生态经济产业链，实现"人""文化""品牌"的有机整合。（图2-2-8）

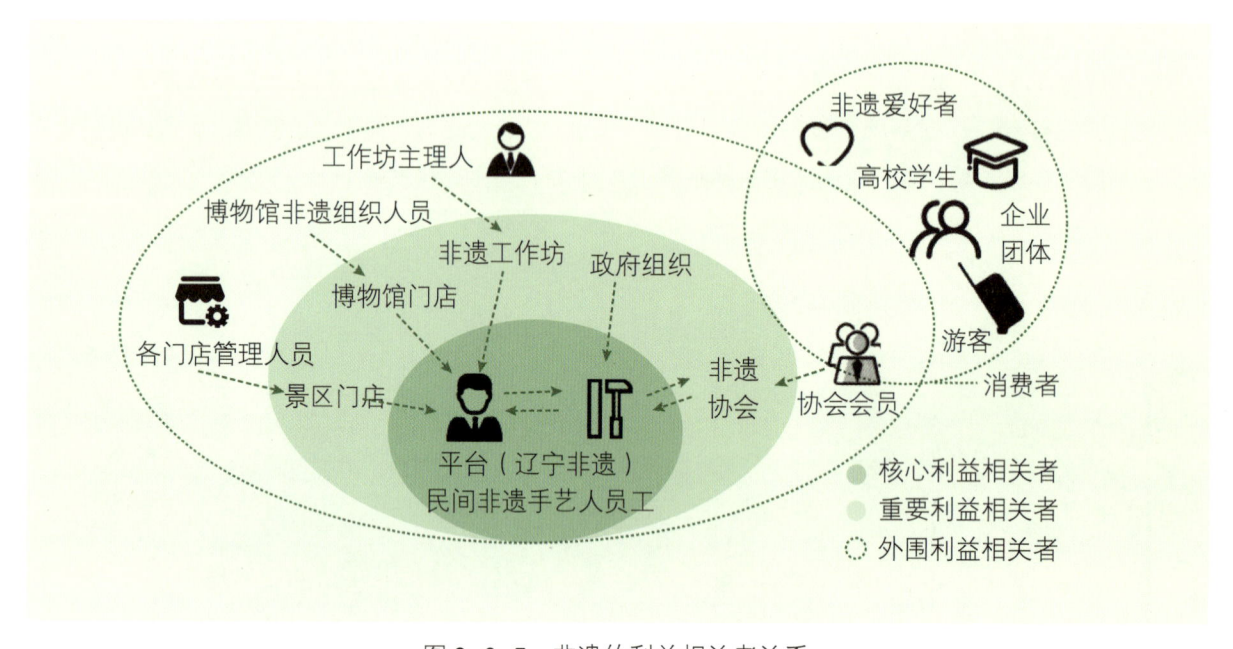

图 2-2-7　非遗的利益相关者关系

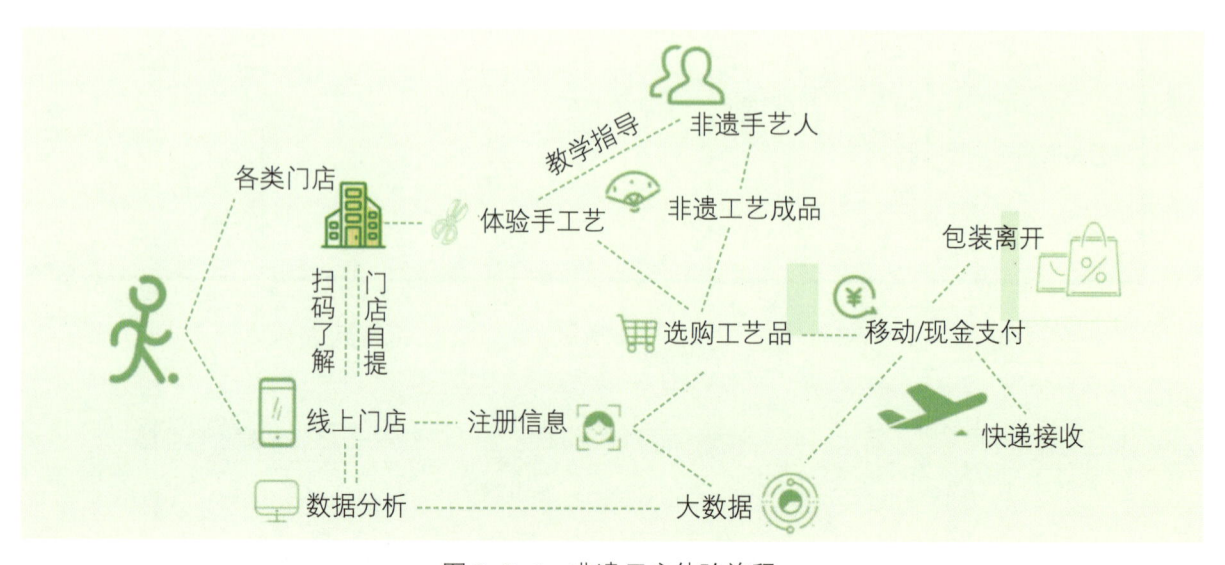

图 2-2-8　非遗用户体验旅程

（四）辽宁非遗品牌创建设计实践

建设辽宁非遗服务平台可以更好地整合本土文化的资源，集中辽宁省非遗等传统文化力量，树立品牌。用一个声音说话，更好地传播辽宁非遗内容，对非遗服务平台进行品牌定位（图2-2-9）。

目标用户设定在热爱非遗、民间、传统、民族文化和高校的年轻人群，这类人群的特征主要聚焦在个性化产品、纯手工制作、传统潮牌和体验服务上，对此创作品牌格言为"很原生，不普通。"体现出品牌纯粹和独特的调性，贴合目标人群的诉求。在共同点与差异点上体现出辽宁非遗品牌与本地各文创工作坊之间的区别，为满足市场不同层次的需求，对非遗工艺品市场进行细分，平台将销售的工艺产品品类划分为高档订制、中档大众、低档小众三类。平台提供的服务内容不局限于工艺品的销售，以用户为中心去创造品牌价值，需要不断对品牌系统优化升级。平台将技艺传承与线上慕课和体验活动相融合，为不同用户提供了多样化的体验项目，增加了目标用户对品牌的黏性，形成了稳定的品牌用户基础。在品牌传播上，规划辽宁非遗品牌与本土旅游项目融合发展，利用丰富的传播媒介进行品牌宣传，让更多年轻人能够获取海量的非遗文化信息，制定阶段性的非遗传统文化活动，带动当地人对辽宁非遗文化传播的参与度。

1. 视觉定位

在辽宁非遗品牌形象定位的基础上提取品牌识别的关键词：原生原创、传承多样和跨界融合。辽宁非遗的目标用户主要是新一代的年轻群体，品牌视觉色彩提取上要达到快速抓住眼球的效果。可视化的品牌识别不能缺少背后的文化底蕴。在元素的提取与再造过程中注重辽宁非遗文化的支撑，既要体现出品牌传承的非凡不同，又要迎合目标用户追求独特个性的需求，吸引新生代力量传承辽宁非物质文化遗产和传统文化的。

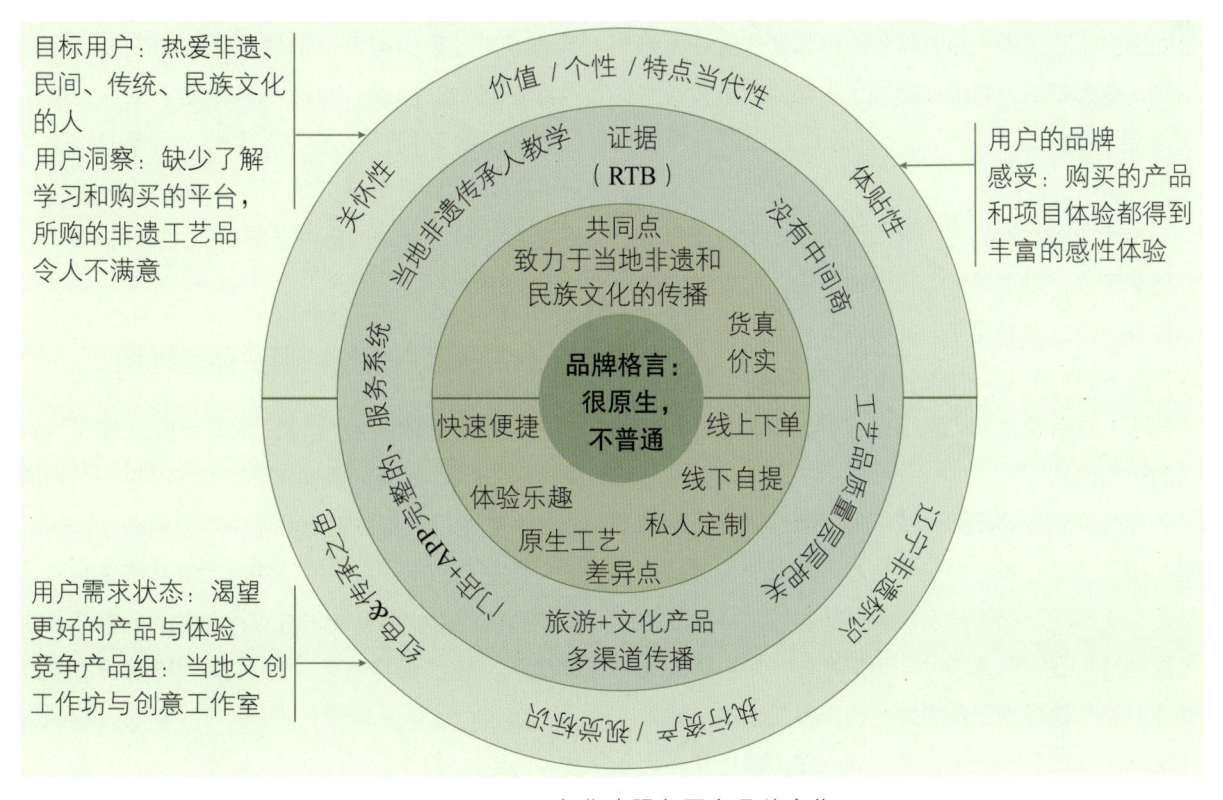

图 2-2-9　辽宁非遗服务平台品牌定位

2.新零售模式的创新应用

辽宁非遗服务平台通过大数据统计目标用户的喜好、购买行为、学习等数据，将其转变为优化产品和服务流程的依据。根据用户信息反馈不断更新体验项目，从而提高用户对品牌的黏性。"非遗技艺传承"转化为"线上线下授课"模式，手艺人可以录制或直播非遗技艺传承课程，通过辽宁非遗服务平台进行传播，也可以在线下门店进行非遗技艺的班级授课，打破了传统单一的传承模式。

将"文化传播"转变为"文化交互体验项目"，这一方面可以通过辽宁非遗服务平台预约手艺人教学以及非遗文化小游戏，另一方面可以通过辽宁非遗APP对线下门店、博物馆中的非遗文物进行AR再现，设计对情景、技艺和游戏等虚拟体验。门店的餐饮业会将辽宁非遗文化中的美食作为主打内容，反映辽宁非遗技艺的不同方面。

提取精华、结合市场、品牌传播——通过三步走战略，辽宁非遗服务平台实现门店+APP跨界交互的服务生态，不断走进年轻人群和文化爱好者的视野，成为搭建、传播非遗手艺人技艺和消费者文化新需求的桥梁，实现辽宁非遗信息化服务模式转型。

基于服务设计思维，对品牌创建后的消费者进行精准定位，以消费者为核心逆向驱动供应链，推动民族企业从商品交易向品牌服务转型。通过APP以及线下的实体店，构建辽宁非遗新零售（实体店+互联网）服务模式，实现了辽宁非遗文化内容和技艺的可持续转型。

线上文化技艺慕课与线下门店教学体验活动更新和拓宽了辽宁省非物质文化遗产传承的渠道，为非遗文化创意产品的开发注入了新力量。平台利用大数据分析辽宁非遗项目的用户喜好，用户在线上的评价与互动数据也将成为品牌内容更新的重要参考指标，以此实现辽宁非遗品牌的服务迭代升级。

如今，功能性产品和体验不再能满足当代用户的需求，只有具有交互性情感关联式的服务体验才能拉近产品与用户之间的距离。用服务设计思维建设辽宁非遗品牌，过程中贯穿以用户为中心的理念，精准捕捉用户需求，对辽宁省非遗传统文化内容整合升级作了初步尝试。互联网大数据技术和新零售的经营模式带动了辽宁省非物质文化遗产以及传统文化产业的发展，完善了品牌经营流程，提供了更多文化就业机会，推动了辽宁省非物质文化遗产经济的生态发展。

四、知识点

（一）角色扮演：同理心地图

同理心地图是对用户假设的落地练习，这样就可以与用户联系起来，从而理解他们的欲望（需求）。当基于真实数据并与用户画像、用户体验地图等其他研究工具结合使用时，它可以消除偏见，使团队在用户角色理解上保持一致，发现研究中的缺陷，发现用户自己都不知道的用户需求，了解驱动用户行为的因素，引导我们走向创新。同时也应注意到，同理心地图不等于用户画像，有的人将这两者等同，这是不正确的。同理心地图和用户画像都是用户研究的不同工具，应该是相辅相成的关系，目的都是为了更好地完善用户体验。（图2-2-10）

（二）用户情绪：用户体验地图

用户体验地图的核心三要素为讲故事、可视化、第一人称（用户视角）。它强调以用户视角的方式，梳理记录用户在产品当中的体验路径。研究用户数据及使用过程中的情绪，发现用户痛点与洞察产品机会点，并且输出成可视化信息，为产品决策赋能。梳理用户使用流程，从全局视角审视产品，结合"业务+用户"，才是有效解决问题的方式（图2-2-11）。

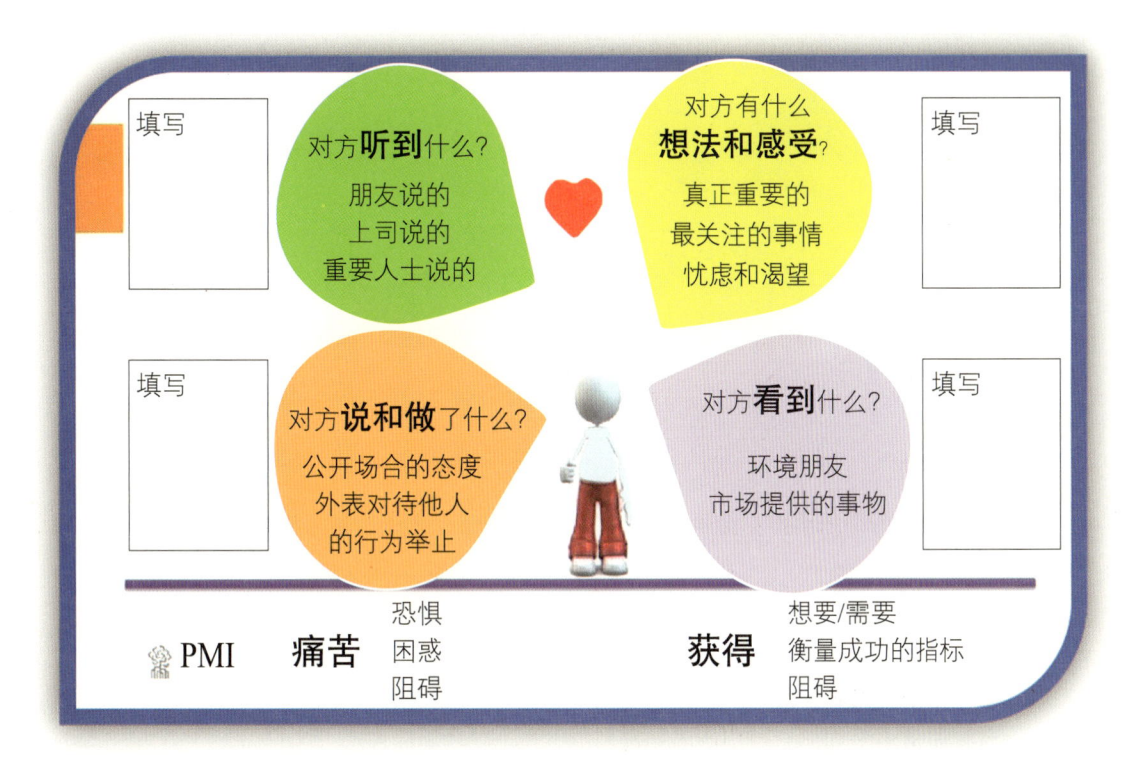

参考资料：

孙立新、任妍《基于服务设计思维的辽宁非遗品牌化建设》

图 2-2-10　同理心地图（来源：网络）

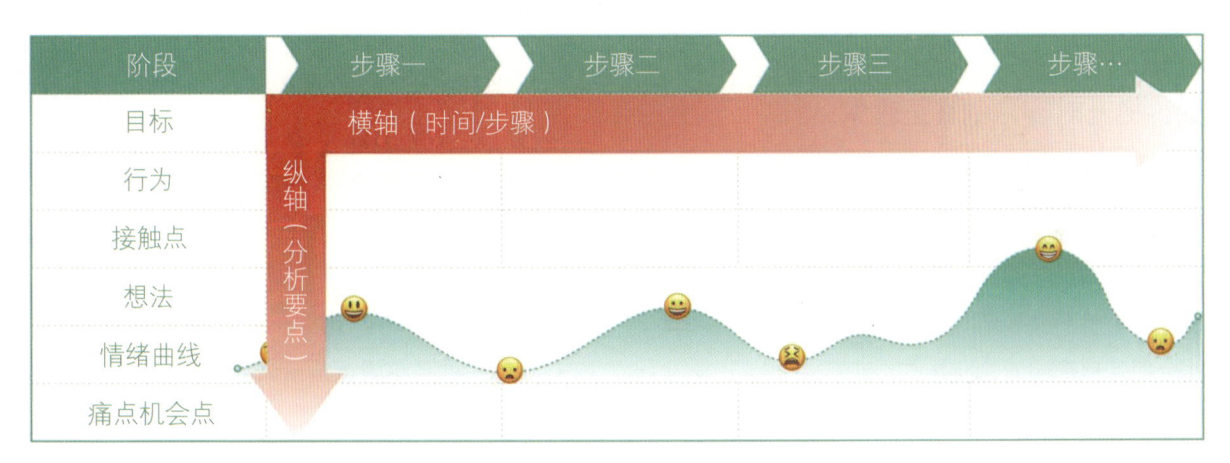

图 2-2-11　用户体验地图（来源：服务设计思维工坊 2023 版）

（三）深究因果：5W2H 分析法

5W2H 分析法是一种调查研究和思考问题的有效办法，为第二次世界大战中美国陆军兵器修理部首创。5W2H 分析法简单、方便，易于理解、使用，富有启发意义，广泛用于企业管理和技术活动，对决策和执行性的活动措施也非常有帮助，也有助于弥补考虑问题的疏漏（图 2-2-12）。

服务设计思维工具手册

why
1. 为什么？为什么要这么做？理由何在？原因是什么？

what
2. 是什么？目的是什么？做什么工作？

where
3. 何处？在哪里做？从哪里入手？

when
4. 何时？什么时间完成？什么时机最适宜？

who
5. 谁？由谁来承担？谁来完成？谁负责？

how
6. 怎么做？如何提高效率？如何实施？方法怎样？

how much
7. 多少？做到什么程度？数量如何？质量水平如何？费用产出如何？

图 2-2-12　5W2H 分析法（来源：服务设计思维工坊 2023 版）

五、实训程序

（一）任务一：运用同理心地图帮助讨论、提升对客户的真正理解

1.任务分析

运用同理心地图，讨论观察到了什么，从而分析客户群体的信念和情感。完全站在客户的角度，充分理解他们的需求、痛点、问题。

2.任务实施

学生分组选择一个项目或者品牌作为研讨对象，从同理心地图的角度着手，搜集整理相关资料，对该品牌或者项目进行分析，并将分析成果做成展示 PPT。

3.任务评价

（1）技能评价：分析文案的逻辑性、准确性、合理性、完整性、原创性等。

（2）展示评价：PPT 制作水平、演讲能力、信息素养、时间分配、团队合作等。

4.学习步骤

工作坊的各小组可将研讨要点记录在下表中。

研讨目标	研讨结果
听到	
说和做	
想法和感受	
看到	
痛苦	
获得	

5.课后作业

（1）知识复盘

通过对同理心地图模块的实训，你掌握了哪些知识？请用思维导图的形式表现出来。

（2）方法反思

在同理心地图模块的实训过程中，你对这个方法的使用有哪些心得体会？

（3）行动影响

在完成同理心地图模块的实训过程中，你认为自己或者团队还有哪些地方需要改进？

（二）任务二：运用用户体验地图理解客户情绪，找到产品和服务的设计机会

1.任务分析

运用用户体验地图，真实记录客户在每一个节点的喜怒哀乐等情绪，深入感受客户的体验，并洞察出产品和服务的创新设计机会。

2.任务实施

学生分组选择一个项目或者品牌作为研讨对象，从用户体验地图的角度着手，搜集整理相关资料，对该品牌或者项目进行分析，并将分析成果做成展示PPT。

3.任务评价

（1）技能评价

分析文案的逻辑性、准确性、合理性、完整性、原创性等。

（2）展示评价

PPT制作水平、演讲能力、信息素养、时间分配、团队合作等。

4.学习步骤

工作坊的各小组可将研讨要点记录在下表中。

研讨目标	研讨结果
阶段	
目标	
行为	
接触点	
想法	
情绪曲线	
痛点机会点	

5.课后作业

（1）知识复盘

通过对用户体验地图模块的实训，你掌握了哪些知识？请用思维导图的形式表现出来。

（2）方法反思

在用户体验地图模块的实训过程中，你对这个方法的使用有哪些心得体会？

（3）行动影响

在完成用户体验地图模块的实训过程中，你认为自己或者团队还有哪些地方需要改进？

（三）任务三：运用5W2H分析法深究因果关系，发现未知，创造更好的体验

1.任务分析

能够运用5W2H分析法，发现未知的事实，找到真正的需求，创造超越客户预期的体验。

2.任务实施

学生分组选择一个项目或者品牌作为研讨对象，从5W2H分析法的角度着手，搜集整理相关资料，对该品牌或者项目进行分析，并将分析成果做成展示PPT。

3.任务评价

（1）技能评价

分析文案的逻辑性、准确性、合理性、完整性、原创性等。

（2）展示评价

PPT制作水平、演讲能力、信息素养、时间分配、团队合作等。

4.学习步骤

工作坊的各小组可将研讨要点记录在下表中。

研讨目标	研讨结果
why	
what	

续表

研讨目标	研讨结果
where	
when	
who	
how	
how much	

5.课后作业

（1）知识复盘

通过对5W2H分析法模块的实训，你掌握了哪些知识？请用思维导图的形式表现出来。

（2）方法反思

在5W2H分析法模块的实训过程中，你对这个方法的使用有哪些心得体会？

（3）行动影响

在完成5W2H分析法模块的实训过程中，你认为自己或者团队还有哪些地方需要改进？

第三节 项目实训三——创意开发与设计构想

一、实训概况

（一）实训内容

HMW分析法、六项思考帽、TRIZ理论3种服务设计工具训练。

（二）实训目的

掌握HMW分析法、六项思考帽、TRIZ理论3种服务设计工具的内涵，能够合理运用3种服务设计工具探索发现与了解问题，创新解决方案。

（三）教学重点

掌握HMW分析法、六项思考帽、TRIZ理论的内涵。

（四）教学难点

能够运用HWM分析法、六项思考帽、TRIZ理论创新解决方案。

（五）教学方法

（1）教学理念

以"学习金字塔"的理论为指导，提倡学生主动学习，培养学生智力输出的能力。以学生为本，个性化引导学生学习。

（2）教学方法

确立"共创工坊"的教学模式。以教师为主导，实施情景教学、任务驱动、问题导向的教学方法。以学生为主体，实施体验式学习、自主式学习、探究式学习。

（3）教学资源

优质硬件和软件资源作为教学环境有效支撑，帮助实现教与学交互的智慧教室，课程资源库平

颠覆思维：
HMW

创意发散：
六项思考帽

创意生成：
TRIZ理论

台、抖音、微信、超星学习通等助力线上线下混合式学习工具。扫描上方二维码可以观看HMW分析法、六项思考帽、TRIZ理论的教学视频。

（六）作业要求

突出操作性，重点培养学生运用服务设计工具的操作技能。利用工具进行流程梳理的项目文案为70分，小组展示陈述为30分。

（七）作业评价

教师评价占比为70%，学生小组之间评价为30%。

二、设计案例（企业）——HMW分析法的使用案例

HMW（How Might We）分析法是一种打开思路、全面分析问题的方法，在产品/服务设计工作中我们可以用于几个方面：第一，找方向，解决

-127-

这个问题的方向，打开思考的困局；第二，扩展思路，把一个小问题大幅扩展，把问题想透；第三，头脑风暴，暂时不需要考虑具体的方案，让头脑风暴更高效；第四，创新点，让每个吐槽都可以变成创新点在工作中我们经常可以用到这种方法。（图2-3-1）

（一）第一步：明确用户和问题

如何提好问题是一门技术。首先要提聚焦且开放的问题，其次要明确用户、场景、问题。例如：明确用户、场景、问题，描述清楚（图2-3-2），明确解决问题带来的好处（图2-3-3）。

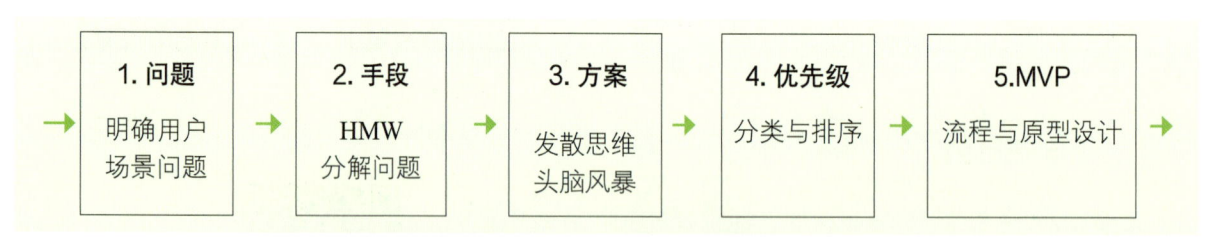

→ 1.问题 明确用户 场景问题 → 2.手段 HMW 分解问题 → 3.方案 发散思维 头脑风暴 → 4.优先级 分类与排序 → 5.MVP 流程与原型设计 →

图 2-3-1　HMW 流程图

错误示例	正确示例
解决用户网购问题	解决用户网购过程中无法支付的问题
解决用户吃饭问题	解决用户吃饭时不知道吃什么的问题
用户留存率较低问题	某视频教学网站用户注册后有70%的用户没回来看视频
用户不愿意点评问题	筷来点小程序用户下单后70%没有进行评论的问题
解决用户找不到女朋友问题	一个男生喜欢一个女生，但女生有男朋友，不知道怎么办的问题

图 2-3-2　明确用户、场景、问题，描述清楚

错误示例	正确示例	解决问题后的收益
解决用户网购问题，明确解决问题带来的好处（图2-3-2）	解决用户网购过程中无法支付的问题	提高支付转化率
解决用户吃饭问题	解决用户吃饭时不知道吃什么的问题	提高餐厅满意度
用户留存率较低问题	某视频教学网站用户注册后有70%的用户没回来看视频	提高用户活跃度
用户不愿意点评问题	筷来点小程序用户下单后70%没有进行评论的问题	提高用户留存率
解决用户找不到女朋友问题	一个男生喜欢一个女生，但女生有男朋友，不知道怎么办的问题	帮用户找到女朋友

图 2-3-3　明确解决问题带来的好处

（二）第二步：拆解问题

拆解问题的方向有很多种，大致是五个方向：第一，否定，即如何想办法让用户放弃这个想法；第二，积极，即如何让用户提升自己来解决问题；第三，转移，即如何让其他人解决问题，继而解决这个用户的问题；第四，脑洞大开，即找想一些不敢想的一些方案；第五，分解，即把很大的问题拆解成二到三个步骤。（图2-3-4）

（三）第三步：解决方案

针对HMW列解决方案：第一，穷举，通过头脑风暴，穷举所有解决方案，不管行不行都列上去；第二，打开思路，不要限制自我，先列出来，后面办法进行限制，用优先级排序法等方法都可以。（图2-3-5）

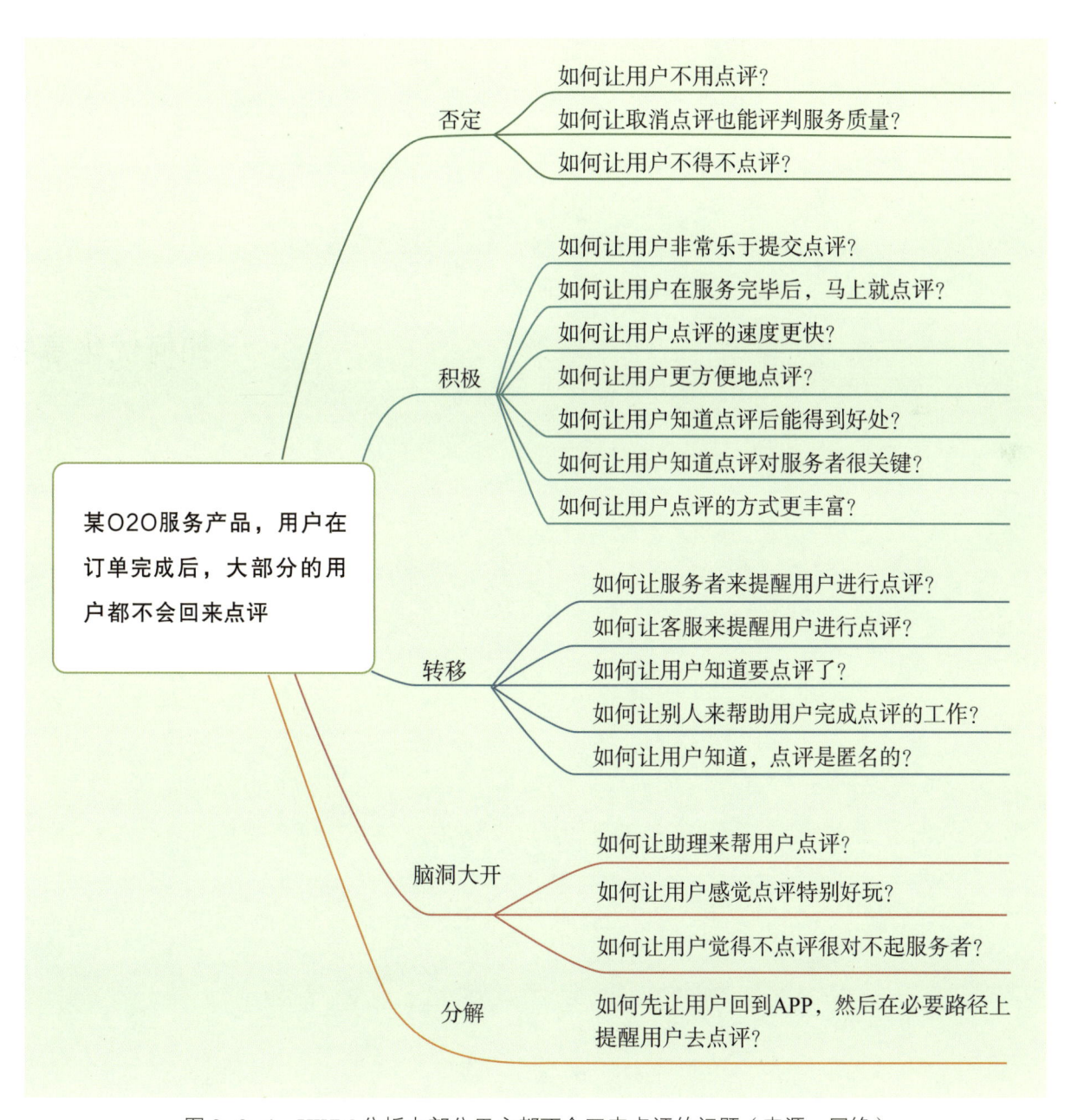

某O2O服务产品，用户在订单完成后，大部分的用户都不会回来点评

否定
- 如何让用户不用点评？
- 如何让取消点评也能评判服务质量？
- 如何让用户不得不点评？

积极
- 如何让用户非常乐于提交点评？
- 如何让用户在服务完毕后，马上就点评？
- 如何让用户点评的速度更快？
- 如何让用户更方便地点评？
- 如何让用户知道点评后能得到好处？
- 如何让用户知道点评对服务者很关键？
- 如何让用户点评的方式更丰富？

转移
- 如何让服务者来提醒用户进行点评？
- 如何让客服来提醒用户进行点评？
- 如何让用户知道要点评了？
- 如何让别人来帮助用户完成点评的工作？
- 如何让用户知道，点评是匿名的？

脑洞大开
- 如何让助理来帮用户点评？
- 如何让用户感觉点评特别好玩？
- 如何让用户觉得不点评很对不起服务者？

分解
- 如何先让用户回到APP，然后在必要路径上提醒用户去点评？

图2-3-4　HWM分析大部分用户都不会回来点评的问题（来源：网络）

服务设计思维工具手册

```
多举办活动
VR虚拟交易      如何让沟通过程变得好玩
语音，视频                                    脑洞大开
        交易前私聊   如何在交易前必须沟通
                  如何让用户每天主动与其他用户沟通                     如何优化享物说
培养用户习惯    如何让用户一天不沟通就难受
                                              分解
```

图 2-3-5　HMW 分析如何优化享物说平台社交效果（来源：网络）

第二章 设计与实训

```
这一平台的社交效果
├── 否定
│   ├── 如何让用户不与其他用户产生交流
│   ├── 如何让用户不在这个平台交流而在其他平台进行沟通
│   ├── 如何让用户不与其他用户交流也能找到想要的东西记录用户习惯，针对性进行推荐商品
│   ├── 如何让用户减少交流弱化社交功能
│   └── 如何让其他功能吸引用户记录用户习惯，针对性推荐用户喜欢的内容
├── 积极
│   ├── 如何让用户喜欢与其他用户沟通
│   │   ├── 与用户沟通影响会员等级
│   │   ├── 用户发布内容后，快速回应
│   │   ├── 举办资源性话题，让用户多多参与
│   │   ├── 用户沟通有奖励
│   │   └── 增加活跃度排行榜
│   ├── 如何让用户间沟通更方便
│   │   ├── 优化发布动态路径
│   │   ├── 增加互动引导
│   │   ├── 增加好友动态更新提醒
│   │   ├── 发布用户故事更加简便
│   │   └── 展示关注与被关注的启用
│   ├── 如何让用户沟通花样更多
│   │   ├── 增加更多的表情包，让用户斗图
│   │   ├── 分享的形式更加多样化
│   │   └── 增加直播功能
│   ├── 如何让用户知道跟其他用户沟通有好处
│   │   ├── 子主题1：用户分享后给与奖励/等级认证
│   │   └── 子主题2：用户分享后可以分享收益
│   └── 如何让用户拥有更多的好友
│       ├── 推送可能认识的人
│       └── 邀请好友得奖励
└── 转移
    ├── 如何让平台提醒用户沟通
    │   ├── 文字引导
    │   └── 设置提醒
    ├── 如何让别的平台帮忙找别的平台谈合作
    └── 如何让其他用户主动与用户沟通
```

三、设计案例(院校)——基于情感体验的灯具产品服务设计研究

随着时代的发展、人们消费水平的提升,以物质产品为中心的传统经济逐渐向以用户需求为核心的体验经济转变。体验经济形态下,用户消费理念发生了变化,不再满足于单纯的产品功能,而是更加关注在使用产品时是否引起情感共鸣。

(一)用户情感需求与体验

定位使用场景:灯具产品作为成熟的工业产品,受众庞大且类型繁多,因此,在进行目标用户构建之前,需要先定位具体的使用场景,明确具体的研究对象。按照使用空间划分,灯具照明主要包括家居照明、商业照明、工业照明、道路照明、景观照明、特种照明等(图2-3-6)。对于用户而言,其生活起居、日常工作等都离不开灯具照明,其生活场景主要发生在客厅、卧室、厨房及卫生间等室内区域。

(二)构建目标用户

用户是情感体验研究的核心,构建目标用户主要通过访谈法和问卷调查的形式进行,并根据访谈和问卷调研的结果建立典型的用户角色。调研问卷由三部分构成:第一,基本信息,其中包括用户性别、年龄、职业、月收入、家庭情况等;第二,心理特征,其中包括用户价值取向、态度、兴趣、生活方式等;第三,行为特征,其中包括行为动机、能力和情感等。

本次调研共发放了问卷289份,回收有效问卷253份,深度访谈10人,根据调研的结果进行归纳整理,按照用户的年龄层次,构建了一组典型的用户角色,包括三类用户群体,青少年用户、中老年用户,用户画像(图2-3-7)。

场景种类	照明特点	场景种类	照明特点
 家居照明	1.涉及的主要是家居室内 2.灯具种类复杂,应用的情景和对光线的要求较高 3.满足用户生活需求	  道路照明	1.主要是在主次道路两旁 2.以高杆照明灯具为主 3.满足道路照明的需求
 商业照明	1.主要在商场等商业区域 2.以大型照明与氛围灯光为主 3.满足商业照明需求,突出氛围,吸引顾客	 景观照明	1.室外广场等休闲区域 2.以分散式照明与氛围灯光为主 3.满足休闲娱乐需求,突出氛围,打造特殊意境
 工业照明	1.主要在车间等作业场所 2.以分散式白光照明为主 3.满足工厂等单位作业为主	 特种照明	1.主要在特殊的作业场所 2.以特殊色彩和光感灯具为主 3.满足特种作业的需求

图2-3-6 场景分类及特点

用户画像一

姓名：小张
年龄：25
职业：摄影工作者

个人特点
1. 认知行为能力强
2. 容易接受新事物
3. 喜欢时尚新颖的东西

喜好行为
1. 喜欢在家开Party
2. 喜欢与家人在家一起K歌

用户画像二

姓名：李先生
年龄：42
职业：国企高管

个人特点
1. 认知行为能力较强
2. 较为成熟稳重
3. 有自己的人生理解

喜好行为
1. 喜欢在卧室读书看报
2. 喜欢与朋友一起品味有文化内涵的事物

用户画像三

姓名：王爷爷
年龄：74
职业：已退休

个人特点
1. 认知行为能力较弱
2. 情绪控制能力较弱
3. 有固定的生活模式

喜好行为
1. 喜欢安静卧室独自休息
2. 喜欢与家人在客厅交流谈心

图 2-3-7　用户画像

从用户画像图中可以发现，灯具产品的用户群体主要包括三类人群，一类是崇尚个性，喜爱潮流的年轻群体；一类是低调沉稳，注重涵养的中年群体；还有一类是老年用户，本身认知能力和行为能力较为退化。用户对灯具的情感需求，需要根据具体的情境和行为进行分析。

（三）用户痛点挖掘与需求分析

根据用户所处的服务场景（走廊、玄关、客厅、卧室、厨房、卫生间），结合调研结果和建立的用户角色，构建用户旅程图（图2-3-8）。

在使用灯具之前的阶段，用户情感痛点在于灯具造型不符合用户审美、控制器不符合操作规律等，这主要与灯具的造型、材质以及控制器设计有关。在使用灯具时的阶段，用户的主要痛点在于交互操作不流畅、缺乏和谐的光影氛围和个性化的服务等。灯具不能满足人们日常工作与生活的需要，特别是面对认知、行为能力衰退的老年用户尤为突出。主要的接触点是灯具造型结构与操作等。在使用灯具后的阶段，用户的主要痛点在于不能引起人们对产品的联想与反思，缺乏足够的文化内涵与价值等。

根据挖掘的用户痛点，遵循马斯洛需求定律，将灯具用户情感需求进行归纳整理，得到感官情感需求、交互情感需求、社会情感需求三类。其中，感官是最基本的情感需求，反映的是最基本的本能层次的情感体验。以视觉和触觉为主，影响用户对灯具产品的直接感受。交互情感需求是用户对于良

阶段	使用灯具之前	使用灯具之时	使用灯具之后
用户行为	·1.观察灯具外观造型 ·2.寻找灯具开关的位置 ·3.观察灯具开关	·1.操作开关打开灯具 ·2.感受灯光的氛围 ·3.完成日常的工作、休闲、娱乐等活动	·1.完成操作,关闭灯具 ·2.回忆刚才的使用经历并反思
情感痛点	·1.灯具造型不够美 ·2.开关的位置不明显,不容易识别	·1.容易产生误操作 ·2.灯光与环境不协调 ·3.没有个性化的灯光调节 ·4.灯光容易影响日常工作、休息等,不适当的灯光容易使人产生疲劳等	·灯具缺乏文化价值,比较普通,不符合自身的品味和身份
服务触点	·1.灯具的造型、材料、工艺等 ·2.灯具的开关及其他操纵单元 ·3.灯具所处的室内环境	·1.灯具的交互单元 ·2.灯具的光影、光环境 ·3.灯具种类、所处的位置,照射方式等	·灯具的造型意象,背后的文化象征等

参考资料:
胡芮瑞、钱琳、汪海波,《基于情感体验的灯具产品服务设计研究》

图 2-3-8 用户旅程图

好交互体验的向往,能够正确完成灯具的开启、调节、关闭等,主要对应的是行为层次的情感体验。

(四)基于情感体验的灯具服务设计策略

灯具产品是家居照明服务的载体,通过照明可辅助用户日常生活并激发情感体验。根据罗仕鉴提出的服务设计的三个层次,基于情感体验的灯具服务设计可分为以下三类。

1.本体层次的灯具服务——个性化造型与灯光设计

本体层次的灯具服务从产品本身出发,关注用户对产品的第一印象,通过对灯具造型与灯光的合理设计,使其满足用户个性化情感需求,提升用户的感官情感体验。对于灯具而言,其造型的主要影响因素包括形态、色彩、材料、工艺,需要根据不同类型用户的审美需求(如年轻群体喜欢时尚简约的风格,老年群体则喜欢沉稳厚重的风格),再结合灯具本身的功能定位以及室内的整体风格进行创新设计，展现灯具的外观美感。而灯光设计则需要考虑活动场景、室内环境以及用户的心理特点进行综合设计，以满足用户的需求，带给用户良好的情感体验。如对于玄关、客厅等室内休闲区域，需要在满足照明的前提下，利用灯光来装饰空间和创造气氛，提升视觉享受。

2.行为层次的灯具服务——良好的交互体验设计

在进行交互设计的过程中，灯具产品要充分考虑用户的认知特点与行为能力，要对操作时所处的场景进行设计，提升操作的效率，减少不良情绪，从而提升用户的情感体验。

3.价值层次的灯具服务——深层次的内涵文化设计

灯具历史源远流长，不仅是一种照明工具，还是社会文化和价值内涵在产品中的集中体现。灯具蕴含的审美情感、传统文化、情感象征，是用户对灯具的高级认知。好的灯具产品能够使用户具有丰富的反思体验，激发对灯具内涵文化的再思考，能够在欣赏、使用灯具的过程中实现自我，满足个性化的体验需求。

灯具产品作为强大的情感载体，具有旺盛的生命力。要从体验的角度分析用户情感体验的重要性，并探索用户的情感痛点与需求，提出相应的服务设计策略。服务设计优化后灯具产品，能够有效提升产品的情感体验，凸显了灯具的人性化、高技术化和多功能化等时代特征，丰富了人们的生活。

四、知识点

（一）颠覆思维：HWM分析法

HWM（How Might We）需求分析法：我们可以如何，主要适用于头脑风暴前去寻找解决问题的方向，扩展我们的思路，而不是局限在具体的解决方案里。在一个问题开始发散想要努力解出来的时候，要方向不要方法，要方法不要做法，要目标不要落地。HWM需求分析法适用于在明确的用户和场景进行思考（图2-3-9）。

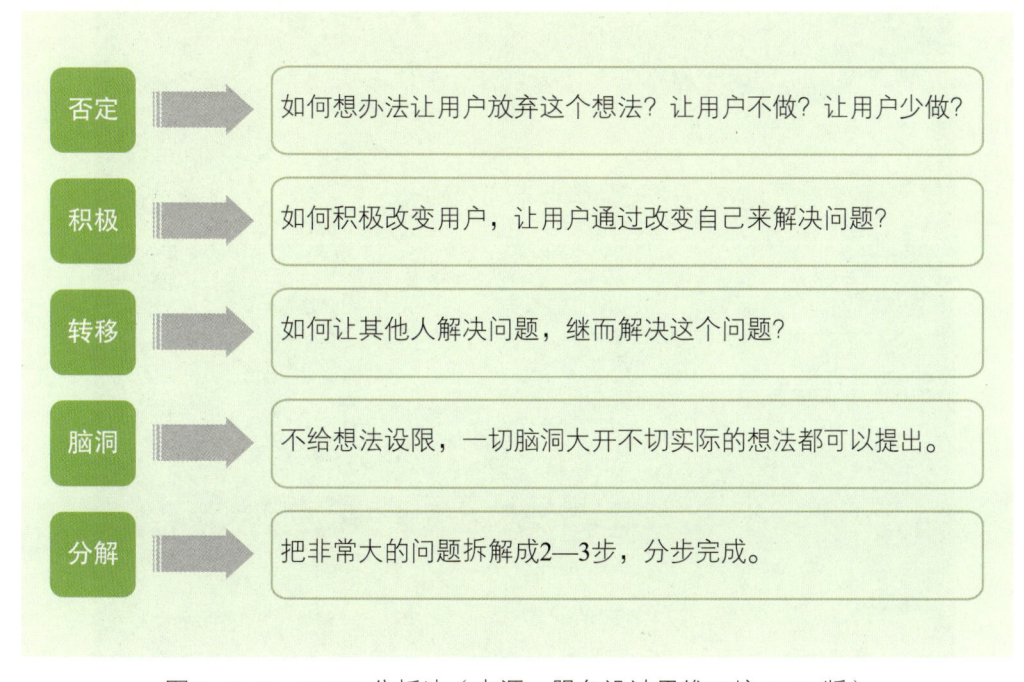

否定 ➡	如何想办法让用户放弃这个想法？让用户不做？让用户少做？
积极 ➡	如何积极改变用户，让用户通过改变自己来解决问题？
转移 ➡	如何让其他人解决问题，继而解决这个问题？
脑洞 ➡	不给想法设限，一切脑洞大开不切实际的想法都可以提出。
分解 ➡	把非常大的问题拆解成2—3步，分步完成。

图2-3-9　HMW分析法（来源：服务设计思维工坊2023版）

服务设计思维工具手册

（二）创意发散：六项思考帽

六项思考帽是"创新思维学之父"爱德华·德·博诺（Edward de Bono）博士开发的一种思维训练模式，或者说是一个全面思考问题的模型。它提供了"平行思维"的工具，避免将时间浪费在互相争执上，强调的是"能够成为什么"，而非"本身是什么"，是寻求一条向前发展的路，而不是争论谁对谁错。运用德·博诺的六项思考帽，将会使混乱的思考变得更清晰，使团体中无意义的争论变成集思广益的创造，使每个人变得富有创造力（图2-3-10）。

（三）创意生成：TRIZ理论

TRIZ 40个发明创新原理：TRIZ（Theory of inventive problem solving）意译为发明问题的解决理论。它不是采取折中或者妥协的做法，是基于技术的发展演化规律研究整个设计与开发过程，而不再是随机的行为。这是苏联海军专利调查员，发明家、教育家根里奇·阿奇舒勒（G.S.Altshuller）分析了20万个专利和创新案例总结出来的。（图2-3-11）

五、实训程序

（一）任务一：运用HMW分析法寻找解决问题的新方向

1. 任务分析

能够运用HMW分析法，从五个方向进行拆解，分别是积极、转移、否定、拆解、脑洞，寻找解决产品或服务问题的新方向，扩展我们的思路，而不是局限在具体的解决方案里。

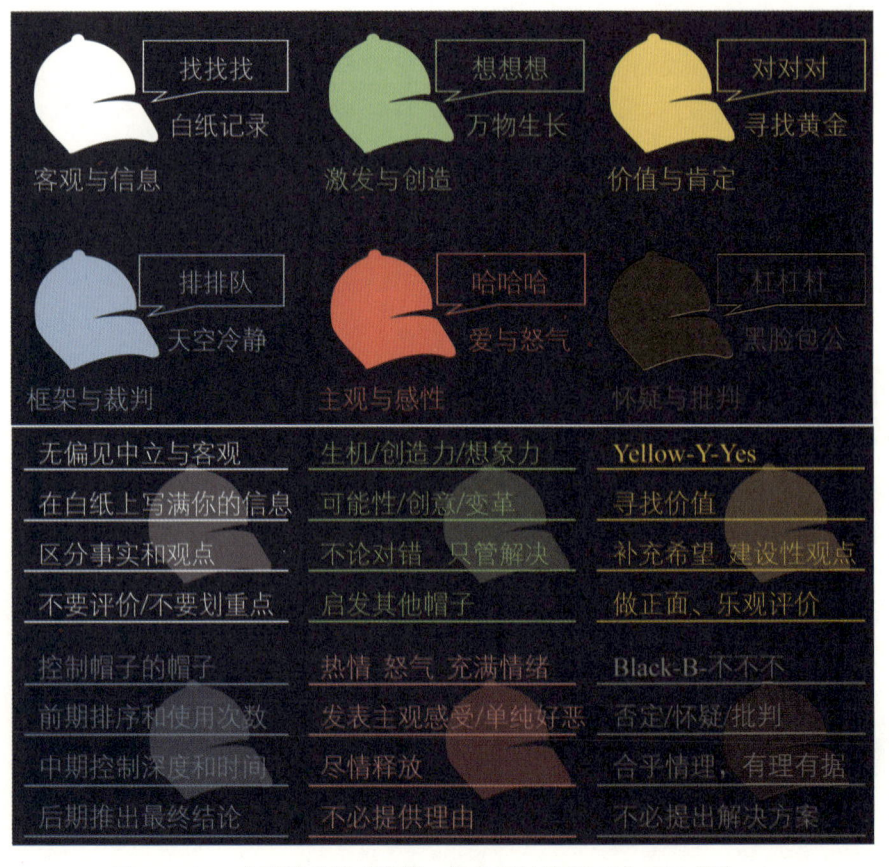

图2-3-10 六项思考帽（来源：服务设计思维工坊2023版）

序号	原理名称	序号	原理名称	序号	原理名称	序号	原理名称
No.1	分割	No.11	预先应急措施	No.21	紧急行动	No.31	多孔材料
No.2	抽取	No.12	等势性	No.22	变害为利	No.32	改变颜色
No.3	局部质量	No.13	逆向思维	No.23	反馈	No.33	同质性
No.4	非对称	No.14	曲面化	No.24	中介物	No.34	抛弃与修复
No.5	合并	No.15	动态化	No.25	自服务	No.35	参数变化
No.6	多用性	No.16	不足或超额行动	No.26	复制	No.36	相变
No.7	套装	No.17	维数变化	No.27	廉价替代品	No.37	热膨胀
No.8	重量补偿	No.18	振动	No.28	机械系统的替代	No.38	加速强氧化
No.9	增加反作用	No.19	周期性动作	No.29	气动与液压结构	No.39	惰性环境
No.10	预操作	No.20	有效运动的连续性	No.30	柔性壳体或薄膜	No.40	复合材料

图 2-3-11 TRIZ 理论（来源：网络）

2.任务实施

学生分组选择一个项目或者品牌作为研讨对象，从HMW分析法的角度着手，搜集整理相关资料，对该品牌或者项目进行分析，并将分析成果做成展示PPT。

3.任务评价

（1）技能评价：分析文案的逻辑性、准确性、合理性、完整性、原创性等。

（2）展示评价：PPT制作水平、演讲能力、信息素养、时间分配、团队合作等。

4.学习步骤

工作坊的各小组可将研讨要点记录在下表中。

研讨目标	研讨结果
否定	
积极	
转移	
脑洞	
拆解	

5.课后作业

（1）知识复盘

通过对HMW分析法模块的实训，你掌握了哪些知识？请用思维导图的形式表现出来。

（2）方法反思

在HMW分析法模块的实训过程中，你对这个方法的使用有哪些心得体会？

（3）行动影响

在完成HMW分析法模块的实训过程中，你认为自己或者团队还有哪些地方需要改进？

（二）任务二：运用六顶思考帽快速获取创意和解决方案

1.任务分析

能够运用六顶思考帽，减少头脑风暴时相互的争吵、指责、批评，将需要解决的问题分为六个独立的维度，分别进行讨论，焦点集中，快速获取创意和解决方案。

2.任务实施

学生分组选择一个项目或者品牌作为研讨对象，从六顶思考帽的角度着手，搜集整理相关资料，对该品牌或者项目进行分析，并将分析成果做成展示PPT。

3.任务评价

（1）技能评价：分析文案的逻辑性、准确性、合理性、完整性、原创性等。

（2）展示评价：PPT制作水平、演讲能力、信息素养、时间分配、团队合作等。

4.学习步骤

工作坊的各小组可将研讨要点记录在下表中。

研讨目标	研讨结果
白色 （中立、客观）	
黄色 （积极、正面）	
黑色 （谨慎、负面）	
蓝色 （冷静、归纳）	
红色 （直觉、情感）	
绿色 （创思、巧思）	

5.课后作业

（1）知识复盘

通过对六顶思考帽模块的实训，你掌握了哪些知识？请用思维导图的形式表现出来。

（2）方法反思

在六顶思考帽模块的实训过程中，你对这个方法的使用有哪些心得体会？

（3）行动影响

在完成六顶思考帽模块的实训过程中，你认为自己或者团队还有哪些地方需要改进？

（三）任务三：运用TRIZ理论系统分析问题，开发有竞争力的新产品

1.任务分析

能够运用TRIZ理论，帮助我们系统分析问题情境，快速发现问题本质或者矛盾，准确确定问题探索方向，突破思维障碍，打破思维定势，以新的视觉分析问题，进行系统思维，根据技术进化规律预测未来发展趋势，帮助我们开发富有竞争力的新产品。

2.任务实施

学生分组选择一个项目或者品牌作为研讨对象，从TRIZ理论的角度着手，搜集整理相关资料，对该品牌或者项目的产品或者服务进行分析，并将分析成果做成展示PPT。

3.任务评价

（1）技能评价

分析文案的逻辑性、准确性、合理性、完整性、原创性等。

（2）展示评价

PPT制作水平、演讲能力、信息素养、时间分配、团队合作等。

4.课后作业

（1）知识复盘

通过对TRIZ理论模块的实训，你掌握了哪些知识？请用思维导图的形式表现出来。

（2）方法反思

在TRIZ理论模块的实训过程中，你对这个方法的使用有哪些心得体会？

（3）行动影响

在完成TRIZ理论模块的实训过程中，你认为自己或者团队还有哪些地方需要改进？

第四节　原型设计

对于拥有设计思维的设计师来说，在开始实施项目之前，测试自己的想法是必不可少的。只有这样，设计师才能确定这一解决方案是实现目标的最有效途径。原型设计可以简单、快速地测试出什么是有效的、什么是适合目标的。无论是一项产品、一种服务，还是一个过程。

原型被定义为从其他形式发展而来的初始或暂行版本。设计师将因此而了解到自己设计的功能性及所有的必要改变，以使自己的设计为用户带来良好经历和体验。原型设计可以帮助设计师呈现现有问题，并告诉设计师这样的想法是否合理以及如何起作用。

一、纸板原型设计：简易直观

（一）目标效果

用纸张、笔、剪刀和胶水来制作创新想法、场景、故事、愿景、目标、未来等的模型，把需要讨论的创新想法清晰地展示出来。动态的演示可以用纸张制作的物体移动，比如利用便签贴来实现，可以用纸张来制作界面、流程和角色经历的原型等，直观地展现问题，使得大家更清楚地了解讨论的主题、想法。

（二）使用场景

纸板原型适用的场景有如下几种情况：当团队的思路限定在一个或一些话题的时候；你想帮助客户调查研究，探讨想法的可实现性的时候；需要深入了解客户需求的时候；对于想法需要澄清，达成共识的时候；对于一些想法需要用直观的表达进行交流讨论的时候。

（三）实施步骤

（1）准备道具：大白纸、A4纸、各种大小的彩色纸、各种彩色笔、剪刀、胶水等。

（2）以小组为单位，用手上的彩色纸将创新想法可视化。如果几个组讨论的是相同话题，最好让每个组选择不同的角度或者从不同的优先顺序进行制作。组长可以将情节分配给每个小组，拼起来就是整体的视图，就像连环画一样。在活动进行中，如果原型是功能性的实现，可以充分利用便签贴轻松改变和移动位置。

（3）最后每组都要向其他组汇报展示，确保展示的内容是对创新想法内容的说明，注意控制时间。

（4）记录展示的内容，最好将汇报过程用手机或者录像机录下来，同时为原型拍摄照片。

二、故事画板原型设计：场景演示

（一）目标效果

用纸张、笔、剪刀和胶水来制作创新想法、场景、故事、愿景、目标、未来等模型，把需要讨论的创新想法通过连环画的形式清晰地展示出来。整个故事线是有时间序列的，可以看到想法的整体视图。

（二）使用场景

故事画板原型设计适用的场景有已经将小组的想法浓缩成一个或者几个故事情节的时候，需要帮助客户充分理解或者投资在一个可能实现的"概念"想法的时候，采用直观的、可以看到故事情节的设计结果来说服客户或者投资者的时候。

（三）实施步骤

（1）准备道具：大白纸、A4纸、各种大小的彩色纸、各种彩色笔、剪刀、胶水等。

（2）以小组为单位，小组长首先和大家讨论小组的想法，将其叙述成一个故事线。每个小组用手上的彩色纸将分配的创新想法画成一幅草图。

（3）所有的小组聚集到一起，将每个小组的画贴到一张大白纸上，再用便签贴等进行补充、说明。

三、角色扮演：表演呈现

（一）目标效果

通过角色扮演，将创新点、故事情节等像演小品、演电影一样直接表演出来，这里不但是动态的，还有真情实感，更容易让人理解。像舞台剧一样，很多创新点、狂野的点子可全部活灵活现地展现在大家的面前。

（二）使用场景

故事画板原型设计适用的场景有已经把小组讨论的话题限制在一个或者一些角色的时候想更深入地了解某些角色的体验的时候，将想法以拟人的情景表演出来的时候。

（三）实施步骤

（1）准备道具：各小组可以根据自己小组的情景，扮演角色的不同，借用服装步骤把人物的经验演出来，让自己体验角色的经历展现出来，比只谈经验更有效。

（2）以小组为单位，每组的组员作为故事的主人公，把故事表演出来。如果所有的小组都是演绎相同的创新想法，请每组选择一个不同的角度或者不同的角色进行演绎。

（3）利用现有的资源布置场景：用桌子搭建场地，在纸上画一些草图。

（4）每组的所有成员都要上台表演，要演绎出对创新想法的体验，而非简单地叙述说明，要计算好时间。

四、案例：慕溪北欧定制旅游服务创新设计

慕溪CEO在芬兰的一个夏日清晨，心里深扎了一个念头，并决定为它而注册一个实体旅行公司，而这个公司的英文名为芥菜种（Mustard Seed）。它原是种子里面最小的，但等到长大起来，却比各种菜都大，且能成树，飞鸟能栖息在枝上。它就是深扎在心中的一个真实写照，小到可以只存活在一个小小的心念，却大到足够承载一群人共同愿景。这颗种子种在北欧，种在自己的心中，终有一天，它会种在所有喜欢北欧的人的旅途上。而中文名称来自一首诗：我的心切慕你，如鹿切慕溪水。面对未知的北欧，我们何尝不是一只充满好奇的小鹿，准备时时采撷它的美呢？

慕溪的价值观有三点：推崇品质和效率，充满探索精神，灵活且可靠。要做到与品牌价值观一致，这套服务设计必然是一个跳出固有思维的设计作品。

旅游者面对的挑战有花费大、沟通困难、人多拥挤、著名景点很少、当地资源匮乏、旅游者不了解当地。如何打造"不仅是过客"的旅行体验？走马观花的旅行方式导致旅程急促疲乏。想要深入当地生活，却又语言不通，缺乏渠道，没有与当地人产生联结的契机和平台。定制旅游目前认知度较低，如何让人们重新认识"定制旅游"？人们普遍认为定制旅游十分昂贵，而不会考虑这种旅游方式，加之"北欧"给人留下遥远、昂贵的印象，北欧定制旅游难抓住潜在用户群体。

目前定制旅游产品主要通过与客服一来一往的沟通确认细节，流程较为烦琐，需要花费用户较多

参考资料：
广州市意本象品牌策划有限公司联合广州美术学院，以秦臻主持，主创人员赖晓东，为慕溪北欧旅游公司量身定造的一套方便用户进行旅游定制与购买旅游产品等的服务创新设计。

第五节　项目测试

一、可用性测试

可用性的概念是指特定的用户在特定的使用场景下（用户在什么场景下），为了达到特定的目的而使用某些产品时（什么的目标做什么事情）所感受到的有效性、效率及满意度（感受）。可用性测试是通过观察有代表性的用户，完成产品的典型任务，从而找出可用性问题的过程。

（一）目标效果

可用性测试的目的一般就是有效性＋效率＋用户满意度。但是我们通常开发周期紧张的时候无法完全满足这些需求，这时候首先考虑的就是有效性问题，在时间和成本都允许的情况下再解决效率和满意度。而在这3点的基础上我们当时还会有这3个问题：预知风险，对抗风险；获得一手信息；发现问题，甄别问题。

（二）使用场景

在可用性测试中，设计研发团队引导目标用户完成预定任务，通过对受测者任务的完成情况，来检查产品或服务的可用性。可用性测试是最接近真实使用情景的测试方法，受测者就是我们产品的目标用户。测试内容围绕产品的核心功能展开。测试方法是请设计项目的目标用户模拟在真实使用情境下"使用"产品，达成"需求"。

（三）实施步骤

以一个1小时左右的测试为例，其基本的流程和时间分配情况大致如下。

1.序曲（2分钟），自我介绍、活动介绍、录像许可、保密协议。

2.事前访谈与说明（5分钟），询问用户背景以及产品使用情况，让用户在执行任务的过程中说出正在思考的内容（发声思考法说明）。

3.任务执行（30分钟），布置任务并观察。

4.事后访谈（5—10分钟），感想、主观评价、期望等。

5.尾声（2分钟），表达感谢，支付报酬、送客。

根据测试目的与访谈人的个人喜好，访谈的构成也不是一成不变的。比如，有的访谈人喜欢在每个任务结束之后就询问参与者的想法和评价，或者可用性测试是在线上完成的，那么就无法完成保密协议签订这一步等。

二、价值机会分析

产品设计为用户创造了某种体验，体验越好，产品对用户的价值就越高。在产品设计过程里，这些设计可以切入的点称之为价值机会。

（一）目标效果

产品设计中有七个可以提升的价值机会分别是情感、美学、个性形象、人机工程、影响力、核心技术和质量。

（二）使用场景

在日常的产品设计过程中往往是以设计师个人的角度出发，凭借着经验来设计产品。这样做虽然快速，但不够全面及理性。如果能从情感、美学、个性形象、人机工程、影响力、核心技术及质量多角度考虑，产品设计过程中的价值机会也会变得更大。产品设计的方法与过程实际上是一个比较理性的过程。我们不可能在七个产品设计价值机会上都有突破，但如果我们尝试在每一个价值机会上下些功夫，或许就会有一个或二个价值机会被打开。这样产品在市场上的表现更好的机会也会更加大。

（三）实施步骤

设计者可以通过这七种价值机会分析的角度，针对产品或服务的设计依次进行评价。

1. 情感是第一个价值机会。情感界定了体验的核心内容，情感体验确定了产品的幻想空间。人是具有感性的复杂动物。当我们在使用产品的时候，产品往往会影响我们的心情。我们把情感属性划分为冒险、独立感、安全感、感性、信心、力量。

2. 美学是第二个价值机会。着眼于感官的感受，通常说的五感（视觉、听觉、触觉、嗅觉、味觉）就是美学价值机会的重要属性。

3. 个性形象也同样能强化情感的价值机会，并且支持了用户拥有与使用这种产品的梦想。

4. 人机工程是一个非常重要的价值机会。

5. 社会影响力及环境影响力也能增加价值机会。人是一个有价值倾向的特殊动物，对一些社会影响力及环境影响力会产生内心的一些共鸣。一个产品如果能够在社会上引起共鸣，并能为社会提供正能量，它同样也能增加产品的价值机会。

6. 美学与个性瞄准是造型因素，核心技术和质量价值瞄准的是技术因素。技术保证产品的功能良好、运转正常，能达到人们所期望的性能，使产品工作稳定、可靠。

7. 质量也是一个价值机会。一个产品质量的好坏将影响它的口碑，从而也会影响之后的市场。

三、语义差异量表

语义差异量表是语义分化的一种测量工具，是由社会心理学家奥斯古德（Osgood.C.E.）和他的同事萨西（Suci. G.J.）、坦纳鲍姆（Tannenbaurn. P.H.）等于20世纪50年代编制的。此类量表由一系列两极性形容词组成，并被划分为7个等值的评定等级（有时也可以划分为5个或9个），主要含有三个基本维度，即"评价的"（如好的与坏的、美的与丑的、干净的与肮脏的），"能量的"（如大的与小的、强的与弱的、重的与轻的），"活动的"（如快的与慢的、积极的与消极的、主动的与被动的）。它们具有显示任何概念含义的语义空间的特质。研究者可以据此来描述任何概念及其相关问题性质或属性方面的根本意义。

（一）目标效果

在社会学、社会心理学和心理学研究中，语义差异量表被广泛用于文化的比较研究、个人及群体间差异的比较研究以及人们对周围环境或事物的态度、看法的研究等。语义差异量表以形容词的正反意义为基础，标准的语义差异量表包含一系列形容词和它们的反义词，在每一个形容词和反义词之间有7—11个区间。我们对观念、事物或人的感觉，可以通过所选择的两个相反形容词之间的区间反映出来，这要求人们记下对性质完全相反的不同词汇的反应强度。

（二）使用场景

语义差异量表被广泛地用于市场研究，用于比较不同品牌商品、生产商的形象以及帮助制定广告、促销等战略和新产品开发计划。

（三）实施步骤

1. 确定每一片断的维度，供受访者判断。

2. 界定两个相反的术语代表每一维度的两极（为防止回答偏差，最好将彼此有关系的项目位置加以变化）。

3. 作出语义差异的计分表。对于语义差异量表中的不同项目，根据受访者的回答进行打分。结果

数据可用来分析不同测量对象、不同受访者的相同点和不同点，还可将各项目的得分加总，用以比较不同测量对象整体形象的偏好等级。如：首先列举几组反义词如"有趣"与"无趣""复杂"与"简单""和谐"与"噪杂""传统"与"现代"等，然后让人们填写下面的表格。从被试者的选择上可以清楚地看出他的评价。

第六节　岗课赛证

一、赛事一：联合国可持续发展目标创意赛/可持续设计大赛

此项赛事是未来设计师·全国高校数字艺术设计大赛（NCDA）的赛项之一，由工信部人才交流中心主办，教育部中国高等教育学会认定、"学习强国"学习平台支持的国家级大学生竞赛。大赛秉承"设计为人民服务，培养未来设计师"的理念，坚持艺术与技术并重、学术与公益并重，倡导可持续发展，绿色低碳设计，传承红色文化，助力乡村振兴，鼓励大学生积极参与创新设计，用专业知识服务社会、拓展国际视野、培养团队协作精神，成为未来的主力设计师，得到"学习强国"学习平台等权威媒体的宣传报道及联合国机构的称赞。

竞赛内容：符合可持续发展理念的产品、包装、装饰、服装服饰、城市、建筑、室内、景观、展览展示、商业橱窗、公共艺术等设计方案均可投稿，需符合联合国可持续发展目标SDGs，能阐明设计方案的可持续性，中英文对照。

二、赛事二：中国国际"互联网＋"大学生创新创业大赛

中国国际"互联网＋"大学生创新创业大赛是由教育部与政府、各高校共同主办的赛事。大赛要求参赛项目能够将移动互联网、云计算、大数据、人工智能、物联网、下一代通讯技术、区块链等新一代信息技术与经济社会各领域紧密结合，服务新型基础设施建设，培育新产品、新服务、新业态、新模式。发挥互联网在促进产业升级以及信息化和工业化深度融合中的作用，促进制造业、农业、能源、环保等产业转型升级。发挥互联网在社会服务中的作用，创新网络化服务模式，促进互联网与教育、医疗、交通、金融、消费生活等深度融合。要从实际问题中来，到实际问题中去，能解决实际问题，项目创新点是一个项目的核心，能达到的最终高度关键取决于核心思路。（表2-6-1、表2-6-2）

表2-6-1　高教主赛道项目评审要点：创意组（2022年）

评审要点	评审内容	分值
教育维度	1. 项目应弘扬正确的价值观，体现家国情怀，恪守伦理规范，有助于培育创新创业精神。 2. 项目符合将专业知识与商业知识有效结合并转化为商业价值或社会价值的创新创业基本过程和基本逻辑，展现创新创业教育对创业者基本素养和认知的塑造力。 3. 体现团队对创新创业所需知识（专业知识、商业知识、行业知识等）与技能（计划、组织、领导、控制、创新等）的娴熟掌握与应用，展现创新创业教育提升创业者综合能力的效力。 4. 项目充分体现团队解决复杂问题的综合能力和高级思维，体现项目成长对团队成员创新创业精神、意识、能力的锻炼和提升作用。 5. 项目能充分体现院校在新工科、新医科、新农科、新文科建设方面取得的成果，体现院校在项目的培育、孵化等方面的支持情况，体现多学科交叉、专创融合、产学研协同创新、产教融合等模式在项目的产生与执行中的重要作用。	30

续表

评审要点	评审内容	分值
创新维度	1.项目遵循从创意到研发、试制、生产、进入市场的创新一般过程，进而实现从创意向实践、从基础研发向应用研发的跨越。 2.团队能够基于学科专业知识并运用各类创新的理念和范式，解决社会和市场的实际需求。 3.项目能够从产品创新、工艺流程创新、服务创新、商业模式创新等方面着手开展创新创业实践，并产生一定数量和质量的创新成果以体现团队的创新力。	20
团队维度	1.团队的组成原则与过程是否科学合理，团队是否具有支撑项目成长的知识、技术和经验，是否有明确的使命愿景。 2.团队的组织构架、人员配置、分工协作、能力结构、专业结构、合作机制、激励制度等的合理性情况。 3.团队与项目关系的真实性、紧密性情况，对项目的各项投入情况，创立企业的可能性情况。 4.支撑项目发展的合作伙伴等外部资源的使用以及与项目关系的情况。	20
商业维度	1.充分了解所在产业（行业）的产业规模、增长速度、竞争格局、产业趋势、产业政策等情况，形成完备、深刻的产业认知。 2.项目具有明确的目标市场定位，对目标市场的特征、需求等情况有清晰的了解，并据此制定合理的营销、运营、财务等计划，设计出完整、创新、可行的商业模式，展现团队的商业思维。 3.项目落地执行情况，项目对促进区域经济发展、产业转型升级的情况，已有盈利能力或盈利潜力情况。	20
社会价值维度	1.项目直接提供就业岗位的数量和质量。 2.项目间接带动就业的能力和规模。 3.项目对社会文明、生态文明、民生福祉等方面的积极推动作用。	10

表2-6-2 高教主赛道项目评审要点：初创组、成长组（2022年）

评审要点	评审内容	分值
教育维度	1.项目应弘扬正确的价值观，体现家国情怀，恪守伦理规范，有助于培育创新创业精神。 2.项目符合将专业知识与商业知识有效结合并转化为商业价值或社会价值的创新创业基本过程和基本逻辑，展现创新创业教育对创业者基本素养和认知的塑造力。 3.项目能体现团队对创新创业所需知识（专业知识、商业知识、行业知识等）与技能（计划、组织、领导、控制、创新等）的娴熟掌握与应用，展现创新创业教育提升创业者综合能力的效力。 4.项目能充分体现团队解决复杂问题的综合能力和高级思维，能体现项目成长对团队成员创新创业精神、意识、能力的锻炼和提升作用。 5.项目能充分体现院校在新工科、新医科、新农科、新文科建设方面取得的成果，能体现院校在项目的培育、孵化等方面的支持情况，能体现多学科交叉、专创融合、产学研协同创新、产教融合等模式在项目的产生与执行中的重要作用。	20

续表

评审要点	评审内容	分值
商业维度	1.充分掌握所在产业（行业）的产业规模、增长速度、竞争格局、产业趋势、产业政策等情况；具有明确的目标市场定位，充分掌握目标市场的特征、需求等情况；具有完整、创新、可行的商业模式。 2.经营绩效方面，重点考察项目存续时间、营业收入（合同订单）现状、企业利润、持续盈利能力、市场份额、客户（用户）情况、税收上缴、投入与产出比等情况。 3.经营管理方面，是否有清晰的企业发展目标；是否有完备的研发、生产、运营、营销等制度和体系；是否采用先进、科学的管理方法，以确保企业具有较强的竞争力。 4.成长性方面，是否有清晰、有效、全方位的企业发展战略，并拥有可靠的内外部资源（人才、资金、技术等方面）实现企业战略，以建立企业的持续竞争优势。 5.现金流及融资方面，关注项目融资情况、获取资金渠道情况、企业经营的现金流情况、融资需求及资金使用情况是否合理。 6.项目对促进区域经济发展、产业转型升级的情况。	30
团队维度	1.团队的组成原则与过程是否科学合理，团队是否具有独特的支撑项目成长的知识、技能、经验以及成熟的外部资源网络，是否有明确的使命愿景。 2.公司是否具有合理的组织构架、清晰的指挥链、科学的决策机制，是否有合理的岗位设置、分工协作、专业能力结构，是否有良好的内部沟通机制，是否有合理的股权结构、激励制度等。 3.团队对项目的各项投入情况及团队成员的稳定性情况。 4.支撑公司发展的合作伙伴等外部资源的使用以及与公司关系的情况。	20
创新维度	1.项目遵循从创意到研发、试制、生产、进入市场的创新过程，进而实现从创意向实践、从基础研发向应用研发的跨越。 2.团队能够基于专业知识并运用各类创新的理念和范式，解决社会和市场的实际需求。 3.项目能够从产品创新、工艺流程创新、服务创新、商业模式创新等方面着手开展创新实践，产生一定数量和质量的创新成果，获得相应的市场回报。 4.项目能够从创新战略、创新流程、创新组织、创新制度与文化等方面进行设计协同，对创新进行有效管理，进而保持公司的竞争力。	20
社会价值维度	1.项目直接提供就业岗位的数量和质量。 2.项目间接带动就业的能力和规模。 3.项目对社会文明、生态文明、民生福祉等方面的积极推动作用。	10

三、赛事三：中国服务设计优秀案例征集

北京光华设计发展基金会长期以公益手段支持服务设计领域学术研究和国际合作。自2018年推出首届中国服务设计大会以来，业界反响强烈。连续举办四年来，联合国内外服务设计领域顶尖学者、专家以及领军企业共同推动"服务设计"相关政策出台、行业发展和人才培育，充分发挥了服务设计在服务型经济转型中的重要作用。

服务设计作为服务经济中的重要组成部分，受到各个国家越来越高的重视，人们也逐渐认识到服务设计和产品服务系统对人类可持续发展的重要作用。服务设计强调系统性的解决社会生活中的复杂问题，把人、物（产品）、环境等因素与以人为本的设计理论有机结合，形成一种全新的设计构想，为构建21世纪人类的健康和谐的可持续发展的生活方式提供可能。服务设计的意义在于将人、社会、环境等彼此融会贯通，确保消费者需求、企业创新可持续发展、环境利益和社会效益的和谐统一，为构建人类命运共同体做出贡献。

为了更好地推广服务设计理念及方法，大会挖掘、表彰及传播服务设计优秀案例，让更多的人和组织看到服务设计的价值，学习服务设计的应用，最终促进整体服务经济发展！现面向国内外相关行业组织、高校院所、企业单位等机构，征集中国服务设计优秀案例。

案例筛选着重在商业服务、通讯服务、建筑服务、销售服务、教育服务、环境服务、金融服务、健康与社会服务、旅游服务、文化体育服务、交通运输服务、其他服务等12大领域，主要体现服务设计促进产业数字化转型典型，提供社会化服务和构建命运共同体。案例可以是服务设计与制造业的深度融合、服务设计的典型应用、社会化公共服务设计、产品服务系统设计、设计的相关标准、服务设计培训体系的构建等方面，包含"主要做法、实践效果、未来或长期规划等"。以生动的事件描述和真实的数据对比，体现服务设计助力社会经济的重要作用。

（一）知识点（打分点）解析

序号	打分点
1	寻找商业和公共组织中服务设计实践的证据
2	识别、分析和评估服务设计所产生的经济、个人和社会价值
3	了解服务设计如何在商业环境中起作用以及哪种组织结构最适合应用服务设计
4	了解服务设计如何在一系列商业和公共服务中提高组织竞争力

（二）技能、能力、得分点，列表参照

案例梳理框架，全文3000字以内，以下框架内容作为参考。

1.第一部分：概述（300字以内）

（1）服务设计应用的企业、机构的简要概述。（2）企业或机构的组织结构、功能描述等。

2.第二部分：设计团队情况

（1）机构中或者外部服务设计团队的情况概述。服务设计师的数量、性别、年龄、教育程度、从业经历与水平、基本程序和方法、工具和辅助工具等。（2）外协服务设计团队情况。外协团队成员数量，发挥的作用，哪个部门来整合，与团队的关系与服务设计执行的关系有多大。

3. 第三部分：在组织中的服务设计

（1）服务设计部门的汇报单位、汇报流程与组织架构。（2）哪个部门或者角色来定义服务设计的摘要。（3）哪个部门或者角色负责项目开发的决策。（4）如何评估服务设计的贡献。（5）服务设计师对于现状的评估是什么。（6）未来五年的期望是什么。

4. 第四部分：服务设计实施过程

（1）设计人员是否有一致行动的准则。如果有，是明确显性的要求，还是隐性的要求，其他部门如何知晓。（2）设计师是否进行用户调研。（3）设计师是否评估用户对设计产品（服务也是产品的一种）的反应。（4）设计的目标与企业/机构的目标与使命是否同步。（5）市场营销、销售、工程技术等职能部门是否共享信息并参与设计合作。（6）设计是否是其他企业/机构的基准。如果是的话，如何沟通相关信息。（7）设计是否可以识别市场空白并识别问题和潜在可能性。（8）设计如何让企业的产品（服务也是产品的一种）在竞品中出类拔萃。

5. 第五部分：服务设计成果分析

（1）对运营效率和用户体验的贡献。（2）对比结果，和上一代服务相比，这次的结果是有了较小的修改，还是实现了逐步改善，还是在类别上有根本变化，还是完全是全新的颠覆。商业价值数据描述，社会价值描述。（3）品牌文化建设的推动，是否可以找到线索服务设计建立了围绕服务的用户忠诚度。

6. 第六部分：如何发挥设计的推动作用

（1）设计师是否在评选中获奖。（2）是否支持设计师进修。（3）设计师是否参加外部讲座、会议和培训。（4）内部宣传中是否涉及设计。

7. 第七部分：企业战略与设计

（1）公司的目标和未来规划是什么。（2）产品的领导力，公司的设计方法是否具有远见和创新性，如何体现。（3）最高管理者是否相信设计可以为未来的增长提供杠杆？如果是的话，怎么做。

四、获奖案例：中国服务设计十大优秀案例——华为终端开发者伙伴服务体系设计项目

（一）案例概述

华为公司近年来着力发展HMS（Huawei Mobile Services）/鸿蒙等生态战略，并将生态合作伙伴价值实现纳入到公司的价值观之中。生态伙伴尤其是开发者体验成为生态战略中至关重要的一个环节。HMS/鸿蒙为开发者及厂商提供了丰富的开放服务能力。将这些高科技传递给开发并能够充分为他们所用，不仅要充分理解开发者的心智模型及使用习惯，更要创新性地结合服务设计思维。以全流程服务开发者为切入点，让华为开发服务及能力有效、高效、简单地服务于开发者。

开发者服务体系包含了线上与线下相结合的方式，本次案例介绍着重讲解如何构建生态开发者线上服务体系。完整的线上服务体系包含了产品官网、社区、市场、资料、客服、工作台等一系列复杂产品（均承载在华为开发者联盟），以服务设计的视角通过梳理服务动线识别出核心的服务体验路径。围绕路径上接触点打造优质的体验设计，帮助开发者更加高效地熟悉、理解并融入华为生态中来。项目整体实施复杂，接下来重点将项目中服务设计的关键点及成果进行阐述讲解。

（二）开发者服务体系实施方案介绍

优秀的服务设计是充分结合产品不同的阶段战略目以及用户的心智发展阶段来，为用户提供该阶

段最佳的服务体验。华为终端开发者服务体系同样包含了多样的服务与产品，如何识别出有效的服务路径及触点体验来增强用户黏性是关键。当前，华为生态与伙伴均处于快速成长期。2020年，华为面向全球用户发布了HMS（Huawei Mobile Services）/鸿蒙开放服务能力，如何通过良好的引导服务来帮助开发者快速地探索理解价值，并有意愿加入华为生态是体验关注的重点。2021年，为了帮助开发者开发优质的产品，华为提供了优质的知识产品来帮助开发者学习成长。因此在服务体系的构建上，我们也经历了两个阶段，1.0阶段为引导服务路径加速开发者融入，2.0阶段为学习服务路径加速开发者成长。

1. 服务体系1.0阶段解决方案——引导服务路径

引导阶段与开发者核心触点包含了注册、客服、论坛、能力内容、文档等，基于此切入点进行了大量的用户研究。核心围绕着如何能让开发者简单轻松地适应生态，如何帮助更好地了解华为开放能力，如何贴近开发者日常习惯降低使用门槛，如何让开发者快速找到自己想要的内容等问题，并梳理出完整的引导服务蓝图。基于引导服务蓝图与产品团队进行综合分析，得出引导服务路径上有3个高价值的关键路径：感知价值路径、探索能力路径、解决问题路径（图2-6-1）。在感知价值路径上，将服务前置贴近开发者已有的生态环境，如YouTube等社区。将内容与开发者已有的社区进行融合打通，引导开发者进入到产品中，为开发者提供符合心智模型认知的价值传递，并以场景化方式展现Kit等服务能力，并用结构化的引导方式向开发者介绍如何快速地加入生态中来。在探索路径上为开发者提供明确的使用路径及起点，让开发者快速上手，并基于开发者的操作习惯，将高频操作进行聚合提升操作效率，利用试用试玩的低门槛手段让开发者能够快速上手了解能力。当然还有很多引导服务的接触点创新设计不在此一一赘述，全新的引导服务设计在去年底落地到了开发者联盟产品，得到了用户的良好反馈，认为非常贴合当前的习惯并愿意进一步了解并融入华为生态体系。

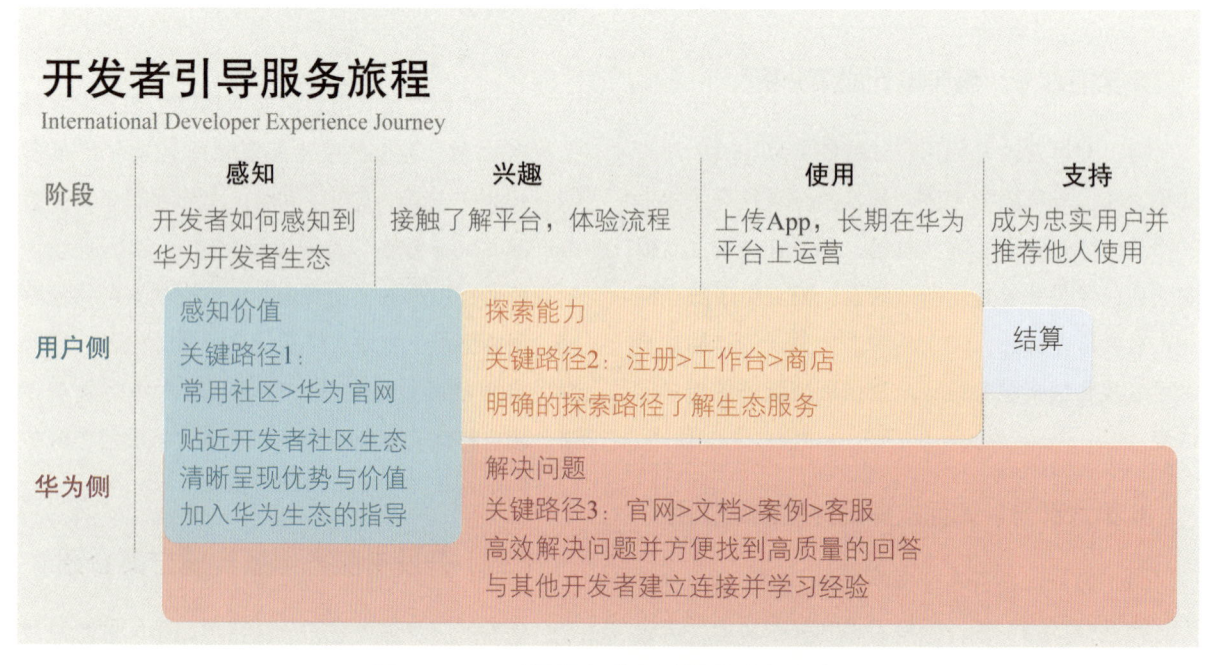

图2-6-1 引导服务路径关键体验机会点

2.服务体系2.0阶段解决方案——学习服务路径

学习阶段与开发者核心触点包含了开发者学堂、Code labs、在线实验、博客、论坛、个人中心等切入点。经过大量调研，我们发现35%的用户为校园零基础开发者，43%为初、中级开发者，22%为资深开发者，而不同开发者的学习服务诉求是具有强烈差异化的，因此我们优先梳理学习服务用户画像及用户分层研究（图2-6-2）。围绕更好地理解各种学习知识，快速找到自己想要的课程，专注沉浸的学习知识等差异化诉求，梳理开发者分层角色的学习服务蓝图。与产品团队进行综合分析，识别出探索学习、专注学习、反思学习过程中服务设计接触点方向。在探索学习过程中，利用可靠的资源和三方社区上建立信任感，如GitHub、公众号、51CTO等社区，将学堂知识与开发者已有的社区进行融合，为开发者提供符合心智模型认知的知识传递。通过优化信息呈现方式，将知识与思想前沿和活动进行连接，减少步骤降低用户的挫败感。在专注学习时，为开发者提供体系化的学习路径及起点，聚合课程相关的论坛交流、Code labs、Demo示例代码、在线开发环境等，让开发者提高学习效率，能够快速上手了解知识点。在反思学习过程中，激发开发者主动分享和考试认证，以加深对知识的理解，如以写博客等创作方式，从实务经验中反思学习。全新的学习服务设计得到了用户的良好反馈并已在今年上线面向全球开发者开放。

3.服务品牌体系

完整的服务品牌需要围绕服务理念打造服务行为，并采用服务品牌形象来将服务理念显性化，这样才能够有利于服务品牌的进一步传播，而口碑传播及品牌印象对生态开发者伙伴这一特定领域尤为重要。亲切的品牌认同感是开发者服务体系需要考虑的。围绕科技感、品质感、有温度的服务理念，利用立体化、符号化、人格化、范式化四个表现手法，构建开发者服务体系视觉形象，使得在人因测试中该服务理念得到了开发者的感知认同。

4.服务评估体系——自下而上的提升

开发者体系服务体验不是一朝一夕能够完成的，因为开发者也在成长。成熟生态都是经过了几年甚至数十年才能发展到开发者满意的水平。未来开发者服务的提升很大程度上将基于服务评估体系来驱动，扎扎实实地将服务细节、每一次与开发者的接触体验进行提升。结合华为UCD中心的指标

院校开发者
院校学生，18—25岁，从业0年 通过院校指定认证，获得综测加分

成长性开发者
院校/高级开发者，26—35岁，从业1—5年基于工作需要和个人兴趣学课认证，提升技能

资深开发者
院校开发者，36岁+，从业6—10年甚至更久，认证需求相对不强，注重获取开发资深和解决方案

图2-6-2 典型学习用户画像

定义方法，定义出开发者服务评估体系UESLR模型（图2-6-3）。在该模型的指导下，逐步提升引导服务及学习服务的服务体验水平，而评估体系是一种自下而上的服务质量提升方式。

5.服务体系顶层架构——自上而下的提升

开发者服务体系是非常庞大的体系，不仅场景类型多，还需要关注到不同类型用户对服务体验的差异化诉求，同时还要围绕不同目标使用合适的服务设计进行匹配，因此需要一套开发者服务体系架构（图2-6-4）进行顶层思考。在服务架构图中可以看到，X、Y、Z三轴分别代表了特定场景、特定用户、特定目标，而学习服务场景设计解决方案正是在该模型下开展。开发者服务体系架构能够持续地指导我们自上而下地进行服务质量提升。

（三）项目成果及意义介绍

1.项目成果

服务设计方案已经落地到开发者产品官网、解决方案、学院、密码实验室（Codelab）、生态商城、资料文档、社区、活动等10大产品服务平台，服务于全球500万华为生态开发者。

2.意义介绍

华为生态战略不仅有HMS/鸿蒙生态，还有鲲鹏、升腾、MDC、华为云几大生态，此项目的服务设计成果可以应用于华为全生态战略，促进华为生态与伙伴的共同成长。更重要的是，参与项目的每个利益相关人都具备了更好的体验服务意识。

国际政治背景下，越来越多的公司意识到生态链与伙伴在业务成功及商业中的重要性。未来将有越来越多的公司重视并大力发展生态平台，甚至依靠生态来实现盈利，但生态体验的门槛高于消费者类体验。国内外ToD体验的积累少发展不充分，使得进入该领域的设计师从头做起摸着石头过河，也缺少有效的行业交流。在行业的成功实践与案例并不多，设计师进入该领域后面都面临较大的困惑与迷茫，不知从何入手。华为生态战略利用服务设计思维及开发者服务体系架构实践让大家清晰地看

维度划分	易用性 Usability	完成度 Efficiency	满意度 Satisfaction	忠诚度 Loyalty	推荐度 Recommendation
开发者服务UESLR体验评估体系 度量标准	·清晰性 ·易理解性 ·易学性 ·易操作性 ·一致性 ·视觉吸引性 ·视觉检索效率	·首次任务完成率 ·任务完成时长 ·任务成功率	·单任务满意度 ·总体满意度	·留存率 ·访问次数 ·学课时间 ·学课连续性 ·认证连续性	·NPS ·传播/分享
度量方法	√可用性测试 √用户访谈 √评估量表 √驱动仪	√可用性测试 √用户访谈 √评估量表	√用户访谈 √评估量表	√数据指标监控 √网络调研	√问卷调研

图2-6-3　开发者服务评估体系

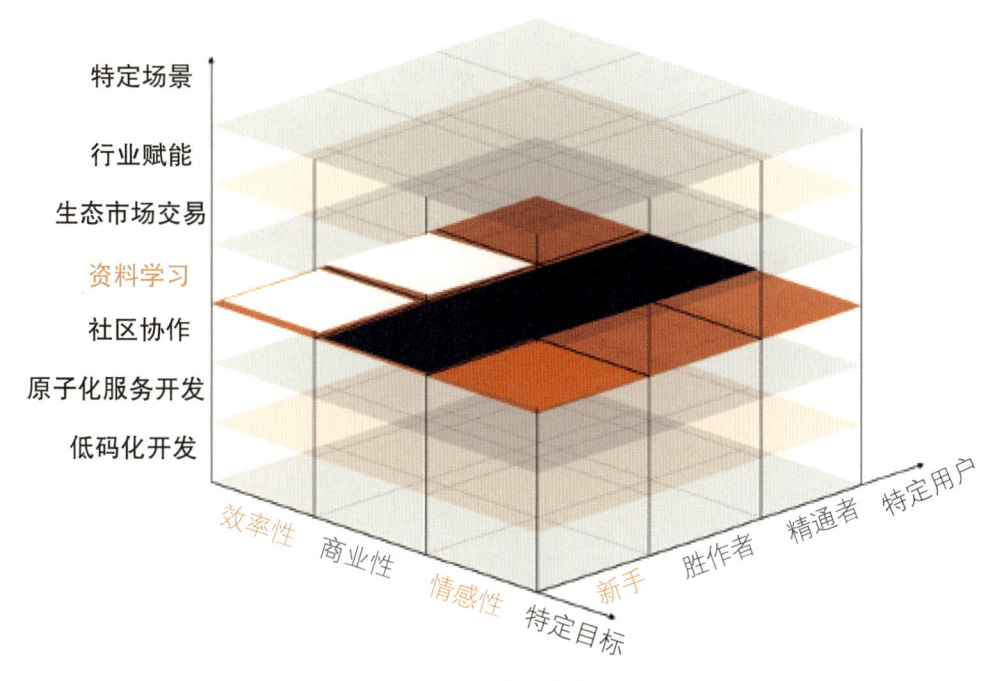

图 2-6-4 开发者服务体系架构图

到生态体验完整设计策略开展建方法，以及在该领域需要深入思考的洞察方向与设计范围，保障每一个该领域设计师能够完整思考生态体验服务，这可在行业产生较为广泛的影响。

（四）设计团队及作者介绍

1.团队介绍

华为UCD中心开发者体验设计团队的成员包括赵玉航、马士路、李弦、罗唯等。团队深耕鸿蒙/HMS/应用市场生态多年，所负责的项目及产品覆盖官网、社区、工具、工作台等多个开发者重要接触渠道，秉承着以开发者服务视角持续提升华为生态用户体验，成为华为终端生态成长的重要因素。

2.作者介绍

赵玉航，华为UCD中心全场景生态团队负责人/服务设计工作室负责人。十余年设计从业经验覆盖企业数字化转型、运营商转型、消费者体验升级、云与计算等跨领域设计经验，具有全球客户成功交付经验。当前聚焦在消费者全场景及生态体验创新与竞争力构建，深耕生态体验领域多年。

马士路，华为UCD中心生态体验设计专家/开发者联盟体验负责人。十余年设计从业经验覆盖开发者工具平台、数字家庭、企业通信、运营商转型等跨领域设计经验，具有全球客户成功交付经验。当前聚焦在开发者生态体验创新与竞争力构建，深耕生态体验领域多年。

五、中国服务设计人才资质评定体系

（一）中国服务设计人才与机构评定体系简介

中国服务设计人才与机构评定体系是由北京光华设计发展基金会委托辛向阳教授领衔，组织国内外数十位行业和学术专家共同设计的一套关于服务设计领域的专业培训课程体系。该体系由北京光华设计发展基金会统筹，课程池、专家组、人才库三个模块共同参与建设，旨在建立分级分层、开放共创的服务设计人才培养机制，为第三产业、服务贸易和服务外包等领域培养跨领域复合型人才，致力于推动国际化合作。（图2-6-5）

北京光华设计发展基金会是中国第一家设计基金会，也是国内唯一一家设计领域人才表彰机构，下设的"光华龙腾设计创新奖"入选国家科学技术奖励办公室2019年2月公布的《社会科技奖励目录》。

（二）中国服务设计人才与机构评定体系申报对象

服务设计人才与机构评定体系的核心是中国服务设计人才DML（服务设计——服务管理——服务领导力）能力架构，共包含12门课程，接受院校、企业、咨询机构、个人申报课程评定与人才评定。（图2-6-6至图2-6-7）

中国服务设计人才与机构评定工作框架图

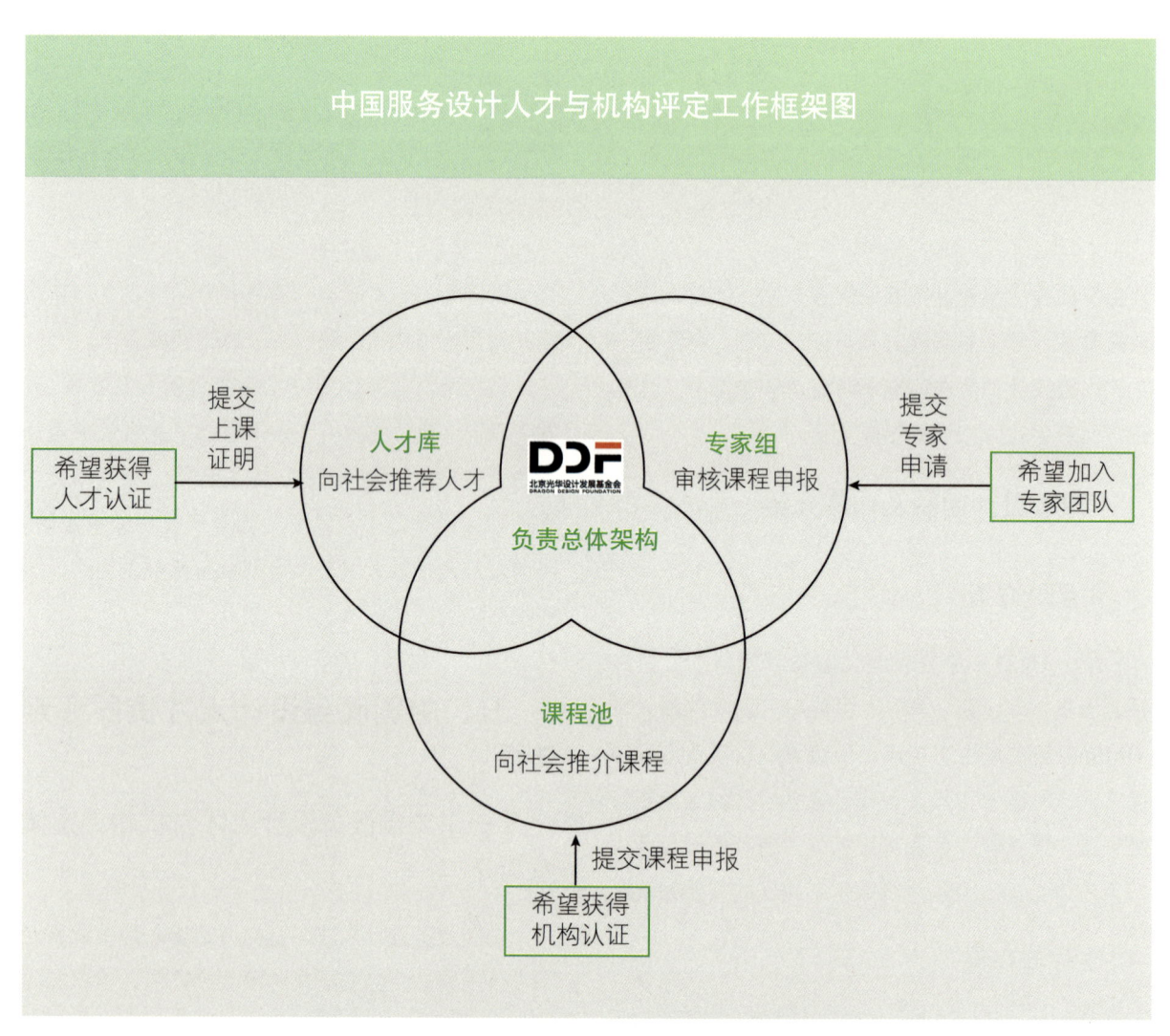

图2-6-5 中国服务设计人才与机构评定工作框架

第二章 设计与实训

服务设计人才和机构认证 Service Design Certificate
DML能力架构 DML Competence Level

Leadership / Management / Design	Service Leadership 服务领导力	企业决策者、公共服务机构管理者、公务员、服务设计领域科研人员	理解服务设计与社会价值创造的内在联系，建立基于社会视角的全局观和领导力
	Service Management 服务管理	企业中高层、设计总监、服务设计领域教师、相关领导研究生	建立服务设计与管理和组织创新的内在联系，具备带领服务设计团队与项目管理能力
	Service Design 服务设计	一线设计师、设计、管理等方向学生	了解和掌握服务设计的基本理论、方法与工具，建立对服务设计的基础认知，具备从事服务设计的能力

图 2-6-6 DML 能力架构

		设计思维	服务设计					服务管理			服务领导力			备注
			服务设计概论	研究与定义	方法与工作	服务设计实践	服务设计案例研究	服务驱动的商业创新	产品服务系统	服务管理工程	服务经济	公共服务与政务创新	社会创新	
服务设计师资质	初级	○	○	○	○	○	○							申请该资质的设计师需同时具备不少于两年服务设计工作经验，主持或参与服务设计实践案例不少于两项；具备三年及以上服务设计工作经验的设计师，可免修服务驱动的商业创新课程（2学分）
	中级	○	○	○	○	○	○	○						
	高级	○	○	○	○	○	○	○	○		○			
服务资质	管理	○						○	○	○				
服务资质	领导力	○									○	○	○	申请该资质的设计师需同时具备不少于五年服务设计工作经验，主持或参与服务设计实践案例不少于两项
课程学分														申请该资质的设计管理人员需同时具备不少于三年设计项目管理经验

图 2-6-7 DML 架构课程体系与不同评定资质学分要求

-155-

1. 院校、企业、咨询机构申报课程评定

院校、企业、咨询机构开设服务设计课程、培训、工作坊等，可根据DML能力体系中的课程要求申报单门或多门课程评定；企业与咨询机构在实践项目中若运用到服务设计方法与工具，可在吻合DML课程要求的条件下申报相关课程评定。

注：课程材料需符合DML能力架构的课程大纲要求。未开始或未结课的评定课程属于"预申报阶段"，需在结课后补充提交课程作业以供审核。可在官方微信公众号下载课程申报登记表，申请资料投递邮箱：212@ddfddf.org。

2. 个人申报人才评定

个人可自由选择专业委员会评定的课程完成学习，随后通过受训院校、企业或咨询机构报备至评定秘书处获得上课证明，累计课程学分。个人积累DML能力架构不同资质的全部所需学分后，可向评定秘书处申请人才评定，审核通过即获得相应资质的人才证书。

3. 获得评定的意义

中国服务设计人才与机构评定体系是北京光华设计发展基金会牵头联合服务设计领域数十家院校、企业、咨询机构共同搭建的平台，承担促进院校、企业和社会的人才培养和交流互通，为企事业单位输送专业人才，为人才创造良好的就业环境；提供就业服务等职能，是中国服务设计领域覆盖范围最广、认可程度最高、公信力最强的评定体系。

（三）中国服务设计人才与机构评定相关答疑

问题：高校、企业、咨询机构等开设的课程通过评定后，有效期限是多久？

回答：企业与咨询机构短期开设的单次工作坊、培训等，评定单次有效；院校长期开设的课程如有更换教学大纲、授课导师等较大调整，需要重新申报。

问题：桥中咨询下设的"中国服务设计人才资质体系"和"中国服务设计人才与机构评定体系"是否一致？

回答：不一致，桥中的"中国服务设计人才资质体系"是企业个体行为，北京光华设计发展基金会支持任何社会组织和个人推动行业的工作，但北京光华设计发展基金会和XXY Innovation并未参与桥中"中国服务设计人才资质体系"的工作。

问题：申报的一门课程内容涉及DML能力架构中的多门课程该怎么办？

回答：只要课程知识点、课程作业、学时、导师等符合DML能力架构中课程大纲的要求，可同时申报多门课程。

问题：个人可以去哪里学习服务设计相关课程？

回答：目前已有15家院校、企业、咨询机构申报了不同的服务设计课程，同一课程有多家通过专家组评定的授课方提供教学，收费标准与授课导师不一，学员可自行选择合适的授课方完成学习。（图2-6-8）

问题：个人曾在院校、企业、咨询机构学习过相关课程，是否可以获得学分累计？

回答：可以累计，参考"个人申报人才评定"中的内容，需要该院校、企业、咨询机构先申报课程并通过专家组审核，再向评定秘书处递送往期学员名单。

问题：课程专家组由哪些由企业和高校的专家、教授担任？

回答：第一批课程专家组已覆盖《设计思维》与"服务设计师"资质共计六门课程，成员名单如下图，未来还将适时公布其他批次的专家组成员。（图2-6-9）

本文转载自北京光华设计发展基金会微信公众号，如有申报需要可前往咨询具体事项。

第二章 设计与实训

首批获得评定的机构与课程		
DML评定课程	机构	机构课程名
DT-设计思维	燕山大学艺术与设计学院 上海交通大学	设计思维与方法 创新设计思维
SD1-服务设计概论	广东工业大学	服务科学与工程
SD2-研究与定义	上海交通大学（研究生） 上海交通大学（研究生） 上海交通大学（本科） 北京工业大学艺术设计学院 广东工业大学 北京师范大学（研究生）	用户体验与服务价值 用户体验与服务设计 用户调研 服务设计与实践 服务体验设计 产品服务体系
SD3-方法与工具	湖南大学设计艺术学院 北京工业大学艺术设计学院（国际工作坊） 广东工业大学 北京工业大学艺术设计学院 北京工业大学艺术设计学院（研究生） 北京印刷学院 XXY Innovation 广东工业大学 广州美术学院	服务设计启发式方法与策略 服务设计国际工作坊 服务体验设计 产品与服务系统设计（双语） 服务设计 服务设计 服务设计方法与工具 服务设计方法研究 服务设计流程与方法
SD4-服务设计实践（实践与应用）	数屋集创堂	数据服务与产品化设计 服务设计实践与项目实操

图 2-6-8 首批获评课程

课程	成员	单位	课程	成员	单位
设计思维	辛向阳（组长） 韩挺 钟承东 史玉洁 赵业	同济大学、XXY 上海交通大学 益普索中国 百度 华为	方法与工具	胡鸿（组长） 丁熊 王愉 张军 黄蔚	北京工业大学 广州美术学院 北京印刷学院 湖南大学 桥中咨询
服务设计概论	胡飞（组长） 陆定邦 何颂飞 茶山 刘志坚	广东工业大学 广东工业大学 北京服装学院 阿里巴巴 格物咨询	服务设计实践	邓嵘（组长） 安娃 张文新 慈思远	江南大学 广州美术学院 Ark设计 集创堂
研究与定义	付志勇（组长） 刘伟 李国良 吴迪 胡晓	清华大学 北京师范大学 零点有数 唐硕咨询 IXDC协会	服务设计案例研究	陈嘉（组长） 张剑 丁肇辰 张景龙 冯春慧	南京艺术学院 沈阳工业大学 北京服装学院 华为 工信部

图 2-6-9 第一批课程专家组成员名单

第三章 欣赏与分析

第一节 国际设计前沿赏析

第二节 服务设计驱动的中国品牌案例与评析

第三章 欣赏与分析

第一节 国际设计前沿赏析

一、国际服务设计大奖赛入围作品：揭开一所代码学校如何编程的神秘面纱

（一）概述

从智能手机中的应用程序到行驶在路上的无人驾驶汽车，在这个日益数字化的世界里，计算机编程无处不在。招聘人员总是在寻找熟练的程序员，然而他们供不应求。据分析，到2025年，仅芬兰就将缺少约2.5万名程序员。造成这一现状的部分原因，是由于社会对编码工作的狭隘理解，它被广泛认为是一个以男性为中心的职业，一生都在与计算机打交道的数学专家主导。现实中，芬兰只有15%的信息通信技术学生是女性。该领域的教育很大程度上是理论性的，缺乏现代组织期望从编码员那里得到的实践方法。一家全球移动游戏巨头公司认为，应对这些挑战的最佳方式是在芬兰建立一所全新的编码学校。

该公司的首席执行官希望学校以法国42学校模式为基础，通过点对点协作、创造性解决问题以及基于项目的训练进行学习。这个概念来自一个既定的课程，但关于学校及其学生体验的其他一切都需要从头开始设计。公司成立了一个新的独立基金会来管理北欧地区的第一所学校，并领导这个庞大的服务设计项目：为学校精心设计一个洞察驱动的客户体验概念，设计和建立它的身份和数字存在，并为物理建筑创造空间概念。该学校于2019年秋季首次向学生敞开大门，第一年的目标是收到全球至少2000份入学申请。

（二）洞察力驱动的过程

在洞察阶段，基金会团队希望挖掘潜在学生的思维模式，并了解技术教育普遍存在的问题。为此，他们使用了各种探索性的洞察方法，包括对高中生的情境访谈、对客户编码员工的问卷调查，以及对来自教育和技术部门的意见领袖的半结构化访谈。总共采访了20多名潜在学生，收到了25名员工的问卷回复，并采访了十名意见领袖。

而后，团队根据申请学习编码的两个动机，为潜在学生划分并建立了四个目标群体档案。调查发现：一些人对尝试新的专业领域有更高的兴趣，而其他人则更专注于他们最了解的领域。当谈到与技术的关系时，学生们将编码和使用技术作为一种手段，来表达自己和其他需要相关价值和利益的人。这项工作伴随着一项趋势测绘和基准研究，以探索工作生活和教育的不同未来，从而了解学校运作的更广泛背景。

团队还对学校的竞争对手进行了定位分析，并与游戏公司的高层管理团队（包括首席执行官、首席财务官和通信主管）举行了研讨会，对调查结果进行分析，并确定它们对新学校执行的影响。这些联合研讨会帮助我们将调查结果与客户在科技行业的工作经验进行对比，并确定未来学校的目标和愿景。

（三）打破编码的神话

数据通过相似性映射进行分析，并按主题进行分组。这些关键见解为团队的设计工作奠定了基础。令人惊讶的是，非业内人士对编码作为一种职业的看法几乎与业内人士完全相反。社会上很少认为编程是一个有吸引力的职业选择，认为它是一项孤独的工作，主要是在游戏行业，人们只与机器互动。许多人也认为这个领域太男性化了。团队发现，科技公司和其他学校使用冷色调和强硬路线来交流和强调"科技"，从而强化了这些偏见。一些人认为这强化了这个行业的阳刚和冷酷。虽然该领域工作需要性别多样性，但从业者也认为编码是一种社会职业，需要团队合作、沟通和解决问题的适当技能。

团队还从客户那里了解到，程序员招聘短缺不一定是缺少可用的程序员，而是缺少好的程序员。最成功的程序员不仅擅长编程，还擅长解决问题、创造性思维和团队合作。他们的共同点不是某项特定技能，而是对编程之外的其他事情的热情，比如音乐、游戏或学习法律。我们知道，在未来，招聘程序员的公司会越来越多地寻找这些人。

为了吸引好的程序员苗子，团队需要帮助未来的学生，培养他们的热情。团队希望这些人成为新学校的申请人，为此还要降低申请学习编码的门槛。简而言之，团队必须有效地沟通职业中存在的多样性。

当团队考察时还发现，其他教授编程的教育机构并不关注如何帮助学生选择未来职业。学校侧重于教什么，而不是如何教，以及思考为什么这些技能对学生未来的职业生涯有益。

为了揭开"编码"的神秘面纱，团队需要重新定义编码作为一种职业实际上是什么，需要支持新类型的角色模型，包括女性。

（四）让学校充满活力

团队决定创建一所编码学校，通过生活和呼吸多样性、包容性和协作来引领方向。与其将学校视为一个传统的教育机构，不如像对待一个组织一样来对待它。这所学校需要自己清晰而独特的使命、愿景和品牌。

基于洞察力的客户体验概念的输出以全渠道方式执行，主要设计输出是学校的语调、视觉识别、数字服务和物理空间。在团队运用设计思维过程中，发散和收敛模式导致从灵感到实施。创建的四个目标学生概况已用于设计过程的所有阶段。

（五）设计身份和沟通

虽然其他编码学校计划采用学术或技术方法，但团队设计了新学校的体验概念：围绕创建一个包容性的社区，使用代码作为其全球语言，并作为实现个人潜力和激情的一部分。

共同的社区和语言的想法启发了视觉识别的设计工作，它结合了古代文字、代码、流行文化参考和表情符号，最终的结果是视觉识别和插图是丰富多彩的和包容性的。

（六）设计空间

为了开发实际的学校空间，团队去了巴黎研究42学校。团队进行了情景访谈，并观察学生和员工，以了解他们的成功和挑战。

这个空间背后的核心理念之一是让它看起来和感觉起来都很有趣。由于学生可能每周24小时都在那里，所以建筑需要有家的感觉，而不是像一个机构。为了创造这种感觉，团队把很多注意力放在协作空间区域，包括游戏室、图书馆、运动区和公共厨房。同时，他们还为举办活动创造了一个独立的空间，这对希望学生的社团组织尤为重要。

团队还为个人工作和合作工作创造了空间，男女厕所相距很远，因为在巴黎，女性喜欢在以男性为主的学生群体中保留一些隐私，因为许多其他空间全天候对任何人开放。计算机集群以一种自然的方式组织起来，使人们彼此靠近或相对，从而鼓励互动和团队工作。

由于赫尔辛基被视为对学校身份的积极强化，团队也想给这个空间带来芬兰的感觉。因此，部分空间概念反映了芬兰的四个季节，每个季节都在学校的不同部分展示，并且还强调了芬兰设计在室内材料和家具中的应用。

（七）影响

团队相信这个项目是服务设计方法如何提供迭代设计，真正以用户为中心的体验所需的洞察力的教科书式的例子。

团队增加了客户对背景的了解，扩大了潜在学生的基础，开始转变公众舆论，为学校开始运营奠定了坚实的基础。这个概念是如此新颖和强大，影响了其他学校，还引发了芬兰和世界其他地方对编码教育的讨论。几所编码学校已经接触到客户，了解他们如何能够创造出如此鼓舞人心的概念，并对学习编码产生如此巨大的积极影响。

随着学校于2019年10月向首批120名学生敞开大门，团队渴望看到物理设计概念是如何被接受的，期待看到新学校对学生及其未来职业需求的积极影响。

二、特斯拉创始人埃隆·马斯克的思维方式：第一性原理

"钢铁侠"埃隆·马斯克可以说是如今硅谷炙手可热的创业者。他以远见卓识、胆大果敢的作风在互联网、新能源、太空探索三个跨度极大的领域披荆斩棘，开疆拓土。对于这样一位现象级的天才，人们不禁要问，什么是他创新的原动力呢？在一次采访中，马斯克提到，他经常会使用第一性原理思维来思考问题。

在维基百科上，第一性原理（First Principle）的定义是第一性原理是基本的，基本不证自明的命题或假设，不能从任何其他命题或推导的假设（A first principle is a basic, foundational, self-evident proposition or assumption that cannot be deduced from any other proposition or assumption）。在数学上，第一性原理指的是从公理和最基本假设出发；在物理及其他自然科学中，第一性原理指的是从不能通过其他因素推论得来的因素出发进行的，无任何经验参数的条件下的计算，狭义上也可被称为"从头算"（ab-initio）。

第一性原理在现今计算物理、计算化学、材料学等等领域都有着深刻而广泛的应用和影响。这种充满了哲学意味的方法与计算息息相关，思想源头上可以上溯到亚里士多德时期，但真正在科学上应用还要归功于近代计算机技术的高速发展。现代计算机强大的运算能力，让这一古老的思维方法真正地为人类探索现实世界提供了一个强有力的利器。

总结起来，第一性原理计算就是从最基础的条件和规则出发，不靠横向比较和经验结论而进行的计算。而第一性原理思维，简单来说，可以归纳为"追本溯源，理性推演"，主要有三个要点。

第一，回归最本质、最基础的无法改变的条件，以此作为出发点，不可随意增加现有经验作为条件。

第二，计算推演过程需要有严密的逻辑关系，尽量少引入估计。

第三，过程中不可与现有同类横向比较，尊重客观推演结果。

其实这种思想有点像我国古代道家"太极生两仪，两仪生四象，四象生八卦"的思想：道生一，一生二，二生三，三生万物，有点像传说中的《推背图》，把历史进程掐指一算，模拟计算完成写成一首长诗。古代先贤的智慧浩如烟海又高深莫测，而西方人擅长的却是把这些思想火花细化成具体的方

法论，在具体情境中加以应用，也更易让人有机会领会其含义，从而加以实践。

第一性原理思维强调不做横向比较，明确基本出发点和目标，进行理性的推理和计算。尼古拉·特斯拉曾想设计一款以电力驱动的车，经过反复设计、计算和实验，表示电动车是无法制造的，即使生产出来，也将会是天价。于是现有的绝大多数汽车，都是采用化石燃料作为能源驱动的。马斯克没有在前人的结论上束手待毙，也没有单纯参考现有燃油动力汽车，而是追本溯源，明确出发点（即现有各种汽车部件、电池性能和价格等数据）及目标（生产出接近或低于现有汽车制造成本的电动车）。通过一系列设计和计算，特别是具体的实验，马斯克终于让特斯拉电动车诞生并席卷全球。在创建商业级航天服务的时候，马斯克同样运用第一性原理思维重新客观地计算了宇宙飞船的造价，改造其中涉及制造运营中的环节，创新地提出解决方案，并应用到实际生产制造中，创造了全新的业态和巨大的发展潜力。

运用第一性原理思维在科学技术、艺术设计、商业模式创新的例子不胜枚举，而这种类型的创新往往是颠覆式的。国内国际商业和经济形势逐渐进入稳定的"新常态"，各行各业逐渐趋于稳定，也意味着爆发点的缺失。时代呼唤颠覆式创新，呼唤从零到一的创造。第一性原理思维可以成为打破常规、制造风口的利器。

乔布斯强调的是"反常规思维"，马斯克讲一个"第一性原理"。归根结底，真正的创新不能人云亦云。新时代，中国要想走在世界前列，全方面赶超欧美国家，再一味模仿，吃后发优势的红利，长期来看显然是行不通的。这为我们敲响了警钟，同时也吹响了集结号。而第一性原理思维，可以为我们提供一柄开拓创新的利刃。从真实的问题出发，追本溯源，理性推演，不参照不比较，客观地计算和创造出解决问题的方案。希望这种思维可以为大家提供一种新的思考方式，在各行业的创新创造上有所帮助。

三、苹果的产品设计之道：创建优秀产品、服务和用户体验的七个原则

《苹果的产品设计之道》的作者约翰·埃德森（John Edson）在书中揭示了苹果公司独特的产品创建、制造、交付及用户体验的宝贵经验与教训，深入分析如何才能创造出美观、创新且具有魅力的产品，如何在企业中培养设计品味、设计才华及设计文化，使公司保持竞争优势。

（一）设计改变一切：美观、创新和魅力造就独一无二的竞争优势

设计既是具体的过程，也是最终的结果。就过程而言，设计是一个动词，也就是产品本身是怎样被创造出来的。而作为结果，设计是一个名词，就是指产品本身，例如电脑、灯具或者沙发。除了这两个解释，我还想增加另一种诠释：设计是一种诠释性的思维方式，一种不断创新，寻找新方法、新形式，追求极致的思考过程。设计可以吸引更多顾客，获得更多销售额，从而不再受到成本的掣肘。节约成本在一定程度上会影响产品的设计，让产品失去吸引力。

苹果公司的iPhone手机是那种一出现就能改变一个行业和我们生活方式的产品。这种改变的核心是苹果公司通过设计重新思考了手机应该是什么以及手机能传递什么：简单的软件、高效的交互、实用的应用程序。

认知心理学家唐·诺曼在他的《情感化设计》一书中写到，在我们认知周围的世界时会有三种反应：本能、行为和反思。我们经常会用有用的、舒适的、美味的、满意的、迷惑的、有趣的等无数词汇形容我们周遭的事物，但这些可以归纳为上述三种情感反应。诺曼认为一个产品会激发用户的情感反应，而用户是否能注意到产品，取决于用户看到

产品一瞬间的感觉。如果你对这种理论有所了解，并相应地做出设计，就可以引发用户的情感反应。如何用设计影响用户的情感，通过设计引起思考，引起使用者内心的波动，是设计人员需要考虑的问题。

设计师只有一次机会去建立良好的第一印象。当用户第一次接触到你的产品、服务并产生体验的时候，它们是否看上去或者感觉上是漂亮的、精致的、可爱的、新奇的或者庄重的？产品的表现形式一定会引发客户的情感反应。在创造具有情感共鸣的产品时，可以用"美观"一词来描述所要投入的情感共鸣。好看，让用户觉得愉悦，使用时有面子。

苹果公司有很多种方法来激发我们的情感反应，以下三点是主要设计原则。

1. 轻薄至上

各式各样的产品（尤其是科技产品）中更加轻薄的外观总能带给人惊喜，能吸引我们的注意力。工程师们想尽办法把电子元件整合起来放进轻薄的外壳中，而设计师利用设计的视觉效果让产品看上去更加轻薄，如iPhone、iPad、MacBook。

2. 触感至上

苹果大量使用金属和玻璃材质让用户触摸起来感觉更加坚固，让人觉得这的确是一个质量可靠的产品，而不是一堆零件组装起来的小盒子。在屏幕设计上，用户界面的移动和转换模拟了真实世界的情景，使用时让人感到非常舒服。人类的感知能力是非常敏锐的，这样的设计巧妙地建立起了我们对科技的认同感。

3. 简约至上

苹果公司认为设计最重要的特质就是简单。每一个苹果产品都是几何形的、结构对称、尺寸对齐，能创造出极度的简约感。

创新超越了简单的发明。尤其是在科技和自然领域，创新是一种巧妙解决问题的方式，这种方式会让我们感到惊讶而快乐，这真是在客户手中化繁为简从而创造出情感共鸣的过程（绝不要因为技术而迷恋技术，技术只是创造炫目产品的手段）。创新不一定是新，不是前所未有，也可以是通过已有事物的重组，更高效地解决问题。

走进世界上任何一家苹果店，你就会在产品与客户相遇的那一刻理解这种专注是如何完成的。这些苹果店不仅是向你出售电脑或者是手机的地方，你也可以通过在线或者别的零售商买到这些产品。苹果店是苹果品牌的美妙化身，是一个开放、通透而又设计精美的空间，能让顾客在其中体验产品，获得帮助，甚至参加课程等活动。苹果公司认识到，未来的零售工作需要采取一种不会被竞争者甚至是自己网店复制的方式进行，这就需要借助地点、人和产品这三者的力量。这一点从现在其他品牌手机店和苹果店的对比就可以很容易看出来。

（二）设计三要素：设计品味、设计才华、设计文化

要在企业建立以设计为核心的价值观念，并让其不可动摇地深植于企业文化之中。要做到这一步，你必须找到设计的感觉，招募到合适的设计师，再把以设计为核心的价值观念和文化紧密地交织在企业的生产中。此外，必须有一个人专门充当品位的决定者，并维护设计标准和价值，确立企业正确的设计观念，并且持续执行，且有个人把关。

1. 设计品味

通过焦点小组的方式设计产品非常困难。大多数时候，人们并不知道自己需要什么，除非你给他们展示一个已经成形的产品。你不能问客户他们想要什么，然后供给他们想要的，如果你真的只是这样做，当你提供产品给客户的那一刻，他们会告诉你他们想要别的东西。我们需要强势的设计品味来

引领和影响客户，并且让他们相信这就是他们想要的。

2. 设计才华

乔布斯本身就很好地证明了一名伟大的设计师所具有的特质：创造力、好奇心、探索精神和幽默感。乔布斯的父亲告诉他，无论制造什么，关注他周边的人和工艺细节是非常重要的。受禅宗的影响，乔布斯深入探索了他周围的设计，并开始痴迷于简约。乔布斯对德国包豪斯风格的设计理念赞赏有加，秉持现代主义视角，避免大量装饰，将设计的功能性居于首位。

3. 设计文化

每个团队中的每个人，无论是设计部门、市场部门，还是在包装部门，都应探索可能性，质疑现状，并承担改变的风险。一个人对自己感兴趣的事物所具有的描绘、想象、观察和认同的能力，与塑造身边所认识的世界技巧之间有直接的联系。设计师们通过细节领悟世界，因为他们会花费时间去创造。他们能想象尚未存在的事物，因为他们有着领悟和创造的经验。乔布斯热爱创意，喜欢制作东西，也极其崇尚和热爱将创意付诸实现的过程。他深谙在创意最终发挥巨大作用之前，它们都是脆弱的、几乎难以成形，很容易被忽视。乔布斯对"完美产品"偏执和狂热形成了一种文化，让每个员工都相信他们是独一无二的精英团队中的一员。

（三）产品即营销：好的产品会自己推销自己

互联网凭借着即时反馈和信息超载的特点，已经成为我们这个时代里最好的判断产品成功与否的平台。所以要先创造出卓越的产品，然后再推销它们。极速触达，好坏一看网友的评论即可知晓。现在来想想那些你买过的、喜欢的、最常分享的产品，有多少是被精心设计过的？又有多少产品是你公司的产品能与之相提并论的？作为一位设计师或者管理者，你所需要回答的关键问题包括你的产品是否能独立于额外的市场营销手段而存在？你是否创造了能够让顾客们长久追随的优秀产品？如果你用这些标准衡量你的产品是否优秀，那么设计就会成为最好的广告。言外之意就是你的产品不打广告能否生存下来？你的用户在意你的产品的死活吗？

（四）设计是体系化的思考：产品与使用环境是一个整体

尽管苹果公司把创建产品的使用环境推向了新的高度并以此获利，但这种方式不是苹果公司的发明。20世纪颇具影响力的现代主义建筑大师伊利尔·沙里宁在"环境"这个概念形成的初期这样描述："设计时应将一件物品放入更大的环境中考虑，就像椅子在一所房间中，一所房间在一座大楼中，一座大楼在更大的环境中，而更大的环境则在城市规划之中。"他描述的正是在建筑设计师在设计一座大楼时要不断思考周围环境的过程。这也是对任何最小元件与它周围不断扩展空间的固有关系的思考过程。苹果公司也采用了这种方法，称之为拉远。拉远的方式可以让我们在更大的范围观察问题，用我们最具创新思维的右脑进行思考。与此相反的方式是"推近"，它可以让你观察到微小的细节，并从中寻求解决问题的办法。这里需要思考的是，你的产品会受到哪些来自环境的影响，同时你的产品又会怎么作用于环境？

（五）大声设计：原型让设计趋于完美

原型是所有设计成果中不可或缺的部分，因为市场上没有其他类似的产品，所以在产品的每个阶段设计出原型，快速找到一系列可以替代的设计方案，使我们获益良多。一方面，以原型为实际的设计做了一份蓝图，会对产品开发环节节省时间和资源产生重要作用。另一方面原型告诉我们产品将来是什么样的，使设计变得更加具体，激发我们的感受。原型设计是一种以获得确凿的事实为依据来解决问题的方式，是一个不断排除的过程，它促进交流及提炼想法，最终让你得到一个经过深思熟虑的结果。

要想使创意在个人及团队间激荡并传播，开放的办公环境起了至关重要的作用。专门设计过的办公环境能够激发创意，并使团队成员参与创造性的设计过程。苹果的产品在推出之前，会通过严格的设计和原型测试以达到完美。在产品发布之后，苹果公司会密切关注用户如何使用产品并收集反馈信息，接着将这些信息融入产品延续的下一代改进工作中，普通大众也会参与其中。

（六）设计应以人为本

当你滑动iPhone手机应用程序界面到最后一页时，如果继续滑动，界面会稍微移动一下紧接着反弹回来，苹果将这种交互形式称为"橡皮筋动作"，提示你已经到达了最后一页。橡皮筋动作在程序设计的角度来看是完全不必要的，但这样做却会给人愉悦的体验感受。可以没有，但是有了之后你会觉得这款产品是调皮的，是有感情的。这意味着需求是研究人员创造出来的，在我们的一些需求还没有出现的时候，他们就想着如何解决了。

移情方式是一种以人为本的设计理念，苹果公司的员工都怀抱着这种设计理念。这些具有才华的人在一起工作，激发产品和设计改进的灵感。他们对如何创造出一款产品，具有惊人的直觉。

怎样才能为每一个人设计呢？一种更好的方式是在整个团队中定义清楚能达成共识的设计对象（目标用户）。当用户形象不断清晰并被每个人所接受认同时，就会很容易地形成关于设计细节、产品特征以及全部使用情景的统一标准。用适当的细节描述她或他生活中与项目有关的潜在目标，例如姓名、期待的工作、行为习惯、态度观点以及平时使用的手机情况。所创建的人物角色模型生活在与我们平行的另一个世界之中，要特别关注为其设计的方方面面。

（七）怀揣信念的设计：简约之美

苹果电脑一侧的电源线接头、USB插口和耳机插孔等各种接口，都排在同一条中心线上，这种排列上的细微细节很好地体现了苹果公司对设计细节的重视。这样的位置安排体现着对称性，看起来既清晰又有据可循。为了创造这种对称性，苹果购买定制的电子元件，从而使产品看起来整洁有序。

1997年，被董事会驱逐出公司的史蒂夫·乔布斯再次回归时，他发现苹果公司通过各种渠道销售的产品多得令人眼花缭乱，曾经树立的简约理念被市场扩张搞得面目全非。刚返回公司重新掌舵，他便约谈了所有产品团队成员，并将整个产品线缩减至4种产品两个大类：一类是编写设备，另一类是桌面设备。每一类都有针对消费者和专业市场的两种产品。这种策略其实一直延续到了很多年，一年一款iPhone、一款Mac。

四、谷歌公司用户体验的设计准则和衡量指标体系

（一）谷歌公司用户体验的十大设计准则

1. 将焦点集中在用户的生活、工作和他们的梦想上

谷歌用户体验小组努力发现用户的真正需求，包括那些用户自己都无法阐明的需求。有了这些信息，谷歌就可以创建解决现实问题的产品，并激发所有人的创造力。谷歌的目标不仅是按部就班的工作，而是改善人们的生活。总之，一个精心设计的谷歌产品在日常生活中是非常有用的。它并不是靠花哨的视觉效果和技术打动用户的，虽然也有具备这些特性。它不会强迫用户去使用他们不想要的，但是会引导有兴趣的用户自发地使用。它不会入侵

别人的生活，但是会像那些想要探索世界信息，渴望工作更高效、便捷，愿意分享想法的用户敞开大门。

2. 每一毫秒的价值

没有什么比用户的时间更加宝贵。谷歌页面的快速加载得力于精简的代码和精心挑选的图片。为了让用户更加容易找到想要的内容，谷歌将最重要的功能和文本放在最显眼的位置。一些不必要的点击、输入、步骤和其他操作都被谷歌去除了。谷歌的产品只会请求一次信息，并且包含了智能的默认选项，所有任务都是高效的。速度为用户带来便利，如果没有充足的理由，谷歌绝对不会牺牲速度。

3. 简单就是力量

简单造就了良好设计中的许多元素，包括易用性、速度、视觉效果和可访问性。一个产品从设计之初就应该保持简单。谷歌不打算创建功能复杂的产品，最好的设计只包含那些用户完成目标过程中所必需的功能。即使产品需要大量的特性和复杂的视觉设计，也要看起来简单而强大。在以牺牲简单为代价去追求一个不太重要的功能之前，谷歌会三思而后行。谷歌希望将产品推向新的发展方向，而不仅是增加更多功能。

4. 引导新手和吸引专家

为多数人设计并不意味着为降低设计标准。谷歌设计表面上看起来很简单，但是却包含了强大的功能，可以让需要的用户很容易地访问到。谷歌的目标是为新用户提供美妙的初始体验，同时也吸引那些经验丰富的用户，他们会让其他人也来使用这个产品。一个精心设计的谷歌产品会让新用户很快熟悉，在必要的时候提供帮助，并且保证用户可以通过简单易行的操作使用产品的大多数功能，逐步披露高级功能会鼓励用户去扩展他们对产品的使用。在适当情况下，谷歌会适时提供一些智能功能来吸引那些资深网络用户——那些在多个设备和电脑之间共享数据的人、在线上和线下工作的人以及需要存储空间的人。

5. 敢于创新

设计上的一致性是谷歌产品获得信任的基石，它令用户舒适并提高他们的工作效率。但是要想把设计从沉闷乏味变得令人愉快，就要依靠想象力。谷歌鼓励那些创新、冒险的设计，只要它们符合用户需求。团队鼓励新的想法并发展它们。不是为了去适应现有的产品功能，谷歌更着眼于改变整个游戏规则。

6. 为全世界设计

万维网已经向世界各地的人们开放了互联网上的所有资源。例如，很多用户通过移动设备来使用谷歌的产品，而不是坐在桌子前面通过电脑。其设计出的产品可以在用户随机选择的媒介上适时调整、使用。在可能的情况下，谷歌会适时地支持较慢的连接速度和旧版的浏览器，而且支持用户选择浏览信息（屏幕大小，字体大小）和输入信息（智能查询分析）。谷歌的用户体验团队会研究世界上用户体验的差异，为每一个用户、每一个设备和每一种文化设计出合适的产品。谷歌还致力于改善产品的可访问性。谷歌对简单和具有包容性产品的渴望以及"让全世界的信息普遍可访问"的使命，都要求产品支持辅助技术，向包括有身体和认知缺陷在内的所有用户提供愉悦的体验。

7. 安排今天和明天的业务

那些盈利的谷歌产品竭力做到以有助于用户的方式赚钱。为了实现这一崇高目标，设计师将和产品团队一起确保商业计划能够和用户的目标无缝对接。他们会确保广告具有相关性、有用并可以明确地识别出是广告。谷歌也会注意保护那些广告客户

和其他靠谷歌谋生的人的利益。如果靠某个产品增加收入会减少谷歌未来的用户数量，那么谷歌绝对不会做这种尝试。如果一个有利可图的设计没有让用户满意，就会被打回重做。不是每个产品都需要盈利，但是不能有产品对业务不利。

8. 愉悦用户的眼睛，但不分散注意力

如果人们看到一个谷歌的产品时说"哇，真漂亮！"，用户体验团队就可以欢呼了。一个积极的第一印象会让用户觉得舒服，使他们确信这个产品是可靠和专业的，并且会鼓励用户做出自己的产品。简约美学对大部分的谷歌产品都是适用的，因为干净、清爽、加载迅速，而且不会分散用户的注意力的设计一定是符合用户需求的。吸引人的图像、颜色和字体需要与速度、可扫描文本和简易导航取得平衡。尽管如此，考虑到用户和文化背景的因素，"简单优雅"并不是对所有产品来说都是最合适的。谷歌产品的视觉设计会让用户感到满意，并且有助于使用。

9. 值得信任

好的设计可以深深赢得使用谷歌产品的用户的信任。谷歌可靠性的建立是从基础就开始的，例如，界面确保高效和专业、动作容易撤销、广告被明确识别、术语的一致性以及令用户惊喜而非惊诧。此外，谷歌的产品是向全世界开放的，它包含指向竞争对手的链接并且鼓励用户做出贡献，如社区地图或者 iGoogle 小工具。一个更大的挑战是确保谷歌对用户控制自己数据的权利表示了尊重。在如何使用信息和信息共享方面，谷歌是透明的，所以用户可以做出知情的选择。产品在有危险的时候会警告用户，比如不安全的链接，使用户容易受到垃圾邮件骚扰的行为，或者将数据分享在谷歌之外的其他地方而被存储的可能性。

10. 有人情味

谷歌包括了各种各样的人格特质，而谷歌的设计也是有人性的。文本和设计元素都是友好、智能的，而不是枯燥、古板或傲慢的。谷歌的文本直接和用户对话，并提供实际、非正式的协助，就像任何一个人回答邻居所提出的问题一样。而且谷歌不会让有趣或个性干扰到设计的其他元素，尤其是当人们被生活或捕捉重要信息的能力被干扰的时候。

谷歌并不是什么都懂，而且没有设计是完美的。谷歌的产品希望得到反馈，谷歌会根据这些反馈采取行动。当实践这些设计准则的时候，谷歌用户体验团队会在每个产品的可用时间里寻找最佳的平衡。然后，迭代、创新和改善会循环往复。

（二）谷歌的 HEART 产品体验度量模型

体验度量是用户在特定环境下，使用产品／页面／功能完成目标任务的结果特性集合。体验度量中包含了用户的主观和客观方面的感受与行为状态。因此，体验度量通常由定性（问卷等）和定量（工具监测等）两部分组成。谷歌的"HEART"产品体验度量模型是谷歌资深用户体验研究员科里·罗登（Kerry Rodden）基于"PULSE"评估体系，并在大量实践中总结出来的。模型从愉悦度（happiness）、参与度（engagement）、接受度（adoption）、留存度（retention）、任务完成度（task success）这五个维度来衡量产品是否有好的用户体验，适用于完整产品或产品中的某个功能。其中愉悦度的评估会偏主观，其余的维度可以通过指标监测来得到。

1. 愉悦度 Happiness

概念：愉悦度是用户在使用产品过程中的主观

感受。例如，一个产品会被夸赞或分享，就是用户愉悦度的体现。

构成：愉悦度可以通过可用性、易用性、视觉感受、满意度、推荐意愿等要点来评判。

指标：例如可用性评判维度的指标为易学习性、易记住、出错率等。易用性评判维度的指标为清晰性、易操作性等。视觉感受评判维度的指标为色彩、图形、文字、排版等。满意度评判维度的指标为系统效果满意度、系统友好性满意度、系统操作流程满意度等。推荐意愿评判维度的指标为推荐指数＝推荐者数／总样本数－贬损者数／总样本数。

测量方式：定性测量，例如问卷调查。

这里的概念、构成、指标、测量方式给大家举个例子，大家就会更明白了。例如，如何评价一道菜是让人喜欢的，可以通过用户愉悦度来评估。

概念：愉悦度是食客在食用这道菜时候的主观感受。

构成：愉悦度可以通过视觉感受、嗅觉、可食用性、推荐意愿等要点来评判。

指标：例如视觉感受评判维度的指标为颜色、摆盘。嗅觉评判维度的指标为香味指标。可食用性评判维度的指标为易咀嚼、易吞咽，推荐意愿评判维度的指标为推荐指数（NPS）。

测量方式：视觉感受、可闻性、可食用性、推荐意愿皆采用问卷调研的方式。

2. 参与度 Engagement

概念：参与度是用户在产品／服务／功能中深度参与的表现，参与度通常会受用户习惯的干扰。

构成：参与度可以通过用户一段时期内的访问频次、访问时长、互动深度或强度等要点来评判。

指标：例如访问频次评判维度的指标为日活（Daily Active User，DAU）、周活（Weekly Active User，WAU）、月活（Monthly Active User，MAU）等。访问时长评判维度的指标为平均访问时长（总的逗留时间／总的访问次数＝平均访问时长）。互动深度或强度评判维度的指标为献计献策频率、留存率、分享频次等。

测量方式：定量测量，例如数据埋点。

3. 接受度 Adoption

概念：接受度是针对新用户的维度，统计有多少新用户接受了产品、功能。

构成：接受度可以通过统计特定时期内用户的行为，新手向导等要点来评判。

指标：例如特定时期内核心页面的页面访问量（Page View，PV）、独立访客（Unique Visitor，UV），新功能的使用留存等。

测量方式：定量测量，例如数据埋点。

4. 留存度 Retention

概念：留存度是针对老用户的维度，衡量现有用户对产品的重复使用情况。留存率越高，说明用户对产品的认可度越高。

构成：留存度可以通过统计特定时期内用户的行为等要点来评判。

指标：例如次日留存率、7日留存率、14日留存率、30日留存率。

测量方式：定量测量，例如数据埋点。

5. 任务完成度 Task success

概念：任务完成度是用户在使用产品／服务／功能中能否顺利完成目标任务的情况。

构成：任务完成度可以通过完成效果、任务完成效率、操作错误率等要点来评判。

指标：例如完成效果可以通过任务完成率来度量。任务完成效率可以指用户完成一个预先设置的任务的时间总和。操作错误可以用错误率来衡量。

测量方式：定量测量，例如数据埋点。

（三）谷歌公司提升用户体验的三大原则

谷歌的用户体验团队制定了安卓的提升用户体验的三大原则，具体如下：

1. 第一条原则

让人着迷，内容包括以意想不到的方式让人眼前一亮、实际对象要比按钮和菜单更有趣、我的应用我做主和让应用了解我等。

2. 第二条原则

让我的生活更轻松。内容包括语言简洁、图片比文字更直观、为用户做决定、仅显示所需要的、让用户始终清楚自己在哪里、确保用户成果的安全、外观相同行为也应相同和只在必要时才打断用户等。

3. 第三条原则

给我惊喜，内容包括让用户摸索使用的诀窍、增强自信心（后台修复错误、礼貌提醒）、多鼓励用户、为用户处理繁杂的琐碎事务和让重要事项更快地完成等。

实践中，谷歌将提升用户体验的三大原则与用户体验设计十大准则相结合，创造了用户体验的良好口碑。可以看到，每个产品的背后都凝聚着谷歌用户体验团队的辛勤劳动和集体智慧。

五、迪士尼乐园对员工价值观的培养

迪士尼为了给予员工充分的自由和信任，激发他们的头脑和思维，从而主动地为客人创造惊喜、带来感动，真正提供超预期的服务。事实上，在很多的服务场景中，用户的需求和行为并不能够被预设好，有很多突发事件需要处理，这个时候员工以什么方式处理，能否处理好其实就来源于是否有良好的价值文化建设。在迪士尼乐园里，每天都有成千上万不同的人去玩，和里面的动画角色互动。这些动画角色背后的人既需要能够遵循角色本身的行为特点进行表现，同时又需要根据来互动的用户说的话、做出的行为给出不一样的反馈。

迪士尼乐园是"魔法"出现的地方，而"魔法"就来自于迪士尼在员工培训时一遍遍地、多方面地去强化公司文化、价值观。人们常常谈到品牌的定位，这是用户感受的，但却忽略了品牌的"价值文化建设"，这是自己内部人员感受的。明确好"价值文化"，才能让管理人员和服务人员具有主动意识，发挥自己的创造力，为每一位访客带来难以忘记的体验。图3-1-1是迪士尼波利尼西亚度假村酒店的价值文化内容，可以参考。

迪士尼波利尼西亚度假村酒店的价值	
阿罗哈精神	无条件地爱着我们的同事与宾客 规范行为：除工作关系外，与实习生和同事还保持良好的个人关系，热情欢迎和真诚友好地对待每一名遇到的宾客和演职人员
平衡	力求保持个人和职业生活的稳定与活力 规范行为：高效利用时间，做事有条不紊。若提前完成本职工作，即为他人提供帮助

图3-1-1　迪士尼波利尼西亚度假村酒店的价值（1）

续表

迪士尼波利尼西亚度假村酒店的价值	
勇气	坚韧不拔地追求卓越 规范行为：如果有任何一名宾客不满意或出现任何问题，要竭尽全力予以解决，决不放弃。诚实善意地给别人提出意见和建议
多样性	重视演职人员队伍的多样性，尊重每一名演职人员的个性 规范行为：尊重同事与宾客的多样性，学习每一个人的长处。如果同事只会说我的本国语言，我将帮助翻译重要信息
诚实	真诚和坦率地对待别人 规范行为：拾金不昧，并鼓励别人也这样做。做真实面对自己的人，愿意认错和接受帮助
正直	坚持原则，言行一致 规范行为：始终以积极向上的面貌示人，严格遵守规章制度。摒弃消极心态，不埋怨别人，以建设性的态度行事
追求完美	以波利尼西亚方式向宾客提供完美无瑕的服务 规范行为：持续学习新知识，掌握新工作流程，始终尽全力做好自己的本职工作
热情待客	以热情慷慨的方式欢迎和接待宾客 规范行为：面带微笑与宾客和同事亲切地交谈，称呼他们的名字。向同事引见自己手下的实习生，带他们参观度假村。通过与宾客的接触和互动，以细致入微的服务让他们觉得自己独特无比。宾客需要帮助时，全力提供帮助，让他们感觉宾至如归
大家庭	我们都是一个大家庭的成员，相互鼓励、支持和帮助 规范行为：鼓励和激励同事为宾客提供独特的服务体验，热情帮助手下的实习生及同事
开放性	自由分享信息 规范行为：尽全力与说不同语言的人士顺畅沟通。手下的实习生及同事出色完成了工作，总是予以认可和赞扬
新员工培训内容	让新演职人员了解和适应迪士尼基本的公司文化 宣讲迪士尼主题乐园和度假区的语言和符号、传承和惯例、品质标准、价值观、特质和行为规范，使之代代相传 激发新演职人员的工作热情和自豪感 向新演职人员介绍核心的安全规章制度

图 3-1-2　迪士尼波利尼西亚度假村酒店的价值（2）

第二节　服务设计驱动的中国品牌案例与评析

一、服务设计与智慧零售：iF设计奖金奖微信"扫码购"服务

2019年3月15日，世界四大设计奖项之一的"iF设计奖"在德国举行颁奖典礼，微信"扫码购"服务获得了最高奖项——iF设计奖金奖，这也是中国第一个在服务设计门类获得iF金奖的产品。主办方给"扫码购"的颁奖词称，这项服务展示了零售购物场景下，以顾客为中心、"即扫即走"的最优方案，是对用户友好的最佳设计。

什么是好的设计，德国设计师迪特·拉姆斯（Dieter Rams）总结过好的设计的十个原则：

第一，富有创意，必须是一个创新的东西；

第二，是有用的；

第三，是美的；

第四，是容易使用的；

第五，是很含蓄不招摇的；

第六，是诚实的；

第七，经久不衰，不会随着时间而过时；

第八，不会放过任何细节；

第九，它是环保的，不浪费任何资源的；

第十，尽可能少的设计，或者说少即是多。

"扫码购"的设计理念便由此而生。"扫码购"整合了小程序与微信支付，在购物的过程中可以使用手机扫描商品条形码，查看信息、获取优惠、自助结账。边走边买，直接微信支付，无需前往收银台排队结账。

数据显示，传统超市高峰期占营业额的60%，在高峰期用户排队结账平均3至5分钟。通过"扫码购"功能，用户无需再排队，结账时间缩短至1分钟。采用"专用通道"的超市，两个月内实现了数字会员的转化效率提升5.6倍。

目前，"扫码购"已经在众多零售商家得到了广泛应用，沃尔玛、步步高、家乐福、永辉、天虹等零售商超品牌都已经接入了"扫码购"。其中，天虹超市在去年11.11通过"扫码购"实现了客单量环比增加183%，销售额环比增加438%，"扫码购"整体客单量占比单店最高达85%的成绩。

下面是第一时间对"扫码购"设计团队的采访。

问："扫码购"在优化消费体验上有怎样的考量？

答：用户在超市排队结账时是非常焦虑的，与其在那里等，还不如自己动手结账。

问："扫码购"带来了什么影响？

答：扫码购带来的"不排队"形成了独具中国特色的生活方式和社会现象。"扫码购"符合年轻人使用习惯，可以帮助超市、便利店门店进行人群分流，将有限的收银台资源留给更需要的人，比如老人和不方便使用手机的人。

问：纵观历年iF得奖作品，大多数体现了行业未来发展趋势，"扫码购"体现了怎样的趋势？

答：线上线下的边界已经模糊了，用户在超市里拿着手机那一刻，既在线上也在现场。

问：去年亚马逊的无人超市Amazon Go也开业了，主打Just Walk Out的概念，微信"扫码购"的概念与它不同之处在于什么？

答：亚马逊的无人店是一个非常棒的方案，比我们"扫码购"更轻松好用，但它的实现成本比较高。而"扫码购"这种方式，虽然相比起来是一个微不足道的设计，但是它覆盖的能力是非常强的。超市消费者几乎都有一个带摄像头的智能手机，都用微信，这让"扫码购"做的这个微小改变促成整个行业大面积的应用。

问：智慧零售的未来应该是什么模样的？

答：基于越来越成熟的数据分析能力，技术将在纷繁的世界里帮助用户告别选择困难。同时基于移动互联网触点无处不在的特性，未来我们希望可以把消费的场所拓展到所有真正需要商品的地方。

此次"扫码购"获得iF设计金奖，是对智慧零售"数字化工具箱"的一次重要肯定。未来，团队表示还将持续优化产品，降低商家的接入门槛，为零售行业数字化转型提供更多智慧化的工具和能力，为世界输出更多中国"创造"。目前微信支付正在加速向境外拓展，跨境支付业务已支持49个境外国家和地区的合规接入，支持16个币种的交易，并计划加大力度布局欧洲市场，让大家在出境旅游时，也能在不同时区获得"零时差"式的智慧便捷体验。

二、服务设计与创意餐饮：奈雪的茶

随着人们消费习惯的转变、消费能力的提升，茶饮市场也实现了产业升级与细分。目前中国茶饮市场总规模是咖啡市场总规模的两倍。自2015年以来，中国现制茶饮连锁行业逐渐步入"新式茶饮"时期。消费者对茶饮品牌商提出了更高的要求，例如兼顾产品功能性价值的同时，其社交价值和休闲价值也得以体现。

当今年轻一代的新消费观：要颜值、要质感、要社交，他们愿为30元左右一杯的"鲜果茶"花上数小时的等待，或不惜花十几到几十元钱叫跑腿业务排队把这杯茶饮作为时尚的生活秀出来。这代年轻人也被人们称为Z世代（指在1995年至2010年出生的人群），他们逐渐成为一股新的消费力量引领着消费潮流，是各类消费品牌争相迎合的对象。

（一）奈雪的诞生

奈雪是怀着对"中国茶"的崇敬和对餐饮行业的洞察，彭心、赵林锁定"茶饮创新"和瞄准"年轻人的市场"，希望可以通过自己的努力在传统文化氛围浓厚的茶饮行业里闯出一片新天地。然而，在深入新茶饮这一行业后，消费群体的偏好变化、同行的激烈竞争、生产服务管理等各方面问题逐渐显露，奈雪选择在创新中前行。为了实现"成为让中国茶文化走向世界的创新者和推动者"的终极梦想，奈雪新一阶段的挑战才刚刚开始。如果说，成为"网红"是吸引消费者的第一步，如何从"网红"到"常红"才是一个新式茶饮品牌需要不断思考的问题。

（二）品质打造

彭心认为顾客们不会被（企业的）商业模式打动，但是基于商业模式下的产品细节可以打动用户。2014年12月，彭心、赵林注册了"奈雪的茶"的品牌后并没有急于开店，而是用一年的时间不断地打磨产品，从产品品类、包装设计、原料采购、门店的空间布置等方方面面都钻研到细节里，目的是给用户更好的体验。面对当时现制茶这一品类还多是用碎茶、奶粉、调味剂等低成本的模式，彭心认为如果奈雪要打造精品品质就必须要有好的原料。所以，一开始奈雪就选用有品质的传统茶叶与鲜果、新鲜乳制品作为主要原料调味。奈雪一直坚持直营的模式。奈雪在鲜果原料供应上，逐渐与国内顶尖水果巨头们达成长期合作。随后，奈雪还自建果园，使季节特供水果稳定成了全年标准产品。在高端茶资源供应上，团队通过几年的积累，走访各个茶叶产区，拜访制茶师傅，积累了丰富的制茶经验。

（三）产品创新

"一杯好茶，一口软欧包，在奈雪遇见两种美好"是奈雪从创立一直沿用至今的标语，它也标志着奈雪在新茶饮行业开创了"茶饮＋软欧包"的双品类模式。一杯来自优质茶产区的茶，以时令新鲜的水果搭配，使用新鲜牛奶和优质芝士制作的奶盖，其口感、颜值深得消费者的喜爱。而软欧包在强调低油、低糖和低盐的同时，使用优质水果、干果、杂粮丰富口感，外加新奇的外形设计，也迅速地虏获了消费者的芳心。（图3-2-1）

图3-2-1　奈雪的茶LOGO和经典广告语

为了迎合年轻人求新、求变的特征，在产品更新上奈雪还会根据应季原料保持每月一款新品的节奏，仅在2020年，奈雪就推出了超过50款茶饮，还开创了"鲜果气泡茶""水果奶茶"等多个全新品类，软欧包也有多种口味。其中，奈雪的超人气鲜果茶"霸气芝士草莓"仅2019年就销售了1千余万杯，累计出售5千余万杯。爆款软欧包"霸气榴莲王"和"草莓魔法棒"一年销售300余万。

除了新式产品和模式的创新，"让年轻人爱上中国茶，成为茶文化走向世界的创新者和推动者"是彭心、赵林创立奈雪的终极目标。为此，奈雪结合中国节日、节气主题推出零售茶礼盒，礼盒里是奈雪团队搜集的中国名优茶叶，目的是让消费者更便捷地品尝到名优茶，以便直观地体验中国茶饮文化。彭心认为，零售产品可以触达更多消费场景，能进一步融入用户生活，另外也能提高奈雪对上游茶资源的利用效率。

2019年，奈雪梦工厂在深圳海岸城开业，彭心将其定位为奈雪的"超级产品试验田"。奈雪梦工厂集茶饮、烘焙、零售等15种业态为一体，让研发团队与消费者面对面，凸显了消费者的参与价值，一定程度上减少了产品研发和市场投放的试错成本，也进一步模糊了新式茶饮的边界。

（四）空间设计

为了打造奈雪的"精品茶饮"的调性，彭心硬是要找A类商圈一层门口200平方米大小的黄金位置，用她的话说"最好是在星巴克的对面那种"。结果，在最早谈铺面的时候，屡屡遭到了洽谈购物中心的拒绝。最终，奈雪最初三个门店都落在了B类商圈的黄金位置，在2015年12月同时开业。之后不到一个月的时间，奈雪迅速蹿红，A类商圈购物中心黄金位置的邀约也相继而至。门店风格统一为立体明亮、时尚温馨的，目的是要为年轻人营造出舒适、愉悦的"分享空间"。

在最初两年的发展过程中，奈雪的空间风格经历了五次迭代。广州第三家门店——花城汇店，是奈雪第六次对空间进行升级，联合韩国设计师团队打造出"时间与茶"的全新空间概念。奈雪的茶将继续合作国内外优秀设计师，带来"店店不同"的空间新体验。

（五）创意营销

随着奈雪产品线的丰富和门店规模的迅速扩大，"奈雪的粉丝"即消费者也慢慢呈现出在年龄层上向更广的范围覆盖、男性消费者比例增加的趋势。据奈雪内部统计，最初奈雪的消费者男女比例是3：7，其中"90后"占50%，"80后"占37%。而2020年以来，奈雪持续探寻新的营销策略，探索数字化新零售，希望触达更多不同圈层的用户群体。在最新的数据统计中，奈雪的消费者男女比例已经是4：6，其中"90后"更是达到62%。

除了自身的产品研发外，与其他品牌跨界合作来加深顾客印象，也是奈雪一直在做的事情。彭心表示：对于休闲品牌来说，在顾客心里是不是好玩、是不是有艺术感，也是非常重要的。

比如，2019年奈雪牵手全球知名艺术家，将前沿的艺术元素融入奈雪茶饮杯的"奈雪CUP美术馆计划"，引来众多粉丝对其杯子和购物袋的收藏。据官方数据统计，CUP美术馆首展即触达1000万人次。另外据奈雪后台数据显示，同一单品在奈雪CUP美术馆计划活动期间售出杯数月环比提升13%。

又比如奈雪与其他食品、时尚和互联网品牌联合推出创新联名产品。以六一儿童节为例，2019年奈雪和旺仔合作，以"来奈雪，做最旺的仔"为营销亮点，推出"旺仔宝藏茶"限定产品，通过品牌联合的方式，打造潮流爆款。

三、服务设计与文化旅游：禅意心灵度假目的地——拈花湾

拈花湾位于太湖之滨、灵山脚下，是一个集旅游度假、会议酒店、商业物业于一体的世界级禅意旅居度假目的地，也是世界佛教论坛大会永久会址。拈花湾取名于佛教中佛祖拈花一笑的典故，昭示着佛祖对禅的参悟。

（一）商业业态配比与布局

中国民族建筑研究会、美丽乡村协同建设委员会副理事长、全国特色小城镇服务联盟副理事长、赛博旅游文创CEO徐忠明认为：作为一个度假小镇，人们要在这里生活一段时间，就会形成一种生活方式，离不开吃、住、娱、购。所以，以度假为核心的旅游小镇，商业至关重要。用商业来构造生活方式，商业即景点，景点即商业。整个拈花湾中，每家商店都是一个景点。

要深刻理解商业在度假小镇中的重要性，同时要进行商业体系的构建，不是把社会中的旅游产品简单装进来就可以了，要根据主题文化，根据消费者度假状态的旅游需求，来打造全新的商业态体系。所以，在拈花湾做商业定位的时候，有三句话：第一，要创新中国旅游商业的新模式，构建中国旅游商业的新体系；第二，要颠覆现在传统景区旅游商业的一体化、同质化，甚至是假冒伪劣等现象；第三，要重新建立中国游客在旅游景区、独家目的地的消费信心。

拈花湾的商业体系，首先要根据游客规模的测定，提出旅游商业的规模体系，旅游商业是由零售、住宿、餐饮、休闲娱乐、文化体验五大业态构成。这是由一套科学的法则计算出来的，以游客规模为前提，根据游客需求和消费能力来确定不同业态的规模。

另外，不同文化的旅游创意，比如说零售，结合禅意文化的零售业态，其中比较多的是禅文化的文化创意产品，如茶叶、茶具、香料、禅福等；餐饮方面，根据禅意主题，有素斋和一些有格调的餐厅。

作为一个文旅项目，一个以文化主题为引领的旅游小镇，它最重要的业态就是文化体验式业态：要建立文化高度，彰显文化品位，强调文化消费的体验性这三大文化功能。拈花湾就是禅意文化设置的，例如茶道馆、香道馆、花道馆、抄经馆、禅茶馆等。这些禅文化的主题业态就是文化体验业态。

（二）住宿业态的构建

当下的度假活动，有时候是因为一张床发起的，人们选择了一张床，则选择了一个小镇。度假小镇的核心是过夜的住宿，住宿业态对度假小镇的商业非常关键。住宿业态又要分成不同的体系来实施，因为游客的人群构成和消费能力不同，所以一个度假小镇的住宿体系要全方位构建。拈花湾有四大住宿产品，第一类住宿产品是以君来波罗蜜多酒店领衔的主题度假酒店，第二类是以禅意文化为特色的精品酒店，第三类是小镇上比较多的禅意文化主题客栈，第四类就是禅意文化的青年旅舍。根据不同的客户，定价不同，产品不同，形成针对不同游客的住宿体系，每一个酒店都有自己的文化特征、空间设计、装修风格，每一个酒店都营造了不同的生活方式。关于拈花湾住宿业态的配比问题，大致来说，主题度假酒店差不多占30%，小型的禅

意精品酒店大概占10%，青年旅舍占3%左右，剩下的就是主题禅意客栈。主题禅意客栈主要是针对一些家庭度假游客，针对旅行团以及一些散客群体。

（三）招商与管理体制

关于这方面，拈花湾是做了很多工作的，包括前面提到的创新、颠覆和重建，商业即景点，景点即商业，还包括用商业来构建小镇，小镇打造生活的方式。这些都是前提条件，要达到这样一个目的，就必须加强整个招商管理，包括商店的装修、策划、开业等过程的控制。

首先，要进行商业策划和商业主题定位，确定不同业态的配比。在策划的时候，对有多少家零售店，包括多少家院落性商铺，都是提前设计好的，招商的时候是严格按照策划定位，来进行不同业态的落地。在招商前，连什么业态具体落在什么街区和地段都安排好了，规划设计的时候，根据前面的商业策划，餐饮、零售、休闲娱乐、文化体验、住宿的具体大小、位置，是否临街，院落式还是单间式。招商的过程中，要严格按照前期策划进行落地。其次，在进行商家的选择和招商谈判的时候，要根据整体主题文化、度假需求和业态规划对商户进行选择。同时，商户要按照相关要求提供商业策划书，审核通过后，才能正式签约合同。

建立长效的审核机制。首先，对它的产品和室内设计，店面的装饰和人员的着装以及销售的用意进行界定和培训。所有的室内设计方案都要由甲方签字以后才能确定，每家商店设计好后要进行甲方的验收才能开业。也就是说商家所有的产品和用到的东西都要经过甲方的审核才可以正式投入使用，包括对产品的包装都要经过我们的审核。其次，成立专门的商业管理公司，对商家店面氛围的效果，店面外围体系的维护以及店内货品的陈列、质量、价格、人员的服务水平等方面形成一个综合的监控体系。商业经营管理公司针对商业经营过程中的各个要点，每天进行巡视，发现问题，及时提出整改建议，限期进行整改；如果限期内没有整改的话，会进行劝退，重新招商。

（四）文化主题活动

拈花湾创造性地打造了一场禅型主题活动。拈花湾到了晚上美轮美奂，通过灯光、音乐、表演等，让人完全沉浸在非常唯美的禅意世界里。同时，根据禅意文化和游客体验，设置了禅灯、抄经、禅食、茶道、花道、香道等禅意文化主题。我们能够看到很多游客在拈花湾抄写经文，很多家庭在拈花湾插出一盆漂亮的花束，用许愿灯放飞自己的心声，在拈花湾的小街道上、花海中，戴着斗笠、穿着禅服、手捧禅钵，在用心地走路，每个人都进入到禅的境界，放下世俗的种种，回归本真。

（五）产品名字的由来

"拈花湾"这个名字中，"拈花"两个字来自佛教经典当中。"拈花微笑"寓意让所有的人从心灵里开始快乐起来。"拈花湾小镇"从建筑到景观、到所有的一切都围绕"禅意旅居目的地"这样一个中心主题来打造独一无二，而不是照搬其他地方的目的地的旅游产品。项目团队打造了"佛文化＋度假＝禅意生活方式＋心灵度假目的地"，从现在单一的观光满足视觉的表面需求到吃（素食禅斋）、住（禅意酒店、禅意栖居）、行、游、购、娱（禅艺表演）、养（禅意度假村）全方位实现精神需求，从洗礼式信仰到精神世界的满足。灵山（无锡灵山文化旅游集团简称）找到了一条如何挖掘文化资源的方法。灵山自文化起家的，从佛教文化中找到一个字——"禅"，把禅演变成简单、快乐、健康的生活方式。

"拈花湾小镇"主打的是一步一景，内外之间全面体现禅意主题景观效果。从最不起眼的一片瓦、一丛苔藓、一堵土墙、一块石头、一排竹篱笆、一个茅草屋顶入手，都体现了"拈花湾"的精

第三章 欣赏与分析

致与精细。

茅草屋顶的故事体现了会呼吸的禅意建筑。拈花湾的主创者认为，这里的禅意建筑和景观都是要"会呼吸的"，就像从自然中生长出来的一般。为了让苫庐屋顶最大程度地达到自然禅意的效果，他们从江苏、浙江、福建、江西、东北甚至印度尼西亚的巴厘岛等地方选择了20多种天然材料，放在一起进行日晒雨淋等各种手段的反复试验比对。在这其中初选出八个品种，请包括巴厘岛在内的当地工匠，在现场搭建茅草屋顶的样板，再进行为期一天的户外综合试验。在这场严苛的试验中，淘汰了虽然防腐性能好、但是美感欠缺的所有仿制材料，也淘汰了虽然自然优美、但是不耐腐蚀、使用年限短的大部分天然材料，最终找到了两种既牢固耐用又美观自然的天然材料。一个小小的茅草屋顶，整合了18家专业机构和企业的资源与力量，前前后后"折腾"了13个月的时间。

竹篱笆的故事体现了大巧若拙重剑无锋。原本最简单的庭院竹篱笆，在拈花湾却演变成最复杂的工程。经过数月的尝试，换了好几个施工队伍，竹篱笆就是难以令人满意。浙江安吉、江苏宜兴、江西宜春……许多国内著名毛竹产地的工匠都来试过了。空灵的禅意、艺术的质感、天然的美感、竹制品的韵律感、建筑需要的功能性……综合大家的力量，也不能做到全部兼顾。而主创者坚持一定要达到最好、最全面的效果，于是将视线放大到东瀛等国外地域，寻找大匠来指导。

几番苦苦寻觅，终于在国外找到两位70多岁的匠师。他们做竹篱笆已经30多年，一辈子只专注做这一件事，还是竹篱笆"非遗"传人。主创者花了十万元人民币将两位老先生请到拈花湾，手把手教自己编竹篱笆。选竹、分竹、烘竹、排竹，编织手法、竹节排布技巧、结绳技法……竹篱笆在拈花湾不仅成为一个艺术创作，也是一个浩大的系统工程，光打结的麻绳就选了30多种材料、十几种技法。

老先生教大家打蝴蝶结就用去半天的时间。主创者认为，仅仅学会还不够，还要把这些工艺标准化，牢牢地烙印在大家的心里，确保这里的每一尺竹篱笆都达到完美的水准。于是，又经过100多天的反复操练、印证、强化、完善，形成丝毫也不准走样的标准流程。后来，人们在拈花湾竹篱笆建造标准流程表看到一组令人惊讶的数字：这里的竹篱笆搭建，共需使用29种标准工具。普通竹篱笆建造有29道标准工序，竹丝竹篱笆有43道标准工序。

苔藓的故事：最不起眼的往往是最重要的。分布于拈花湾庭院、池边、溪畔、树下的苔藓，或许是最不起眼的，却是营造禅意最重要的因素之一。苔藓受空气、阳光、水分、土壤酸性等多种因素影响，很难大面积移植成活。上海世博会虽有推荐，但是国内尚无成功先例。这也注定拈花湾的苔藓铺植，是一个非常费力不讨好的事情。这里的每寸苔藓，都有着丰富的故事。从遥远的大山来到拈花湾，它们是从临安、萧山、天目山、宜兴、雁荡山、武夷山、湖州、吉安等自然生态极好的山区，经过层层严格的选拔而来。主创者专门设立一个苔藓基地，将入选的苔藓植入拈花湾的泥土，安排一位农学专家带领一个团队，每时每刻悉心照料呵护。一个月过去，五千克的入选苔藓死了好多。另换其他山区的苔藓再来，三个月过去，这次大部分活下来了。放大移植量再试，又是三个月过去，这次全部活了。

接下来将大面积的苔藓移植到拈花湾每个庭院中去，为了让苔藓们在拈花湾快活地生长，每片巴掌大的苔藓都要整三次地形、浇三遍水，一块桌面大的苔藓，要花上一整天的时间。六个月过去了，大山中的苔藓在拈花湾安家落户，鲜活疏朗，禅趣盎然。而这本身就是一种缘分，拈花湾明媚的阳光、温润的泥土、洁净的空气、甘冽的水分，还有主创者和园艺师们的用心，都构成了最关键的助缘。所以有人说拈花湾在建造的过程中，每一个景观都是按照工匠精神的要求来做的。

-177-

3 服务设计思维工具手册

（六）活动运营策略

"拈花湾小镇"在打造了美轮美奂的静态景致后，还增加了许多活动运营，也成为一大特色，把许多游客留下来。

第一，全龄层的特色活动——禅行。禅行活动每天一场，时间19点30分到21点10分，时长100分钟。运用现代数字多媒体技术（水幕电影和全息投影技术）及舞台表演艺术，内容为水幕表演、一苇渡江、莲花塔亮塔仪式、花开五叶水上表演等。

第二，以都市白领为主——禅修。举行抄经、禅食活动，让人们切身体会禅文化，加深对"禅"的领悟。以拈花湾的山水禅境和唐风宋韵的景观建筑为载体，展示抄经、打坐、托钵、经行等禅者生活方式。

第三，亲子互动体验。举办暑期亲子活动，如萌宝趣味闯关、魔力泡泡秀、彩塑泥玩、带娃学做茶艺师等。

第四，全时段旅游活动营销。全年、全时段旅游活动，通过微信、活动易拉宝及广告宣传不断释放灵山旅游活动。不定时、不定期地举行各种免费活动，并且小剧场循环播放电影。

第五，全方位禅体验，如拈花经行、欢喜抄经、七彩浮沙、静雅花道、风雅陶笛、本源茶道等。

无锡灵山文化旅游集团的成功营销是无法复制的，但我们可以从灵山案例得到很多启示。一个文旅项目要获得成功往往是各种因素的综合作用，有些无法复制（如区位优势和上面有人），但打铁还需自身硬，有很多优点是可以借鉴的，比如创新，比如精益求精的匠人精神。另外特色小镇必须有文化，有了文化支撑就有很多活动。现在的中国旅游已经是体验、互动、参与，活动不能和其他古镇传统民俗活动差不多，要跟文化调性相吻合。这样小镇能够充满与众不同的调性，最终的根本还是没有思路就没有出路。

四、服务设计与主题酒店：亚朵酒店与品牌联名款

亚朵酒店用5年的时间，在全国110个城市开了150家酒店。曾经大家认为，最难做的就是中档酒店，上有万豪洲际，下有七天如家，定位不好就无法生存。亚朵做到了的"与其更好，不如不同"，创造了别致的终值与峰值体验。

（一）就要"不做大多数"：QQ超级会员×亚朵

目标人群：够潮、够酷的"90后"、"95后"群体

跨界特色：黑科技加持、会员权益互通

消费心理的研究报告表明，顾客作为社会个体，在社会中扮演着不同的角色。在一定的文化影响下，人会寻求特定的生活方式，实现自我形象认同。因此，一定程度上说，人们的消费需求也体现了自身的文化需求。

作为中国最大的年轻人社交平台，QQ超级会员是行业的代表，"不做大多数"是他们核心的生活态度。聚焦到住宿，亚朵所推崇的"人文、温暖、有趣"的生活方式，恰好能满足他们"不做大多数"的诉求。亚朵选择和QQ超级会员一起，用不一样的方式，为这群追求"不一样"的年轻人，带来了惊喜。视觉上，亚朵QQ超级会员酒店让人耳目一新，融入大量QQ超级会员元素。Yogo Robot机器人和腾讯小Q机器人分别在大堂和主题房中服务，科技感十足！值得一提的是，QQ超级会员和亚朵在这里实现了会员互通，QQ超级会员入住时，自动成为亚朵铂金会员，可以享受红包、折扣和免费升级等权益。对于QQ普通用户，入住当天日期与QQ号后两位正好一致时，也能升级。

创意星级：☆☆☆☆

趣味星级：☆☆☆

实用星级：☆☆☆

吸睛星级：☆☆☆☆☆

（二）处处"有问题"：知乎×亚朵有问题酒店

目标人群：知识新青年

跨界特色：处处有惊喜、细微之处融入互动元素

生活中处处都有问题，现代都市人其实都是"问题青年"和"问题中年"。而"有问题"后，自然需要"找寻答案"。在互联网时代，知识定义和传播逻辑都发生巨大改变，亚朵酒店与知乎联手，在上海徐汇区开出了第一家亚朵知乎酒店——"有问题"酒店。欢迎"问题青年"留心发现，并不断思考。酒店中，知识不再是高高在上，分享获取知识也不再必须带有"仪式感"，酒店里埋藏着来自生活方方面面的314个问题，关于生活方式、技能习得、购物决策、影视美食。这些关于人类生活的琐碎的思考都等待着与你不期而遇。酒店大堂摆放着知乎公仔，"吃货类"问答也随处可见，问题下还有二维码，扫描可以找到互动答案。四间主题房，三楼为"旅行"主题，四楼为"电影"主题，设计十分巧妙。软木地图、经典电影海报和台词，知乎用户推荐影片，无一不带给入住者相关的主题惊喜。房间内的音箱还可以免费收听知乎各品类付费音频产品，入住时，除了房卡，还有一张有着各种好玩有趣"知氏提问"的知乎定制问答卡。

创意星级：☆☆☆☆☆

趣味星级：☆☆☆☆☆

实用星级：☆☆☆☆☆

吸睛星级：☆☆☆☆☆

（三）人文气息下的满满归属感：吴晓波×亚朵——亚朵·吴酒店

目标人群：追求生活品质的城市新中产人群

跨界特色：百匠大集、21间匠心主题房

亚朵·吴酒店是亚朵酒店的第一家IP酒店，其所联手的IP是自媒体社群名人吴晓波。亚朵利用吴晓波这一核心IP，以"社交场景"的方式，来服务双方价值观趋同的消费者——追求生活品质、具有一定消费能力的人群。客人不仅能够在酒店内读到吴晓波的书，还能够参加一些定期举办的人文分享活动。这样一批拥有共同价值观的人在亚朵吴酒店相遇，能够找到归属感，体验具有认同感的产品和服务。大堂里有近200平方米的展示空间，百匠大集。一个个精致的小物件，茶杯、木刻、面膜，再到手工皮包，这些展品大部来自酒店客房。主题房内也同样匠心满满，水吧的电茶壶、浴室里的梳子、办公桌上的纸巾盒、床头的风琴灯……扫描客房内二维码，还可以一键下单，将这些匠心小物带回家。

创意星级：☆☆☆☆☆

趣味星级：☆☆☆☆☆

实用星级：☆☆☆☆☆

吸睛星级：☆☆☆☆☆

（四）以梦治愈，枕一夜好梦：微医×亚朵好梦酒店

目标人群：睡不好觉的商旅人士

跨界特色：减压、健身房间、具有奇妙睡眠治愈能力的商旅充电站

出行频次高、行程紧张匆忙、日常休息不充分，是商务人士的日常写照。高效工作背后，带来的可能是吃不好、睡不好等健康问题。"有工作，没生活"几乎成了职场人的常态。由中国医师协会等机构联合发布的《中国城市白领健康白皮书》显示，有76%的白领处于亚健康状态，北京、上海等一线城市，白领"过劳"的情况更是接近六成。受调查者中32.4%存在睡眠质量问题，睡不好、睡不着、睡不足。针对商旅人士身心健康缺少关怀，亚朵联名微医打造了一间以商旅健康主题的好梦酒店。进入酒店，暖暖贴心的感觉扑面而来：大堂谣言粉碎墙贴着现代生活中常见的各种健康误区。不

远处还设有健康随行箱，可以直接用"微医"APP进行在线问诊、健康咨询，一键解决你的健康困扰。好梦酒店还专门设有能减压的"治愈睡不着烦恼"主题房与能健身的"拯救卡路里焦虑"主题房，颇具特色。"治愈睡不着烦恼"主题房的特色有床上的玩偶、墙上的插画，还有包含微医APP、蓝牙音响、安神茶和蒸汽眼罩的健康随行箱，治愈感满满。抱着玩偶听听音乐、品品茶、看看插画，再戴着蒸汽眼罩享一晚好梦，压力得到有效释放。能锻炼的"拯救卡路里焦虑"主题房，房间明亮的暖色调让人瞬间收获好心情，再打开健康随行箱，智能哑铃和拉力绳、平衡球等各种健身器材任你挑选。举一举、练一练，出差住酒店，也能元气满满！还有健康随行包，里面有碘伏棉签、防水创口贴、指甲钳、大家帮二维码等给力装备，让你锻炼更加无忧。

创意星级：☆☆☆☆☆

趣味星级：☆☆☆☆

实用星级：☆☆☆☆☆

吸睛星级：☆☆☆☆

（五）"大音乐家"背后的"大生活家"：网易云音乐×亚朵——"睡音乐"酒店

目标人群：音乐发烧友

跨界特色：爵士、古典、电音、民谣主题房，特色"扎心乐评"

亚朵轻居是以城市旅行为主题的活力社交酒店，拥有年轻化的品牌风格、活泼的空间装饰，以及丰富的公区社交元素。网易云音乐则是个性化、人性化、温暖的音乐社区。二者气质相近，业务契合，相得益彰。亚朵轻居定位年轻的旅行者，他们必须有音乐的陪伴。在居住空间中有对音乐文化的感受，这在用户的体验中是很重要的。于是，亚朵和网易云音乐展开了一场关于"酒店空间中的音乐运营"的探索，让音乐应用的场景与旅行相对应起来。酒店从装饰上就十分夺人眼球，黑胶唱片墙、黑胶唱片地毯，搭配红色元素，构建出浓浓的美式工业风。爵士、古典、电音、民谣四种主题房，每一种都有着相应的网易云音乐元素，客户可定制款尤克里里、打碟机、音响以及对应风格的歌单。最具有网易特色的"扎心乐评"，在酒店很多角落都能找到。另外顶楼的露台被改造成了"睡吧"音乐场，懒人沙发、鸡尾酒、乐队，为音乐爱好者营造了惬意的社交环境。

创意星级：☆☆☆☆☆

趣味星级：☆☆☆☆

实用星级：☆☆☆

吸睛星级：☆☆☆

（六）总结

真正的跨界营销，对于两家甚至两家以上的品牌来说，是1＋1＞2的。跨界联合成功的关键就在于，看起来毫无关联的品牌双方能否找到更深层次的内在联系。就如亚朵和QQ、知乎、吴晓波、微医、网易云音乐的合作，各个品牌都非常清楚目标人群的口味和想法，同时将品牌的价值主张融入酒店场景之中。准确抓住用户洞察，创造性地将品牌气质具象化、场景化，这是优秀的跨界创意打动人、吸引人的地方。

五、评析：新旅游需要重构产品与用户的关系

（一）新旅游的内涵

近年来，在很多短视频平台上可以看到关于西安的海量消息，而视频中的西安是新鲜的、有趣的、充满魅力的，是与记忆中的完全不同的：摔碗酒的火爆让人们认识了新的西安，城市被游客们以新的视角重新消费，而这种消费场景其实质就是新旅游。

新旅游是对新时代的折射，它重构了产品和用户之间的关系。如今的短视频平台已经变成西安新

的链接入口。所以，当城市想去跟旅游者发生链接时，要透过新的入口传递出去，而这种引人注目的新场景，就是曾几何时的城市广告片。

（二）用户的消费逻辑变了

从新旅游的视角来看，用户的消费逻辑已经发生了改变。用户买的不再是旅游产品本身，而是能够激发起用户情感的新场景。新的场景能够让用户获得更多的自我认同，在虚拟的世界里用户能够获得他想拥有的身份标签。

客户消费维度已经从原来的功能维度转变成了场景维度，这就是用户消费逻辑的转变。从传统角度看，西安钟楼、大雁塔仅仅是文物，它不能够跟用户再建立新的链接。而短视频本质是一个场景，用户会为此而来到西安，再次消费西安，带动西安新的旅游热潮。所以用户买的不是产品，而是为场景付费。

（三）用户刚需变了

人们的生活方式和生活工具变了。越来越多的资讯，越来越多的产品，把我们的精力和时间完全碎片化了，手机变成了人新的"器官"，让人可以随时召唤到所需的合法服务，这也反映了用户的三个变化——时间碎片化、社交人设化、终身游戏化。

1. 时间碎片化

时间碎片化是把原来的度假的空间体验变成了时间分配体验。传统的做法是打造一个旅游目的地或酒店——空间，而现在空间已经不再是第一关注点，好的空间已经变成了标配。在此基础上，还要能够抢到用户的时间，抢到用户的注意力。这必须要出现在用户的碎片时间里。

2. 社交人设化

服务好、设施好、景色好是标配，新旅游还要提升用户社交魅力。原来我们单纯地希望到一个地方去玩就可以了，现在"玩"的功能被无限放大了。当一个地方能够带给用户更大的价值的话，它自然能够更吸引人；如果那个地方能够帮用户在虚拟世界里奠定身份，还能让朋友羡慕，增加社交魅力，那样的场景对用户来说是更有吸引力的。

从目的地游玩到提升社交魅力，用户不再满足于度假功能，而是需要借助场景做情感表达。现有的旅游景点仍停留于传统度假概念中，提供的旅游内容也缺乏社交互动价值。谁能率先将度假内容转化为社交平台上的社交资产，便能赢得高黏性用户。

3. 终身游戏化

旅游行业的利润并不高，而且重投入且消费低频。如何将产品和场景从低频变到高频，能够不断地跟用户产生更紧密的联系，产生更高的黏性？这就要做线上线下一体化的游戏，让线上消费与线下体验融为一体。

新旅游通过高频游戏化，获取成长感的体验，线上带动线下发展，又回到线上的闭环体验。从度假低频到游戏高频，形成线上线下游戏一体化，实现和用户高频连接。传统旅游度假是线下低频娱乐，而打通线上线下的度假服务，是提供游戏化、成长性的高频次服务方案，包括订阅专栏、精品课程、内容出版、社群聚会、线下体验等，让用户可以高频次参与游戏化的服务。

（四）新旅游的四个迭代方向

新旅游的迭代在呼唤着新的代表。新旅游有四个迭代方向：产品形态的迭代，价值主张的迭代，硬件标准的迭代，盈利模式的迭代。这四个方向都是要跟用户建立强连接，提升在单个客人身上的所能获取的最大价值，要获取旅游行业更高的可持续的增长空间。这就要洞悉新的内容，新的空间以及新的客户需求。

十里芳菲是一个独立的部落,虽然离杭州市区车水马龙的地方只有一街之隔,但是只能坐船通过湿地才能到达,这样的场景就如想象当中的桃花源。在"桃花源"里的人们有自己的生活方式和独特的价值主张,这里所倡导的价值主张叫作"即兴的智慧"。

之前的产品只是讲在地文化和泛文化。产品的文化属性成了标配,这样的文化目的是把客人分层。现在再做文化分层颗粒度就显得太大了,需要更细分。这要用独特的价值主张对人群进行分类,这个价值主张既能够聚拢有同样信仰的人,也能够共同产生新的内容,这就是即兴的智慧,是一种积极入世的生活哲学。

世界上有各种各样与即兴相关的社群,如即兴演讲、即兴伴奏、即兴舞蹈、即兴音乐、即兴喜剧。中国即兴艺术节已经有七届的历史,十里芳菲今后会是中国即兴艺术节的永久会址。这里每天都有即兴的培训、即兴剧表演、即兴演讲等,让这里的文化生活变得有独特的辨识度,同时有变现的能力。

(五)新生活美学三大价值

其实我们要做的产品就是即将在新旅游出现的新的产品,可能会有这样的三个价值:第一,光有好的产品还不够,要能够帮助客户做情感的表达才重要;第二,产品光能够和客户产生情感共鸣还不够,要能够让情感流动起来,让客户再次去传播才重要;第三,做产品的人光自己有能力也还不够,要能够持续地为用户去赋予能量才更重要。以前的旅游行业把资源看得很重,但现在旅游行业最稀缺的是人们愿意把时间给你。

参 考 文 献

[1] Alvin Toffler.Future Shock[M].Bantam Books,1971.
[2] [美]B.约瑟夫·派恩(B.Joseph Pine Ⅱ),詹姆斯H.吉尔摩(James H.Gilmore).体验经济[M].毕崇毅,译.北京:机械工业出版社,2012.
[3] [美]唐纳德·诺曼.情感化设计[M].付秋芳,程进三,译.北京:电子工业出版社,2005.
[4] Nathan Shedroff.Experience Design[M].New Riders Press,2001.
[5] 辛向阳.从用户体验到体验设计[J].包装工程,2019年(08).
[6] Schneider,Jakob.This is Service Design Thinking[M].BIS Publishers,2011.
[7] Marc Stickdorn,et al.This Is Service Design Doing[M].O'Reilly Media,2016.
[8] Lynn Shostack.Designing Services That Deliver[J].Harvard Business Review,1984.
[9] 丁明珠,汪海波.基于服务设计的实体产品体验触点开发策略研究[J].设计,2018.(21):89-91.
[10] 可持续设计策略与实践[M].刘新,覃京燕,译.北京:清华大学出版社.2011.
[11] 于东玖,王样.可持续设计理论发展40年:从生态创新到系统创新[J].生态经济,2021.
[12] 杨蕾,张欣,胡慧,邱雁.基于数字化保护与产业化应用的羌绣服务设计[J].包装工程,2022,(02):370-378.
[13] 孙立新,任妍.基于服务设计思维的辽宁非遗品牌化建设[J].包装工程,2020,(18):273-279.
[14] 胡芮瑞,钱琳,汪海波.基于情感体验的灯具产品服务设计研究[J].安徽工业大学学报(社会科学版),2022,(01):62-65.